改訂2版
FPGAボードで学ぶ組込みシステム開発入門
[Intel FPGA編]

小林 優 [著]

技術評論社

本書に記載された内容は、情報の提供のみを目的としています。したがって、本書を用いた運用は、必ずお客様自身の責任と判断によって行ってください。これらの情報の運用の結果について、技術評論社および著者はいかなる責任も負いません。

本書記載の情報は、2017年10月現在のものを掲載していますので、ご利用時には、変更されている場合もあります。

また、ソフトウェアに関する記述は、とくに断わりのない限り、2017年10月現在での最新バージョンをもとにしています。ソフトウェアはバージョンアップされる場合があり、本書での説明とは機能内容や画面図などが異なってしまうこともあり得ます。本書ご購入の前に、必ずバージョン番号をご確認ください。

以上の注意事項をご承諾いただいたうえで、本書をご利用願います。これらの注意事項をお読みいただかずに、お問い合わせいただいても、技術評論社および著者は対処しかねます。あらかじめ、ご承知おきください。

■本書で用いたソフトウェアとそのバージョン

・Windows 10 Professional 64bit 版
・Quartus Prime Lite Edition 17.0

本書に示した画面や手順は、上記ソフトウェアの2017年10月時点での最新バージョンを用いて作成しました。これより新しいバージョンの場合、ウィンドウのレイアウトや操作手順が変更されている場合もあります。手順の意図を理解したうえで、類推して操作してください。

■FPGA ボード用の設計データ

本書で解説している例題の設計データを、技術評論社の Web サイト（http://gihyo.jp/）の本書サポートページで公開しています。3種類のFPGAボード（Terasic社のDE0-CV、DE10-Lite、DE1-SoC）用のデータを用意しました。ダウンロードしてご使用ください。利用方法に関して Appendix II に補足説明があります。

■教育機関での利用について

教育機関等での複製に関しては、以下のガイドラインを遵守するようお願いします。
「学校その他の教育機関における著作物の複製に関する著作権法第35条ガイドライン」

http://jbpa.or.jp/pdf/guideline/act_article35_guideline.pdf

また本書掲載内容を実習講座などに利用する場合も著者の業務と競合しますので、引用の量によっては権利侵害と考えます。ご不明な点は出版社を経由して著者に確認していただくようお願いします。

本書は、弊社から2011年に刊行された『FPGAボードで学ぶ組込みシステム開発入門［Altera 編］』の内容を一新し、大幅に加筆、再構成したものです。

◆ Microsoft Windows は米国 Microsoft Corporation の登録商標です。
◆ その他、本文中に記載されている製品名、会社名等は、すべて関係各社の商標または登録商標です。

はじめに

本書の姉妹編である「FPGA ボードで学ぶ組込みシステム開発入門」の Altera 編や Xilinx 編を上梓してから数年経ちました。この間に FPGA の置かれた状況は大きく様変わりしました。一番大きな変化は、二大 FPGA ベンダの一つである Altera 社が Intel 社に買収されたことでしょう。さらに ARM コア内蔵の FPGA が登場し普及してきたこともあげられます。また FPGA の社会的な認知度が一気に進み、いままで FPGA に関わってこなかった方々に興味を持ってもらえた点も見逃すことのできない出来事です。

さらに細かい点では、新しい FPGA チップの登場とそれを用いた評価・学習用ボードが登場したこと、開発ソフトウェアがユーザーインターフェースも含め刷新されたこともあげられます。

ありがたいことに Altera 編はいくつか版を重ねることができ、さらなる重版も打診されました。しかし前記のような状況を考えると内容を一新すべきと考え、Intel FPGA 編としてリニューアルしたものが本書です。

Altera 編の読者の皆様が本書を手にしたとき、違いがさほど多くないことが気になったかもしれません。たしかに章立てや扱う例題は近いものがあります。しかし実際に読んでみると開発ソフトウェアや FPGA ボードが新しくなっている点や、内容を完全に書き換えた章（最後の 2 章）もあり、単なる改版ではないと認識していただけると思います。別の観点では、本書で題材としているテーマは Altera 編と共通点が多く、仕様の理解でつまずくことはないとも言えます。

本書の理念として、FPGA ボードを前に実際に手を動かすことを重要視しています。これは姉妹編も含め同じ考えです。こと FPGA 開発に関しては、実際にやってみないと分からないことが数多くあります。本書着手時の話ですが、簡単だからと後回しにした後、ようやく手を付けたら意外な問題にてこずるという経験もしました。

たかが 7 セグメント LED に表示するだけと見くびると、開発ソフトウェアの複雑さや難しさを身をもって知ることになるでしょう。本書の最終目標の一つに、Intel FPGA 固有の Avalon バスの仕様を理解して、自作周辺回路を作成することがあります。通常、多くの失敗や不具合を経験しなければ達成はできないはずです。しかし本書では試行錯誤やカット＆トライを最小限にできるよう、要点を整理して解説しています。

以上を踏まえ、本書の構成は次のようになっています。第 1 章から第 3 章までは入門的な内容です。HDL による回路設計を行います。開発ソフトウェアの使い方から始まり FPGA ボードでの動作までを細かく説明します。第 4 章ではデバッグのため、実際の回路動作を波形で観測する機能について解説します。

第 5 章以降では、FPGA 内蔵の CPU である Nios II プロセッサを用いて、いろいろなシステムを構築します。第 5 章では Nios II システムの構築と制御ソフトウェアの作成および実行を説明します。第 6 章では自作周辺回路を Nios II プロセッサに接続する基本的な方法を、第 7 章ではさまざまな周辺回路を作成し、Nios II プロセッサで制御する方法を解説します。

第 8 章では SDRAM コントローラの利用法を説明した後、Nios II システム用の Avalon バスマスターを設計し、本格的なグラフィック表示回路を作成します。そして最後の第 9 章では、CMOS カメラモジュールを接続しキャプチャ回路を作成します。第 8 章のグラフィック表示回路と組み合わせて、最終的には動画記録まで行います。最初は LED を光らせていただけの FPGA ボードで、動画の記録再生までできてしまうのですから感慨深いでしょう。

Intel FPGA に関して多くを盛り込んだつもりの本書ですが、まだまだ入り口です。SoC FPGA やそれを用いた Linux システム、近年重要キーワードにもなっている Deep Learning への応用、RISC-V に代表されるオープンソース CPU の実装など応用範囲はいくらでもあります。

読者の皆様には本書のステップアップとして、さらなる高みを目指していただきたく思います。

おわりに、Altera 編、Xilinx 編に続き出版の機会をいただいた出版社に感謝します。関係した皆さま、とりわけ編集担当をしていただいた書籍第 2 編集部の森川様に感謝いたします。

2017 年 12 月　著者

目 次

第1章　FPGAの内部といろいろなFPGAボード　11

1-1　FPGAとは　12
- 1-1-1　論理回路とは　12
- 1-1-2　論理回路の実現方法　13
- 1-1-3　HDLによる論理回路の表現　14
- 1-1-4　FPGA内部の基本構造　16
- 1-1-5　回路情報をFPGAに書き込むことで動作する　19
- 1-1-6　本書で用いたFPGAの規模　20
- 1-1-7　内蔵メモリの構成　20

1-2　各種FPGAボードの紹介　23
- 1-2-1　入手しやすくなったFPGAボード　23
- 1-2-2　かつては雑誌の付録にもなったFPGAボード　23
- 1-2-3　学習に適したFPGAボードの条件　24
- 1-2-4　FPGAボードの比較　25

1-3　回路情報のダウンロード　28
- 1-3-1　コンフィグレーション方法　28
- 1-3-2　USB-Blasterは多機能だけど高価　31

1-4　第1章のまとめ　33
- コラムA　Altera FPGAからIntel FPGAへ　33

第2章　FPGAの回路設計を体験　35

2-1　開発ソフトウェアQuartus Prime　36
- 2-1-1　Quartus Primeとは　36
- 2-1-2　FPGAの開発手順　38
- 2-1-3　開発ソフトウェアや設計データのダウンロード　39

CONTENTS

- 2-2 回路設計とコンパイル 40
  - 2-2-1 7セグメントデコーダの設計 40
  - 2-2-2 プロジェクトの作成 44
  - 2-2-3 ピンアサイン 52
  - 2-2-4 コンパイル 55
  - 2-2-5 コンパイルエラーの対策 56
- 2-3 コンフィグレーションと回路の拡張 59
  - 2-3-1 FPGAボードの準備 59
  - 2-3-2 コンフィグレーションの実施 59
  - 2-3-3 1秒桁への拡張 62
  - 2-3-4 1秒桁回路のコンパイルと動作確認 66
- 2-4 第2章のまとめ 70
  - 2-4-1 まとめ 70
  - 2-4-2 課題 70
  - コラムB　各操作の目的とアウトプットを意識して操作しよう 71

第3章　もう少し進んだ回路設計　　　73

- 3-1 1時間計の作成 74
  - 3-1-1 1時間計の設計仕様 74
  - 3-1-2 ブロックごとにモジュールを分けた回路記述 78
  - 3-1-3 プロジェクトを作成して動作確認 83
- 3-2 状態遷移を回路で実現 85
  - 3-2-1 時刻合わせ機能の仕様 85
  - 3-2-2 ステートマシンの回路構造 87
- 3-3 時刻合わせ機能付き時計の設計 89
  - 3-3-1 全体ブロックと各カウンタの作成 89
  - 3-3-2 修正桁点滅の実現 94
  - 3-3-3 制御部と最上位階層を作成 97
  - 3-3-4 コンパイルし動作を確認 101
  - 3-3-5 実用的な拡張案 102
- 3-4 第3章のまとめ 104
  - 3-4-1 まとめ 104
  - 3-4-2 課題 104

第4章　波形観測による回路デバッグ　　105

- 4-1　ロジックアナライザとは 106
  - 4-1-1　デバッグの基本は波形観測 106
  - 4-1-2　ロジックアナライザの基本動作 108
  - 4-1-3　FPGAの中にロジックアナライザを組み込む 110
- 4-2　SignalTap IIを組み込んで波形観測 112
  - 4-2-1　SignalTap IIの組み込み 112
  - 4-2-2　SignalTap IIによる波形観測 121
- 4-3　第4章のまとめ 125
  - 4-3-1　まとめ 125
  - コラムC　FPGAは本当に高性能なのか？ 126

第5章　FPGA内蔵CPUを試す　　127

- 5-1　Nios IIプロセッサとは 128
  - 5-1-1　FPGAにCPUを内蔵させるメリット 128
  - 5-1-2　ソフトマクロとハードマクロ 129
  - 5-1-3　Nios IIプロセッサの概要と種類 130
  - 5-1-4　数多く用意されている周辺回路 132
  - 5-1-5　Nios IIシステムの開発フロー 132
- 5-2　Nios IIシステムの構築 135
  - 5-2-1　Nios IIに7セグメントLEDとスイッチを接続 135
  - 5-2-2　Qsysでシステムを構築 136
  - 5-2-3　最上位階層の作成とコンパイル 150
- 5-3　プログラムの作成と実行 153
  - 5-3-1　プログラムの作成 153
  - 5-3-2　Nios II EDSによるビルド 155
  - 5-3-3　回路のコンフィグレーションとプログラムのダウンロード 161
  - 5-3-4　プログラムの実行 164
- 5-4　第5章のまとめ 168
  - 5-4-1　まとめ 168
  - 5-4-2　課題 168

CONTENTS

第6章　自作周辺回路の接続とAPIの利用　　169

- 6-1　Nios IIのバス 170
  - 6-1-1　バスとはなにか. 170
  - 6-1-2　Nios IIシステムのバス「Avalonバス」 172
  - 6-1-3　Avalon バスの主要信号とタイミング 173
  - 6-1-4　バス幅の違いを吸収するスイッチ・ファブリック 174
- 6-2　自作周辺回路の設計と接続 176
  - 6-2-1　自作PIOに7セグメントLEDとスイッチを接続 176
  - 6-2-2　自作周辺回路をQsysに組み込む 178
  - 6-2-3　制御プログラムの作成と実行 187
- 6-3　タイマー割り込みによるAPI活用例 189
  - 6-3-1　作成システムの仕様とタイマーブロックの構造 189
  - 6-3-2　タイマー内蔵のNios IIシステムを構築 192
  - 6-3-3　ポーリングによるプログラム例 194
  - 6-3-4　割り込みを使ったプログラム例 196
  - 6-3-5　HAL APIを使ったプログラム例 199
- 6-4　第6章のまとめ 202
  - 6-4-1　まとめ 202
  - 6-4-2　課題 202
  - コラムD　プログラムをダウンロードできない！？ 202

第7章　いろいろな周辺回路を設計　　207

- 7-1　キーボードとマウス接続回路 208
  - 7-1-1　PS/2インターフェースの仕様概要 208
  - 7-1-2　PS/2インターフェース回路の設計 211
  - 7-1-3　Nios IIシステムへの組み込み 218
  - 7-1-4　キーボードのテストプログラム 221
  - 7-1-5　サンプリングクロックを工夫して波形観測 223
  - 7-1-6　マウスのテストプログラム 225
  - 7-1-7　スクロールホイールへの対応 229
- 7-2　VGA文字表示回路 231
  - 7-2-1　VGAインターフェースの仕様概要 231

- 7-2-2　VGA文字表示回路の設計仕様 234
- 7-2-3　ブロック図とタイミングチャート 236
- 7-2-4　IP Catalogによるメモリの生成 245
- 7-2-5　Qsys階層の作成とシステムの完成 255
- 7-2-6　Nios II EDSにより動作確認 258

7-3　第7章のまとめ 261
- 7-3-1　まとめ 261
- 7-3-2　課題 261

第8章　外部メモリを用いた グラフィック表示回路　263

8-1　外部SDRAMの制御 264
- 8-1-1　SDRAMの概略 264
- 8-1-2　SDRAMのテストシステムを構築 266
- 8-1-3　SDRAMコントローラとPLLの接続 266
- 8-1-4　SDRAMテストプログラムによる動作確認 273

8-2　グラフィック表示回路の作成 278
- 8-2-1　Avalon-MMのマスター 278
- 8-2-2　グラフィック表示回路の仕様 282
- 8-2-3　グラフィック表示回路の構成と回路記述 283
- 8-2-4　FIFOの作成 294
- 8-2-5　グラフィック表示回路システムの構築 299
- 8-2-6　リンカスクリプトを修正してビルドし動作確認 301
- コラムE　画像ファイルの表示 304

8-3　第8章のまとめ 308
- 8-3-1　まとめ 308
- 8-3-2　課題 308

CONTENTS

第9章　CMOSカメラの接続と応用　　309

9-1　カメラモジュールの概要と接続 310
- 9-1-1　CMOSカメラモジュールの概略 310
- 9-1-2　OV7725の画像系タイミング 312
- 9-1-3　SCCB仕様と主要レジスタ 315
- 9-1-4　カメラモジュールの接続 316

9-2　キャプチャ回路 319
- 9-2-1　キャプチャ回路システムの概略 319
- 9-2-2　キャプチャ回路の詳細 320

9-3　SCCBコントローラの作成とシステムの構築 332
- 9-3-1　SCCBの詳細タイミング 332
- 9-3-2　SCCBコントローラの構成 334
- 9-3-3　システムの構築とテストプログラムの作成 340

9-4　動画録画機能の実現 346
- 9-4-1　動画記録と再生の仕組み 346
- 9-4-2　動画記録再生のプログラム 347

9-5　第9章のまとめ 350
- 9-5-1　まとめ 350
- 9-5-2　課題 350
- コラムF　制約ファイルの読み方書き方 351

Appendix I　開発環境の構築　　357

I-1　開発ソフトウェアのダウンロードとインストール 358
- I-1-1　Quartus Primeのダウンロード 358
- I-1-2　Quartus Primeのインストール 362

I-2　USB-Blasterドライバのインストール 367

Appendix II　各FPGAボード利用上の注意点　　371

- II-1　DE10-Lite 372
  - II-1-1　3個目のプッシュスイッチの代わりにスライドスイッチを割り当て 372
  - II-1-2　PS/2コネクタをArduino 端子に接続 372
  - II-1-3　内蔵メモリを使う際の設定 373
  - II-1-4　PLLが異なる 375
- II-2　DE1-SoC 378
  - II-2-1　コンフィグレーションでは一手間必要 378
  - II-2-2　画像用のD/Aコンバータを搭載 381
  - II-2-3　ARMコアを内蔵したSoC FPGAチップを搭載 383
- II-3　設計データの利用方法 384
  - II-3-1　設計データの内容 384
  - II-3-2　設計データ利用上の注意点 384
  - II-3-3　Quartus Primeを立ち上げずに動作を確認する方法 385
  - II-3-4　Quartus Primeでプロジェクトを作成して動作を確認する方法 386

Appendix III　回路データおよびプログラムのROM化　　387

- III-1　各FPGAボードごとのROM化方法 388
  - III-1-1　DE0-CV 388
  - III-1-2　DE10-Lite 392
  - III-1-3　DE1-SoC 393
- III-2　Nios IIプログラムのROM化 398

●参考文献・WEBサイト 402

●索引 404

第1章
FPGAの内部といろいろなFPGAボード

FPGA（Field Programmable Gate Array）とは、書き換え可能なハードウェア素子のことです。何となくその存在を知っていても詳細を知らない方は多いでしょう。中身を知らずに設計することも可能ですが、いろいろな不具合に直面したとき、中身を知っていたほうが解決は早いはずです。

この章では、FPGAの内部構造やコンフィグレーションについて説明し、さらに市販のFPGAボードをいくつか紹介し比較します。

第 1 章　FPGA の内部といろいろな FPGA ボード

ここでは論理回路を実際の素子で構築する方法をいくつか紹介し、これらの中でFPGAを用いるメリットについて説明します。

1-1-1　論理回路とは

　論理回路とは、AND、OR、NOTなどのゲート回路や、FF（フリップフロップ）などの記憶素子を組み合わせて機能を実現する回路のことです。たとえば図1-1のようにANDやNOTのゲート回路と、2個のFFを組み合わせることで、スイッチ入力の処理回路を形成しています。

▼ 図1-1　ゲートやFF（フリップフロップ）による回路

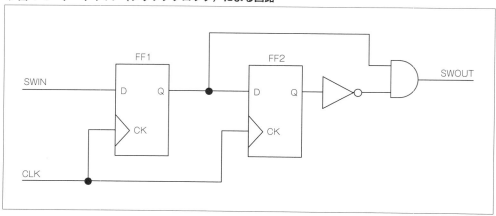

　パソコンや携帯電話などの情報関連機器は、論理回路の塊と言っていいでしょう。基板上に実装されている論理回路のチップは数個でも、その中には多数のゲート回路やFFが集積されています。大きいものでは、2入力のゲート回路換算で数百万～数千万個も集積しています。

　パソコンの中の主要なチップには、CPU、GPU、チップセット、メモリなどあります。

集積度を上げて1つのチップに機能を詰め込んだほうが、コストダウンや信頼性アップ、さらには基板サイズの縮小ができるとあって、USB、音声、Ethernet などの細かい処理はすべてチップセットの中で実現されています。

1-1-2　論理回路の実現方法

論理回路を実際の素子で構築するには、以下のような方法があります。

①ゲート回路や FF を含んだ論理 IC を基板上で接続して回路を構築

1つの IC パッケージに数個のゲート回路もしくは FF を含んだ標準ロジック IC と呼ばれる部品があります。これらを基板上で接続することで、任意の回路を実現できます。数十年前は、このような方法で様々な回路を構築していましたが、集積度が低いので高機能な回路を実現するためには多数の基板が必要でした。

ランプを点滅してみたりデジタル時計を実現するなど、趣味や学習の範囲では十分かもしれませんが、簡単な CPU を構築しようと思ったら数百個もの IC が必要となるでしょう。集積度の高い IC が存在する現在では非効率です。

良い点があるとすれば、修正が比較的簡単だということです。回路に不具合があったときは、IC を追加したり配線を変更することで対応ができます。基板上のパターンをはがして半田付けするなどという少々乱暴な方法も、ときには行います。

②写真技術を応用してシリコンウェーファー上に回路を「印刷」し、論理回路を実現する方法

CPU、GPU をはじめとするほとんどすべての IC が、この方法で作られています。製造に莫大な費用（数千万円〜数億円）がかかるので、大量に製造・販売するものに使います。数百万台も売れる装置なら、1台あたりの製造費用が数十円から数百円で済みます。

また集積度も非常に高めることができ、1つの IC 内に数百万個以上のゲート回路を含めることができます。

しかし、趣味や学習で扱うには費用がかかりすぎて現実的ではありません。さらに一度作った IC は、不具合があっても修正はできません。製造は一発勝負です。

③書き換え可能な論理素子を用いる

FPGA（Field Programmable Gate Array）や CPLD（Complex Programmable Logic Device）と呼ばれる書き換え可能な論理素子があります。回路構築はパソコン上の開発

ソフトウェアを用いて行い、回路情報をパソコン経由で FPGA や CPLD に書き込むことができます。

一般に、趣味や学習のためには、FPGA が搭載された FPGA ボード（次節の**写真 1-1**）を購入して使うことになります。パソコン上の開発ソフトウェアは基本的には有償ですが、機能が限定された無償版でも十分設計できます。本書の内容はすべて無償版で実行できます。

FPGA は書き換え可能な素子ですから、はじめは簡単な回路で設計に慣れておき、応用回路として様々な設計にチャレンジすることができます。回路の変更はパソコン上で行いますので、半田付けなどする必要はありません。回路設計だけに専念できます。

以上の理由から、FPGA は趣味や学習に最も適した論理素子といえます。

FPGA と CPLD の違い

①回路規模の違い……FPGA ＞ CPLD

もともと PLD と呼ばれた小規模（FF が十個程度＋ゲート回路が数十個程度）な書き換え可能な素子があり、これを大容量化したものが CPLD、さらに大容量化したものを FPGA と呼ぶようになりました。また FPGA にはメモリや多数の乗算回路を含むようになり、より大規模な回路を構築できます。

②回路情報の保持方法の違い……FPGA は揮発性、CPLD は不揮発性

FPGA は回路情報を揮発性のメモリ（RAM）に格納します。電源を切ると消えてしまいますので、電源 ON 時に、回路情報を書き込む必要があります。装置に組み込む場合には、専用の ROM チップを接続してこの中に回路情報を記憶させ、電源 ON 時に FPGA が ROM の内容を読み込んで回路を構築します。

一方 CPLD では、回路情報は不揮発性のメモリ（ROM）に格納するので、電源を切っても内容は保持されます。

なお、これらの名称にはきちんとした定義があるわけではなく、チップを販売しているメーカーが使用し、やがて一般化したものです。回路情報の保持用に不揮発性メモリを内蔵した FPGA や、RAM を内蔵した CPLD もあり、両者の違いは曖昧になりつつあります。今後はすべてを FPGA と呼ぶようになるかもしれません。

1-1-3　HDL による論理回路の表現

論理回路を表現する手段は、一般的に考えれば回路図でしょう。**図 1-1** のように回路シンボルを配線で結び、機能を表現します。従来はこの手法で回路を表現し、標準 IC による回路や LSI、さらには FPGA でさえも回路図で設計していました。

しかし回路規模が大きくなると、どうしても非効率になってきました。論理を簡単に表現し、それを回路に変換する手段が必要になりました。これを実現したのがHDL（Hardware Description Language：ハードウェア記述言語）と論理合成です。

一般のプログラミング言語に似たような言語体系をベースに、ハードウェアならではの並列性やクロックの概念を加えたものがHDLです。**リスト1-1**にHDLで記述した4ビットのカウンタの例を示します。回路図で書くと4個のFFと10個程度のゲート回路が必要ですが、HDLだと10行程度で表現できます。

▼ リスト1-1　HDLによる回路記述

```
/* 4ビット・カウンタ */
module COUNT(
    input  CLK, RST,
    output reg [3:0]   Q
);

always @( posedge CLK ) begin
    if ( RST==1'b1 )
        Q <= 4'h0;
    else
        Q <= Q + 4'h1;
end

endmodule
```

そして論理合成では、

- HDLからの論理の抽出
- 論理の簡単化（論理圧縮）
- 対象となる論理素子に適した回路情報への変換（テクノロジマッピング）

を行います。簡単にいえば、HDLから回路への変換を行うのが論理合成です。

FPGA用の開発ソフトウェアでは、「コンパイル」のコマンドを実行すると、上記を一気に実行してくれます。さらにFPGA上での配置配線や、FPGAに書き込む回路情報の生成まで一つの手順で行ってくれます。

HDLは総称であり、実際には複数の言語があります。現在ではVerilog HDLとVHDLの2種類の言語が使われています。論理設計のための各種開発ソフトウェアは、この二言語に対応しているのが一般的です。本書ではVerilog HDLを用いて解説しています。

最近ではCやC++から回路生成できる技術も用いられており、大規模な回路の設計に

用いられています。しかし本書の回路例の規模ではこれらは必要としないので、Verilog HDL で十分です。

> **文法通りでもコンパイルエラー！？**
>
> 　HDL にはプログラミングの要素も含まれており、広範囲な言語仕様になっています。たとえばコンピュータ上のファイルを読み書きしたり、画面に文字や値を表示する機能も含まれています。
> 　これらの言語仕様すべてが論理合成に対応しているわけではありません。回路の記述には決まった型があり、これにしたがわないと回路を生成できないことになります。開発ソフトウェアに読み込んだ際に論理合成できないとしてエラーになってしまいます。

1-1-4　FPGA 内部の基本構造

　自由に論理が実現できる FPGA とはどんな構造になっているのでしょうか。ここでは本書で扱う Intel 社の FPGA を前提に説明しますが、他社の FPGA も基本は同じです。

　まず、基本ブロックとして LE（Logic Element）があります。きわめて単純化した LE の内部構造を、図 1-2（a）に示します。LE は 4 入力の LUT（Look Up Table）と 1 つの FF が組になっています。LUT は任意の組み合わせ回路を生成できるブロックです。4 入力以内であれば、AND だろうが NOR だろうが、AND − OR のようなやや複雑な論理でも実現できます（図 1-2（b））。

　LUT の機能を真理値表で示してみると図 1-2（c）のようになります。これは AND − OR の回路の動作を示したものです。FPGA の LUT は、4 入力の入力に対し出力を任意の値に設定できます。5 入力以上の論理が必要なら複数の LE で実現できます。

　LE には記憶素子である FF が 1 個あり、LUT の出力が接続されています。セレクタにより、FF を通さずに LUT の出力を LE の出力とすることもできます。

　複数の LE をひとまとまりにして 1 つのブロックを形成し、このブロックがチップ内を碁盤目状に配置されています。図 1-3 に示すように、これらのブロック間に配線部分があり、離れたブロック間も接続できます。配線部分は IOE（I/O Element）にも接続されており、チップの外部端子に接続できます。

　IOE は、外部端子に接続するブロックで、入力端子、出力端子、双方向端子に設定できます。図 1-4 は簡略化した IOE の内部構造です。入力や出力に FF を持つことができますので、これらを使えば LE の消費を減らすことも可能です。

1-1 FPGAとは

▼図1-2 FPGA内部の基本構造

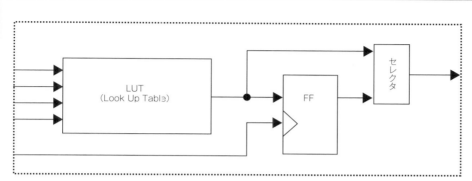

(a) LE（Logic Element）の概略構造

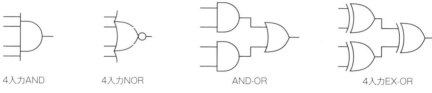

4入力AND　　4入力NOR　　AND-OR　　4入力EX-OR

(b) LUTで任意の論理を生成できる

入力	出力
0000	0
0001	0
0010	0
0011	-
0100	0
0101	0
0110	0
0111	-
1000	0
1001	0
1010	0
1011	-
1100	-
1101	1
1110	1
1111	1

(c) LUTの機能を真理値表で表現

第 1 章　FPGA の内部といろいろな FPGA ボード

▼ 図 1-3　FPGA 内部の全体構造

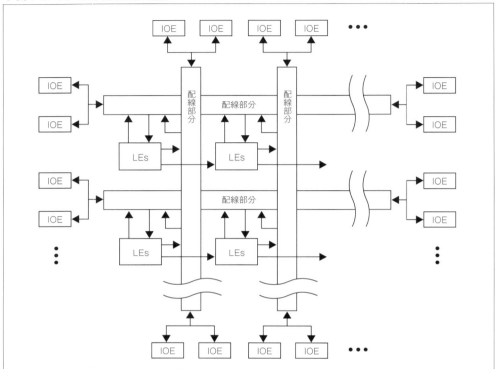

▼ 図 1-4　IOE（I/O Element）の概略構造

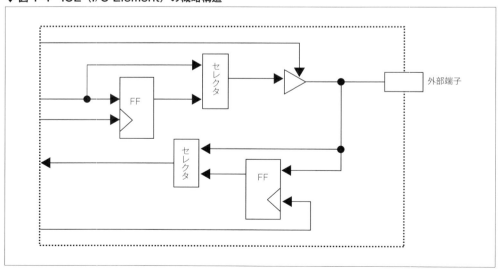

後述するように、本書で取り扱っている FPGA ボードでは、それぞれ MAX 10 と Cyclone V という FPGA が用いられています。MAX 10 は、ここで説明したような LE 構成になっていますが、Cyclone V はより高性能な ALM（Adaptive Logic Module）で構成されています。これは分割可能な 8 入力 LUT と 4 個の FF を備えており、回路の自由度が高く、さらに高速で動作させることを可能にしています。

なお回路規模の概算値を表現する場合、LE に換算した値を用います。基本ブロックの構造が異なる MAX 10 と Cyclone V の間でも、搭載している回路規模の違いを簡単に比較できます。

1-1-5　回路情報を FPGA に書き込むことで動作する

FPGA でユーザの設計した回路を動作させるためには、

- LUT の構成
- LE 内での LUT と FF の接続
- 各 LE 間の接続
- IOE から各 LE への接続

などの回路情報を保持しておく必要があります。このために専用のメモリがありますが、チップに供給する電源を OFF すると消えてしまいます。このままでは次に電源を入れたとき動作しません。したがって電源 ON 時に、外部から回路情報をこのメモリに書き込む必要があります。

この動作をコンフィグレーション（configuration）と呼び、とても重要な機能です。回路はコンフィグレーション直後から動作を開始し、電源が ON である限り動き続けます。プログラムのように「RUN」や「STOP」という考え方はありません。

コンフィグレーションするための回路情報は、FPGA の開発ソフトウェアで作成します。回路図もしくは HDL で設計すれば、FPGA の開発ソフトウェアがコンフィグレーション用のデータを作成してくれます。さらに、FPGA ボードがパソコンと接続されていれば、開発ソフトウェア側でコンフィグレーションすることが可能です。

つまり、設計者は FPGA のパソコン上の開発ソフトウェアで回路設計すれば、すぐにでも FPGA ボードで動作を確認できます。また回路設計は回路図や HDL で行い、LE の接続を手作業で行う必要はありません。

1-1-6　本書で用いた FPGA の規模

次節で詳しく紹介しますが、本書では市販されている FPGA ボードを用いて解説します。その中の一つのボードに搭載されている FPGA の内部素子数を**表 1-1** に示します。

▼表 1-1　FPGA（Cyclone V 5CEBA4）の内部素子数

素子	個数
LE（Logic Element）	約 49,000 個
ALM（Adaptive Logic Module）	18,480 個
メモリブロック	308 個（3,080K ビット）
乗算回路	132 個
PLL（Phase Locked Loop）	4 個

LE が約 49,000 個も含まれています。LE の中には LUT と FF が 1 個ずつ含まれてますからとてつもない量です。しかもこれだけではなく、メモリブロックや乗算回路なども多数含んでいます。メモリブロックは、RAM だけでなく ROM や FIFO にも使えます。メモリブロックに LE を組み合わせてこれらを実現します。

乗算回路は LUT でも実現できますが、多数を必要とし効率的ではありません。そこで、専用の乗算回路を FPGA 内に多数持たせています。

PLL（Phase Locked Loop）は、任意の周波数や位相のクロックを生成するブロックです。第 8 章で紹介している外部 SDRAM の接続例では、この PLL を用いて位相をずらしたクロックを与えています。

以上のように FPGA には LE だけでなくさまざまな回路ブロックを多数内蔵しています。これらを用いると、マウスやキーボードを接続する回路やグラフィック表示などの回路を作成できます。さらに CPU を内蔵してこれらの回路を制御することも可能です。これらについては、後の章で詳しく説明します。

1-1-7　内蔵メモリの構成[注1-1]

メモリブロックは多くの回路で使われ、内蔵 CPU やロジックアナライザ機能を使う場合でも必須のブロックです。

表 1-1 に示した FPGA では、1 個あたり 10K ビット（10,240 ビット）のメモリを 308 個も内蔵しています。このメモリはエラー検出用のパリティビットを含んでいますので、

注 1-1　ここで説明しているのは回路情報を記憶するメモリではなく、ユーザが回路設計に用いることができるメモリブロックについてである。

データ用としては8Kビット（8192ビット）です。

この8Kビットは、図1-5に示したようにビット幅と容量を変えられます。図には示していませんが、1ビット×8192ワードから32ビット×256ワードまでの構成を取れます（パリティを含めると40×256が最大）。ビット幅やワード数を増やしたければ、このブロック単位で増やすことになります。したがって5ビット幅とか1025ワードと言った2の累乗でない構成にするとムダが生じます。

内蔵メモリは読み書き可能なRAMをベースとしています。これにLEを組み合わせると、図1-6に示したようなさまざまなタイプのメモリを構成することが可能です。図1-6(a)が通常のRAMです。アドレスで指定した領域にデータの読み書きができます。読み書きにはクロックが必要です。

図1-6(b)はアドレス、データ、読み書き信号、クロックなどが独立して2系統あるデュアルポートのRAMです。同時に異なるアドレスを読み書きできます。ただし同時に同じアドレスに書き込んだ場合は値の保証はありません（どんな値になるかわかりません）。

図1-6(c)は読み出し機能だけ用いたことで実現したROMです。あらかじめ初期値を持たせることができます。さらに、アドレスを持たず書いた順に読み出せるFIFO（First In First Out）を構築できます（図1-6(d)）。8ビット入力、16ビット出力のように読み書きが非対称な構造も可能です。

内蔵メモリを構成するときには、FPGA開発ソフトウェア内にメモリ構築のツールがあり、簡単に作成できます。第7章以降で構築例を紹介します。

▼図1-5　RAMの基本構成

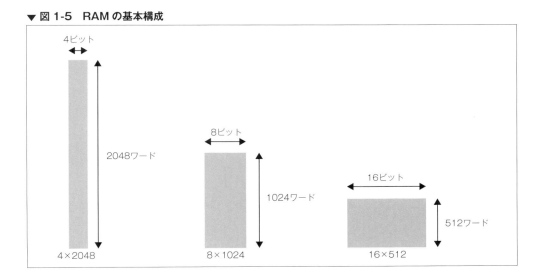

▼ 図1-6 さまざまなタイプのメモリ

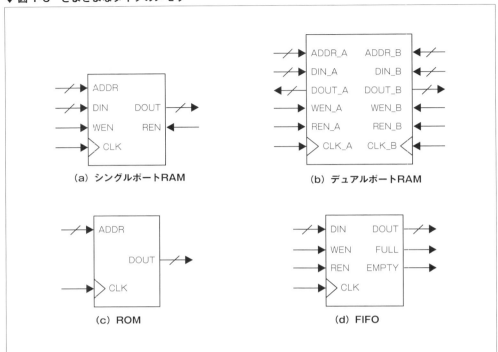

1-2 各種FPGAボードの紹介

本書では実際にFPGAボードを入手して、動作させてみることを勧めています。ここでは、どんなFPGAボードが適しているか説明します。

1-2-1 入手しやすくなったFPGAボード

　前節で紹介したように、集積度が高くさまざまな回路を実現できるFPGAですが、単品で部品を購入できたとしても、使いこなすのは難しくとても初心者が扱えるものではありません。FPGAの深い知識だけでなく基板設計の経験も必要とします。

　FPGAの能力を活かすには、スイッチやLEDだけでなく、パソコンのディスプレイ、マウス、キーボードなども接続したくなるところです。さらにコンフィグレーションするための回路も必要になります。

　最近では、これらが最初から実装されたFPGAボードが多数発売されるようになってきました。しかしお勧めできるボードはそれほど多くなく、注意する点が数多くあります。

1-2-2 かつては雑誌の付録にもなったFPGAボード

　かつては雑誌の付録としてFPGAボードが付いてくることが多々ありました。電子技術系の雑誌全体でみると、1～2年に一度くらいはどこかの雑誌にFPGAボードが添付していました。価格も解説記事込みで2～3,000円とお手頃ではありましたが、実際に使いこなすのは簡単ではありません。いくつかその理由をあげてみます。

- 電源（ACアダプタなど）が必要
- ボード上には十分な入出力装置が付いていない
- パソコンによるコンフィグレーションはパラレルポート接続のみでUSBは非対応

となります。これらを解決するためには、別売りのベースボードやACアダプタなどが必要であり、半田付けなどの工作も不可欠です。

　そんな理由もあり、これらFPGAボード付きの雑誌を購入した方のほとんどが、本棚

に積んだままになっているとも聞きます。その後、FPGA ボードの付録は下火になってしまいました。

1-2-3　学習に適した FPGA ボードの条件

それでは、趣味や学習に適した FPGA ボードとはどういったものでしょうか。筆者が考える条件は以下のとおりです。

＜必須事項＞
- 豊富な入出力が付いている
    - 7 セグメント LED とスイッチだけではダメ
    - VGA、PS/2 などが欲しい
- 半田付けなどの工作をせずに、購入したままの状態で初歩的な例を試せる
- コンフィグレーションが USB で行える
- 電源やケーブル類込みで 2 万円以下

＜推奨事項＞
- CPU を内蔵できる規模の FPGA を搭載
- 電源やケーブル類は別売りではなく付属
- 基板上には外付けの RAM やコンフィグレーション用の専用 ROM が実装されている
- 安定供給されている

といったところです。FPGA ボードの価格を決めるのは、中心部品である FPGA ですが、搭載できる回路規模によってピンからキリまであります。容量が少なければ低価格ですが実現できる機能が乏しくてはおもしろみがありません。CPU を内蔵しても自作回路を搭載できる余裕が欲しいところです。

また豊富な入出力も重要です。7 セグメント LED とスイッチ程度しか付いていないと、時計を設計したくらいで飽きてしまいます。すぐ飽きてしまうようなものは投資する価値はないでしょう。やはりディスプレイを接続する VGA ポートや、マウス・キーボードを接続する PS/2 ポート[注1-2]も欲しいです。

買ってきてすぐ使えるのがベストなので、半田付けも不要で、電源やケーブル類も付属しているものがあればいうことはありません。

各種 FPGA ボードの紹介   **1-2**

1-2-4　FPGA ボードの比較

　以上の観点から筆者が選んだ 3 種類の FPGA ボードを紹介します。いずれも FPGA ボードメーカー Terasic 社の製品です[注1-3]。各ボードの主要項目を**表 1-2** にまとめました。なお本書の内容は、ここで紹介する 3 種類のボードいずれでも試すことが可能です。

■ DE0-CV（写真 1-1（a））

　学習および評価用の FPGA ボードとして多くのユーザを獲得した DE0（Cyclone III 搭載）の後継機種です。より大容量で高速動作が可能な Cyclone V を搭載しています。搭載している I/O 類は DE0 とほぼ同じなので、DE0 向けの回路を移植することも可能です[注1-4]。

　5V の電源アダプタが付属していますが、本書の例題を試す程度なら USB から電源を供給できます。開発ソフトウェアを実行しているパソコンと USB ケーブルを 1 本接続するだけで動作確認ができます。

▼ **写真 1-1　各種 FPGA ボード**
(a) Terasic 社の DE0-CV

注 1-2　PS/2 ポートも過去のものになってしまったが、第 7 章で説明するように USB − PS/2 変換アダプタに対応している USB マウスや USB キーボードなら使用可能。
注 1-3　Terasic 社から直接購入できるが、国内での取扱店を巻末の参考文献のページに掲載しておいた。
注 1-4　逆に DE0 で本書の内容を試すことも部分的には可能である。本書のベースとなった Altera 編では、第 7 章の VGA 文字表示回路まで実施していたので問題なく移植できるが、動作周波数の上限が低いため第 8 章、第 9 章の内容は厳しいかもしれない。また Quartus Prime は Cyclone III のサポートを終了しているので、古いバージョンの Quartus II で実施するしかなく、総合的に難易度は高めである。

(b) Terasic 社の DE10-Lite

(c) Terasic 社の DE1-SoC

■ DE10-Lite（写真 1-1（b））

　フラッシュメモリ内蔵の MAX 10 チップを搭載した FPGA ボードです。DE0-CV に比べ若干 I/O 類が少ない分、低価格なのが特徴です。Arduino 互換のコネクタを備えていますので、Arduino 用の「シールド」を接続することも可能です。電源アダプタは付属しておらず、USB ケーブルだけで電源供給します。

　なお本ボードは PS/2 コネクタが実装されていないので、第 7 章 7-1 を試す場合には、ちょっとした工作が必要です。詳細は Appendix II で説明しています。

■ DE1-SoC（写真 1-1（c））

　デュアル CPU の ARM コアを内蔵した SoC FPGA を搭載している FPGA ボードです。FPGA 部分も大容量です。高性能な FPGA に見合うように多数の I/O が付属しています。消費電力もそれなりの量になるようで、ボード添付の 12V 電源アダプタを接続して動作

させます。

本書では紹介していませんが、800MHzで動作するARMコアを用いたLinuxも用意されています。EtherやUSBなど豊富なI/OをLinux環境下で使うことができます。

▼表1-2 各FPGAボードの比較

ボード名	DE0-CV	DE10-Lite	DE1-SoC
FPGA	Cyclone V 5CEBA4	MAX 10 10M50DA	Cyclone V 5CSEMA5
FPGA内蔵LE	約49,000個	約50,000個	約85,000個
FPGA内蔵RAM	3,080Kビット	1,638Kビット	3,970Kビット
FPGAの特徴	-	フラッシュメモリ内蔵	ARM CPU内蔵
外付けRAM	64MバイトSDRAM	64MバイトSDRAM	1GバイトDDR3、64MバイトSDRAM
プッシュSW	5個	2個	4個
スライドSW	10個	10個	10個
単体LED	10個	10個	10個
7セグメントLED	6桁	6桁	6桁
VGA	RGB各4ビット	RGB各4ビット	RGB各8ビット
PS/2	あり	-	あり
その他のI/O	microSDカード	-	microSDカード、Ether、USB、音声他
拡張コネクタ	2個の2×20 GPIO	1個の2×20 GPIO、Arduinoコネクタ	2個の2×20 GPIO
価格（アカデミック価格）	$150（$99）	$85（$55）	$249（$175）

(価格は2017年12月現在)

本書の構成とおすすめのボード

　本文でも述べたように、ここで紹介しているいずれのボードでも、本書の内容を試すことができます。ただしボード間には少なからず違いがありますので、開発ソフトウェアの操作も若干ですが異なる部分があります。そこで本書ではDE0-CVを中心に解説を進めることとし、巻末のAppendix IIにDE0-CV以外のボードを用いる場合の注意点を記載しました。

　そんな理由から、今回初めてFPGAボードを使ってみる方にはDE0-CVをおすすめします。このボードに関して、本書以外でも製作記事を見かけることが多いでしょうから、参考になる情報は多いと思います。

　一方Arduinoでのプログラミング体験や、各種シールドをお持ちの方、また電子工作が得意な方は、価格の安いDE10-Liteをおすすめします。Arduino互換コネクタにいろいろ接続してFPGAで制御してみるのも面白いでしょう。

　本書をステップアップの起点としていずれはARMコア内蔵FPGAを使ってみたい方は、DE1-SoCになるでしょう。より高性能なFPGAと豊富なI/Oを備えたボードで、さらなる高みを目指してください。

1-3 回路情報のダウンロード

FPGAは書き換え可能な素子です。その書き換え方法について説明します。実際に動かしてみないとピンとこないかもしれませんが、ボードを買う前に理解しておきたい内容です。

1-3-1　コンフィグレーション方法

　すでに説明したように、回路の接続情報はFPGA内のメモリに格納されます。格納された内容は、FPGAに供給している電源を切ると消えてしまいます。次に電源を投入しても回路は動作しません。そのためには接続情報を外部からメモリに書き込む必要があります。この動作をコンフィグレーションと呼んでいます[注1-5]。

　FPGAの動作は、**図1-7**に示したように3つの状態があります。まず電源をONすると、コンフィグレーションするモードになります。たとえばパソコンからコンフィグレーションする場合には、FPGAはパソコンからのコンフィグレーション信号を待ち、データがやってくれば内部のメモリに書き込んでいきます。

　その後、FPGA内部の初期化をします。記憶素子であるFFをすべてリセットし、外部端子が回路情報に基づいて設定された入出力になります。そして最後に回路が動作を開始します。電源が供給されている間は、FPGAは「回路動作」ですが、コンフィグレーション開始の入力端子をアクティブにすると、再び「コンフィグレーション」に戻ります。

　コンフィグレーションの方法は数種類ありますが、本書で用いるFPGAボードでは、以下の2種類です。

- FPGAがマスターになり、接続されているROMに書かれたコンフィグレーション・データを読み込む（**図1-8**（a））

注1-5　開発ソフトウェアのメニューでは「Programmer」「Program Device」などのように動詞として「プログラム」が使われている。しかしCPU側のCプログラムと混同しやすいことから、本書では従来から使われている「コンフィグレーション」で説明することにした。

1-3 回路情報のダウンロード

- パソコン側がマスターになり、FPGA に対しコンフィグレーション・データを書き込む（図 1-8（b）（c））

パソコン側がマスターになる場合は、JTAG[注1-6]と呼ばれる端子を経由してコンフィグレーションします。従来はパラレルポートに ByteBlaster II というケーブルを接続してコンフィグレーションしていました（図 1-8（b））。このケーブルは単に電圧レベルを変換

▼ 図 1-7　FPGA の起動シーケンス

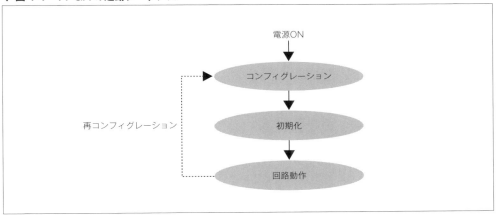

▼ 図 1-8　コンフィグレーション方法

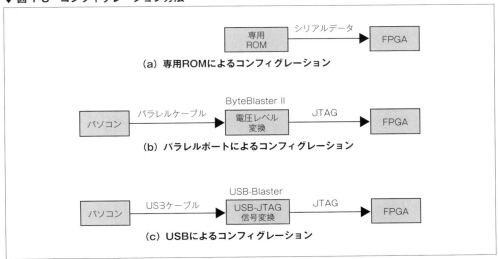

注 1-6　IC チップや基板をテストするための規格。バウンダリスキャンと呼ばれるテストのために、IC チップには専用の端子がある。FPGA では、この端子を利用してコンフィグレーション用のデータを入力している。

するだけで、コンフィグレーションのための細かいタイミングはパソコン側のソフトウェアで作成していました。

現在ではパラレルポートを持ったパソコンは過去のものとなり、USB-Blasterという装置（**写真 1-2**）を経由してUSBポートからコンフィグレーションするようになりました。USBからJTAGの信号を直接作り出すことはできませんが、USB-Blaster内の回路でコンフィグレーションのタイミングを作っています（**図 1-9**）。

▼ 写真 1-2　USB-Blaster

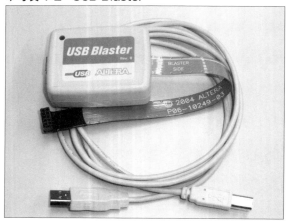

▼ 図 1-9　USB-Blaster の内部ブロック

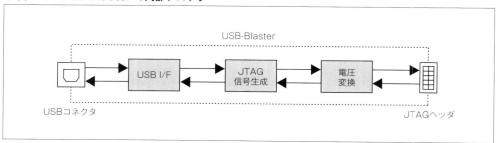

1-3-2 USB-Blaster は多機能だけど高価

USB-Blaster は多機能で、以下の3つの機能が使えます（図1-10）。

▼図 1-10　USB-Blaster の 3 機能

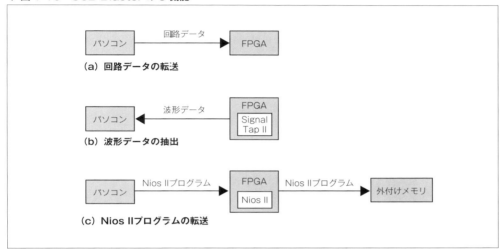

(a) 回路データの転送

(b) 波形データの抽出

(c) Nios II プログラムの転送

- コンフィグレーション
- ロジックアナライザ機能
- 内蔵 CPU プログラムのダウンロードおよびデバッグ

しかも1つの回路に対しこれら3つの機能が使えますので、

- 内蔵 CPU を含んだ回路をコンフィグレーションした後
- 内蔵 CPU に接続した自作回路の挙動を波形で観測しつつ
- 内蔵 CPU のプログラムをステップ動作させる

などということが可能です。FPGA が高集積になり複雑な回路を詰め込むようになると、外から信号を観測できず、デバッグが非常に困難です。上記のような機能があれば、デバッグがスムーズに行えます。

そんなありがたい USB-Blaster ですが、純正品は $300 と高価です。FPGA ボードより高くなってしまいます。Terasic 社から低価格の類似品が発売されていますが、それでも $50 します。

幸いなことに、本書で用いている Terasic 社の各 FPGA ボードには USB-Blaster の機能がボード上に構築してあります。ボード付属の USB ケーブルでパソコンと直接接続で

き、前記の3つの機能も、もちろん使えます。さらに一部のボードは電源も USB から供給できます。

これらのボードにはコンフィグレーション用の専用 ROM（Flash メモリ）も搭載されています。回路設計の学習やデバッグ時にはパソコンに接続してコンフィグレーションし、完成時には ROM からコンフィグレーションすることでパソコンなしに単独で動作できます。この ROM もパソコン側から書き換えることができます。

Terasic 社のボードをおすすめするのは、以上のような理由があるからです。

新型の USB-Blaster II が登場

2014 年頃（Intel 社に買収される前）に Altera 社から後継機種の「USB-Blaster II」が提供されました。価格は $225 と若干安めです。主な変更点は以下のとおりです。

・USB 2.0 に対応（USB-Blaster は USB 1.0 だった）
・JTAG の転送クロック周波数が可変（6MHz 固定から最大 24MHz まで可変に）
・不揮発性 AES キーのプログラミングが可能
・HPS（SoC FPGA の ARM コア側）のリセットが可能

SoC FPGA などの、より高性能な FPGA の開発やデバッグが効率的になるよう改善されたようです。本書で取り扱っている DE1-SoC には、USB-Blaster II の機能がボード上に構築されています。

なお Intel 傘下になり、名称が「Intel FPGA Download Cable II」に変更されたと、ユーザガイドに記載があります。

1-4 第1章のまとめ

　この章では論理回路設計の手法やFPGAの内部構造などを解説し、FPGAを活用するための基礎を説明しました。また入手しやすくなったことで、どれを選んだらよいかわかりにくくなったFPGAボードに関し、選択の判断基準を提示しました。

　さらにコンフィグレーションというFPGA固有の動作について詳しく説明するとともに、FPGAボード選択で盲点になりそうな項目であることも補足しました。

　次の章では、開発ソフトウェアで回路を作成し、FPGAボードで動作確認してみます。簡単な回路でも実際に動作している様子を見ると、ちょっとした達成感を味わえます。

コラム A　Altera FPGA から Intel FPGA へ

　Altera（アルテラ）社は、Xilinx（ザイリンクス）社と並んでFPGAの二大メーカーでした。30年以上に渡りこの業界をリードしてきました。そのAltera社が、2015年にIntel社に買収されました。

　筆者を含めFPGAに関わってきた人にとって驚きでした。真っ先に思ったことは、ARMコア内蔵の「SoC FPGA」から撤退してしまうのかという疑問です。Intel社がARM社のCPUを売るというのはいかにも不自然だからです。誰しも思う疑問のようで、Altera社もIntel社も撤退は否定しました。

　ARMコア内蔵FPGAに関しては、正直なところXilinx社にかなり後れを取っていると感じています。開発環境にしてもいまだに十分とは思えません。継続を約束してくれたことで、ひとまず安心しましたが、今後どの程度注力するのか気になるところです。

　CPUを内蔵させるのが一般的になってきた昨今のFPGAにとって、CPUの雄Intel社の傘下になることでどんなFPGAが登場するのか今後の方が楽しみです。既存ユーザには申し訳ないですが、ARMコアはひとまず置いておいて、Intelコア内蔵FPGAをリリースして欲しいくらいです。

　2017年現在、まだまだIntel色は出ておらず、開発ソフトウェアや資料のロゴがIntelになったくらいしか変化は感じませんが、今後が楽しみであることに違いありません。

第2章
FPGAの回路設計を体験

　さっそくFPGAによる回路設計を体験してみましょう。難しいことは後回しにして、まずはFPGAボードを動かしてみます。開発ソフトウェアが用意できたら回路記述を入力してコンパイルし、FPGAにコンフィグレーションしてみます。
　ここで試す回路は、スイッチ入力と7セグメントLED出力だけの簡単なものです。まずは、開発ソフトウェアの使い方や操作手順に慣れてください。また、エラーが発生したときの対応にも慣れておきましょう。

第2章　FPGAの回路設計を体験

2-1　開発ソフトウェア Quartus Prime

ここではIntel FPGA用の開発ソフトウェアQuartus Prime（クォータス・プライム）について簡単に解説します。プログラミング用の開発ソフトウェアとは機能が大きく異なり手順も異なります。少々戸惑うかもしれませんが、開発の流れを押さえておいてください。

2-1-1　Quartus Prime とは

　Intel FPGA を用いた回路設計では、Quartus Prime という開発ソフトウェアを使用します。このソフトウェアは統合環境でもあるので、開発における作業は、すべてこの上で行います。

　図2-1 に Quartus Prime の概略機能を示します。HDL で記述された回路やクロック周波数など設定した制約ファイルを読み込み、コンパイルしてコンフィグレーション用のデータを生成します。これを FPGA に対しコンフィグレーションします。

▼図2-1　Quartus II の概略機能

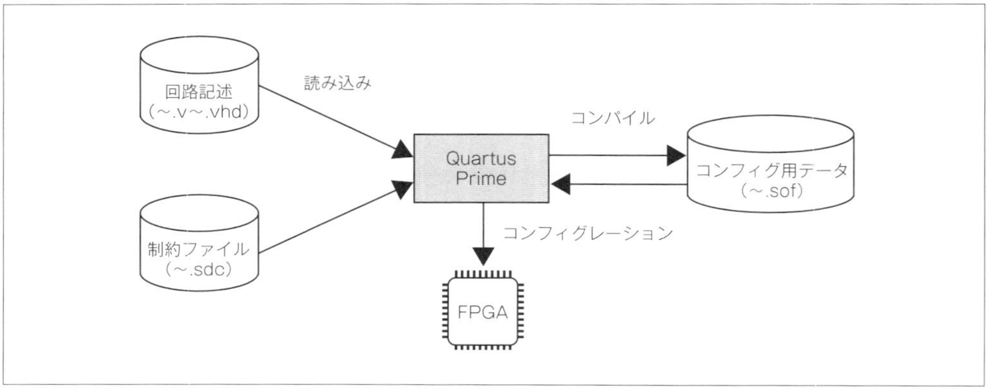

　コンパイルについてもう少し詳しく説明します。HDL は単なる文字列ですが、文法に基づいて論理を表現しています。これらから、

開発ソフトウェア Quartus Prime　　**2-1**

- 文法をチェック
- 論理を抽出
- 論理合成
- 論理の簡単化
- LE（Logic Element）への割り当て
- LE の配置と、LE 間および端子間の配線
- コンフィグレーション用データの生成

を行うのがコンパイルの概要です。
　この他にも、Quartus Prime には以下のような機能があります。

- FPGA へのコンフィグレーション
- ロジックアナライザ機能によるデータ収集と波形表示（SignalTap II、第 4 章で解説）
- 内蔵 CPU と周辺回路を選択してシステムを構築（Qsys、第 5 章で解説）
- 配置・配線結果をもとに遅延量計算を行いタイミング解析（TimeQuest）
- 内蔵 CPU のソフトウェア開発環境（Nios II EDS、第 5 章で解説）

　Quartus Prime には、無償のライト・エディション、有償のスタンダード・エディションおよびプロ・エディションがあります。これらの違いを表 2-1 に簡単にまとめました。
　無償版とはいえ評価や学習のためだけにあるわけではなく、中小規模の FPGA 設計に使うことを目的としています。したがって無償版でも本書に書かれているような高度なことも実行できます。

▼ **表 2-1　各エディションの違い**

	ライト・エディション	スタンダード・エディション	プロ・エディション
デバイス対応	中、小規模のデバイスのみ	ほぼすべてのデバイス	最先端デバイスに特化[※1]
システム構築ツール	Qsys	Qsys	Qsys Pro
Nios II（内蔵 CPU）	・II/e 版は無償 ・II/f 版は評価のみ （動作制限あり）	無償	無償
IP（Nios II 用周辺回路）	・低機能 IP は無償 ・高機能 IP は有償	Intel 提供 IP は無償	Intel 提供 IP は無償
ラピッド・リコンパイル[※2]	-	あり（デバイス限定）	あり
パーシャル・リコンフィグレーション[※3]	-	あり（デバイス限定）	あり
ロジックアナライザ機能	あり	あり	あり
Nios II ソフト開発環境	あり	あり	あり
価格（2017 年 12 月現在）	無償	$2,995 ～	$3,995 ～

第 2 章　FPGA の回路設計を体験

> **表 2-1 の補足を少々**
>
> **(※ 1) 最先端デバイスに特化**
> 　プロ・エディションは高性能 FPGA に特化したバージョンであり、すべての Intel FPGA には対応していない。その代わりスタンダード・エディションのライセンスが含まれているので、用途に応じて使い分けることになる。
>
> **(※ 2) ラピッド・リコンパイル**
> 　本書の記載例では、パソコンの性能に依存するがだいたい 10 分以内にコンパイルは終わる。しかし大規模になると数時間～ 10 数時間かかることも珍しくない。修正を繰り返した場合とても非効率だ。そこで修正した部分だけを再コンパイルし、それ以外は手を付けないコンパイル技術がある。一般に「インクリメンタル・コンパイル」と呼ばれている機能が、これに相当する。
>
> **(※ 3) パーシャル・リコンフィグレーション**
> 　書き換え可能な FPGA の特性を生かし、動作時に一部分の回路を差し替えるとこを可能にする機能。必要な機能を動的に追加できるので、コストや消費電力に有利なシステムを構築できる。

2-1-2　FPGA の開発手順

図 2-2 に FPGA の開発手順を示します。次節以降、この手順にしたがって回路設計と FPGA ボードでの動作確認を行ってみます。

▼ 図 2-2　FPGA の開発手順

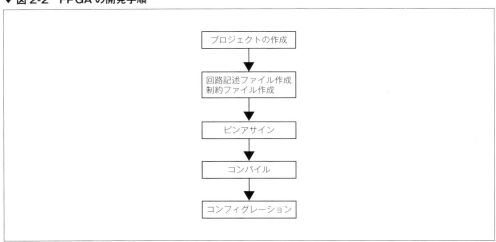

なお本格的な回路設計では、HDL で設計した後、シミュレーションによる回路検証を行います。それは、

開発ソフトウェア Quartus Prime　　**2-1**

- 回路規模が大きいので、まずは構成しているブロックの検証から始めたい
- コンパイルや内部信号観測に時間や手間がかかり、実機だけの検証では効率が悪い
- FPGA を搭載したボードがまだできあがっていない

などの理由があるからです。

　本書では、扱う規模も小さく FPGA ボードも手元にあることを前提にしていますので、シミュレーションを飛ばしていきなり実機検証を行っています。あまり勧められない方法ではあります。Intel FPGA の開発ソフトウェア一式には、回路検証のための論理回路シミュレータ ModelSim が含まれています。これにも無償版がありますので、設計を業務で行うなら利用を勧めます。

論理シミュレータはバグを見つけてくれない

　正しい回路設計の手順では、回路記述した後、論理回路シミュレータで回路検証を行います。実機で動作確認する前に確実に検証するのが正しいやり方です。

　しかし回路記述をそのままシミュレータに通しても何もしてくれません（文法チェックくらいはしますが）。回路検証するためには、検査対象となる回路に対し、入力を与える必要があります。スイッチ入力を変化させたり、クロック端子に周期的に変化する値を与える必要があります。シミュレータはこれらを作ってくれないので、設計者自身が HDL の文法にしたがってテスト入力を作成します。これを「テストベンチ」と言います。場合によっては回路記述よりテストベンチ作成の方が手間になることもあります。

　多くの場合、シミュレーション結果は波形で観測します。波形を見て動作が正しいかどうかを判断するのも設計者自身です。つまり、論理シミュレータはバグを見つけてくれないのです。

2-1-3　開発ソフトウェアや設計データのダウンロード

　開発ソフトウェアをまだインストールしていなければ、巻末の Appendix I を参考にダウンロードとインストールを行って下さい。

　バージョンが異なっても本書の内容を試すことができますが、メニューや操作手順が変わる可能性がありますので、できるだけ本書と同じ、バージョン 17.0 で実施してください。

　また、出版社の本書サポートページで、3 種の FPGA ボードに対応した設計データを公開しています。入力の手間を省くためにも、ダウンロードしてご利用ください。

第2章　FPGAの回路設計を体験

2-2　回路設計とコンパイル

準備ができたので、いよいよFPGAの設計に着手することにします。回路図を用いた論理回路設計は過去のものとなり、現在では効率的なHDL設計が主流です。ここでは、HDLで回路を設計し、Quartus Primeでコンパイルするところまで実施してみます。

2-2-1　7セグメントデコーダの設計

まずは簡単な回路から設計してみます。ここで設計するのは図2-3[注2-1]に示した、

- 入力……4個のスライドスイッチ（右側の4個を使用）
- 出力……1桁の7セグメントLED（右側の1桁を使用）

を接続した回路です。スライドスイッチで4桁の2進数値を入力すると、7セグメントLEDに16進数値で表示します。

▼図2-3　7セグメントデコーダの仕様

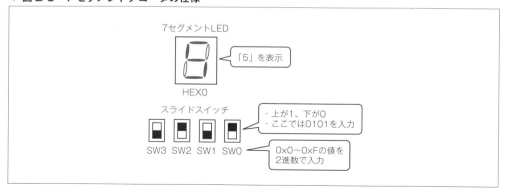

注2-1　「HEX0」や「SW0」「SW1」はFPGAボードの基板上に印刷された部品の番号である。回路設計する際、印刷と同じか近い名称の信号名を用いた。7セグメントLEDなのに「HEX」という名称が不自然に思うかもしれないが、基板上と異なる名称の方が混乱するので、このようにした。

2-2 回路設計とコンパイル

図 2-4 に基板上での接続を示します。スライドスイッチや 7 セグメント LED は、すでに基板上で FPGA に接続されています。FPGA 内に、スイッチ入力値から 7 セグメント LED の表示パターンを生成する回路を作ることで機能を実現できます。a 〜 g の各セグメントは、FPGA の出力信号 HEX0[0] 〜 HEX0[6] に対応しています。なおドットのセグメントは FPGA に接続しておらず点灯することはできません[注2-2]。

▼ 図 2-4 スイッチと 7 セグメント LED の接続

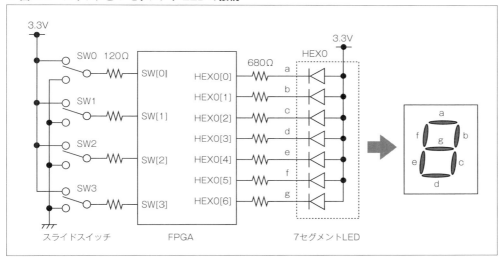

スライドスイッチは、上にスライドさせると電源に接続し論理値は 1、下にするとグランドに接続し論理値は 0 となります。7 セグメント LED は、7 個の発光ダイオードが 1 つのパッケージにまとめられ、端子の節約のため電源端子が共通になっています。各セグメントは電圧を低い方、つまり論理値を 0 にすると点灯します。

論理値 1 で動作する信号をハイアクティブ、0 で動作する信号をローアクティブと呼びます。本回路の場合、スイッチ入力はハイアクティブ、7 セグメント LED 出力はローアクティブとなります。

表 2-2 に本回路の設計仕様である真理値表を示します。真理値表とは、入力と出力の関係を表で示したものです。表 2-2 では 4 ビットのスイッチ入力に対し、7 ビットの 7 セグメント出力を定義しています。この表をもとに HDL を記述すればよいことになります。

リスト 2-1 に本回路の Verilog HDL 記述を示します。回路記述の主要部分は、case 文

注 2-2 本書で取り扱っている 3 種の FPGA ボードのうち、DE0-CV と DE1-SoC はドットセグメントが未接続で使用できない。そこで本書ではドットセグメントを使用しないことにした。

第2章　FPGAの回路設計を体験

による分岐です。スイッチ入力SWの値に応じて16通りに分岐し[注2-3]、HEX0に表示パターンを代入しています。表2-2の真理値表を文法に基づいて表現したことになります。

▼表2-2　7セグメントLEDデコーダの真理値表

入力	表示	出力（gfedcba）	入力	表示	出力（gfedcba）
0000	0	1000000	1000	8	0000000
0001	1	1111001	1001	9	0010000
0010	2	0100100	1010	A	0001000
0011	3	0110000	1011	b	0000011
0100	4	0011001	1100	C	1000110
0101	5	0010010	1101	d	0100001
0110	6	0000010	1110	E	0000110
0111	7	1011000	1111	F	0001110

出力は0で点灯、1で消灯

▼リスト2-1　7セグメントデコーダ（seg7dec.v）

```verilog
module SEG7DEC (
    input       [3:0]   SW,
    output reg  [6:0]   HEX0  ------------  always文内で代入する出力信号は、regで宣言
);

/* 7セグメント表示デコーダ           */
/* 各セグメントはgfedcbaの並びで0で点灯 */
always @* begin
    case( SW )  ----------------------  SWの値に応じて16通りに分岐
        4'h0:   HEX0 = 7'b1000000;
        4'h1:   HEX0 = 7'b1111001;
        4'h2:   HEX0 = 7'b0100100;
        4'h3:   HEX0 = 7'b0110000;
        4'h4:   HEX0 = 7'b0011001;
        4'h5:   HEX0 = 7'b0010010;
```

続く➡

注2-3　defaultもあるので正確には17通り。always文を用いた組み合わせ回路は、記述が不完全だと不必要なラッチ（記憶素子）を生成してしまうことがある。これを防ぐ手段の一つがdefault。したがってcase文にはdefaultを付けるのをクセにしておいた方がよい。

```
        4'h6:   HEX0 = 7'b0000010;
        4'h7:   HEX0 = 7'b1011000;
        4'h8:   HEX0 = 7'b0000000;  ------------- 0で点灯するので、「8」
        4'h9:   HEX0 = 7'b0010000;                は全点灯
        4'ha:   HEX0 = 7'b0001000;
        4'hb:   HEX0 = 7'b0000011;
        4'hc:   HEX0 = 7'b1000110;
        4'hd:   HEX0 = 7'b0100001;
        4'he:   HEX0 = 7'b0000110;
        4'hf:   HEX0 = 7'b0001110;
        default:HEX0 = 7'b1111111;
    endcase
end

endmodule
```

本書での回路記述命名則

本書では回路記述に関して**表 2-3** に示した命名則にしたがうことにします。なお本書で用いている Verilog HDL は、大文字と小文字を区別します。また、ローアクティブ信号名には先頭に「n」を付加することにしていますが、以下のような例外もあります。

・Terasic 社提供のデモ回路と一致させた信号：HEX0[6:0] など
・慣例的にアクティブレベルを明示しない信号：VGA_HS など

▼ 表 2-3　HDL記述の命名則

項目	内容
ファイル	小文字、拡張子は「.v」
モジュール	大文字注
入出力信号	大文字
パラメータ	大文字
内部信号	小文字
ローアクティブ信号	先頭に小文字の「n」を付加
HDL ファイルの保存場所	プロジェクト内の「HDL」フォルダに保存

注　本書のベースとなる Altera 編にあわせたが、第 5 章以降は小文字にした。本書 Intel FPGA 編では Nios II システムの最上位階層も HDL で記述することにしたため、小文字の方が都合が良かったからである。全体を通じて統一できず申し訳ない。

2-2-2 プロジェクトの作成

回路記述が用意できたので、さっそく Quartus Prime を立ち上げ読み込んでみます。図 2-2 の開発手順を思い出してください。最初はプロジェクトを作成するところから始めます。プロジェクトに関する名称を表 2-4 のように決めました。

▼表 2-4 7 セグメントデコーダのプロジェクト

ツール	項目	名称
-	作業フォルダ	seg7dec
Quartus Prime	プロジェクト名	SEG7DEC
	最上位階層名	SEG7DEC
	回路記述	seg7dec.v

プロジェクト名と作業フォルダ名は同じでも異なってもかまいません。ただし最上位階層名と回路記述のモジュール名は、大文字小文字も含めて一致させる必要があります。

ファイルパスに日本語や空白は厳禁

ここでは seg7dec というフォルダを作成しましたが、C ドライブから seg7dec フォルダに至る経路（ファイルパス）に、日本語や空白があるとトラブルの元です。絶対やってはいけません。
　たとえば、

`C:¥Users¥koba¥FPGA のお勉強 ¥seg7dec¥`

などと途中に日本語のフォルダ名があると、英語圏で作成されたソフトウェアは正しく判別できない可能性があります。一見正しく動いていても、機能の一部が動作しないかもしれません。
　そこで今回は以下のようにしました。これなら確実です。

`C:¥Users¥koba¥IntelFPGA¥seg7dec¥`

なお、Users フォルダは、エクスプローラーなどでは「ユーザー」とカタカナ表示されますが、内部では Users として扱われていますので問題ありません。

Quartus Prime を起動すると図 2-5 の画面になります。図に示したようにいくつかのペインに分かれています。

2-2 回路設計とコンパイル

▼ 図 2-5　Quartus Prime の起動画面

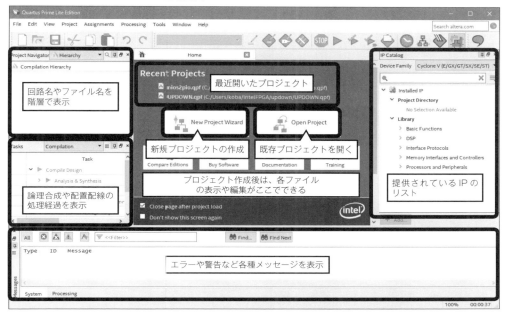

それではプロジェクト作成の手順を説明します。

①プロジェクト作成コマンドの実行（図 2-6（a））

［File］→［New Project Wizard...］コマンドを実行し、ウイザードにしたがって順に入力していくことでプロジェクトを作成できます。このウイザードは起動画面中央の「New Project Wizard」ボタンでも起動できます。

▼ 図 2-6　プロジェクトの作成

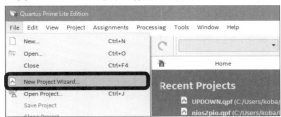

(a) New Project Wizard を起動

②内容の紹介（図2-6（b））

このウイザードで実施できる内容を紹介しています。ここでは何も設定するものがないのでそのまま「Next」をクリックします。

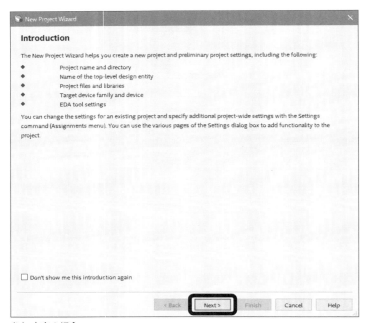

(b) 内容の紹介

③プロジェクトのフォルダとプロジェクト名を入力（図2-6（c））

表2-4の名称にしたがって、以下の項目を入力します。なお最上位階層のブロック名は、大文字小文字も含めて回路記述（リスト2-1）のモジュール名と一致させる必要があります。

- プロジェクトのフォルダ
- プロジェクト名
- 最上位階層のブロック名

2-2 回路設計とコンパイル

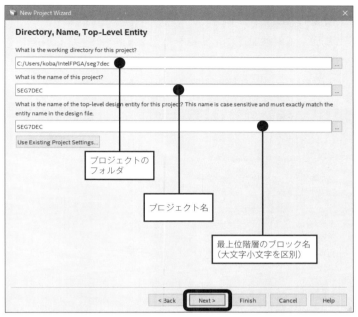

(c) フォルダとプロジェクト名を入力

⑤プロジェクト作成方法の選択（図2-6（d））

FPGAボードに対応したテンプレートをもとにプロジェクトを作成できます。しかし本書では常に「空」のプロジェクトから始めますので「Empty project」を選択します。

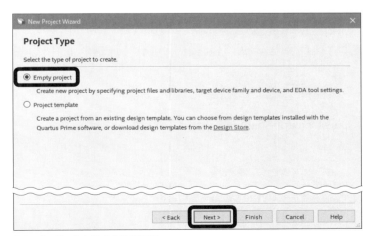

(d) プロジェクト作成方法の選択

第2章　FPGAの回路設計を体験

⑥回路記述ファイルの追加（図2-6（e））

　ここでは、プロジェクトに追加する回路記述ファイルを指定します[注2-4]。「...」ボタンをクリックして、先ほどのリスト2-1のファイル「seg7dec.v」を選択します。なお、ここで実施しなくてもプロジェクトを作成してから追加することも可能です。

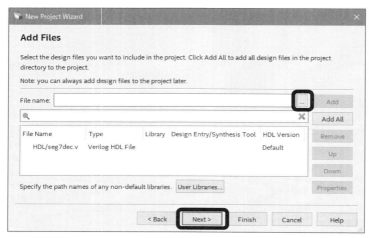

(e) 回路記述ファイルの追加

⑦ボードの選択（図2-6（f））

　Intel FPGAには数種類のデバイスファミリーがあり、各ファミリーには規模やパッケージの異なる多くのデバイスが存在します。その中から回路構築の対象となるデバイスを指定します。

　デバイスは種類が多く間違えやすいのですが、［Board］タブから「FPGAボード」を選択することで簡単および確実に行えます。

Family: Cyclone V
Development Kit: DE0-CV Development Board[注2-5]

注2-4　Quartus Primeの中で回路記述を作成することも可能だが、本書ではあらかじめ回路記述ファイルを用意しておき、Quartus Primeでは追加するだけとした。ソースコードの作成ではなじみのエディタを使うだろうし、あらかじめシミュレーションなどで回路検証が済んだものをQuartus Primeに読み込ませるのが本来の手順だからである。

注2-5　DE10-Lite（FamilyはMAX 10）およびDE1-SoCの場合には、それぞれボードの名称に一致した項目を選択する。

をプルダウンメニューから選ぶと、「DE0-CV Development Board」だけが表示されますので、これを選択します。

ここで「Create top-level design file」のチェックを外しておきます。これがチェックONになっていると、ボードに対応した最上位階層のVerilog HDL記述がプロジェクトに追加されます。本書の例題では不要です。

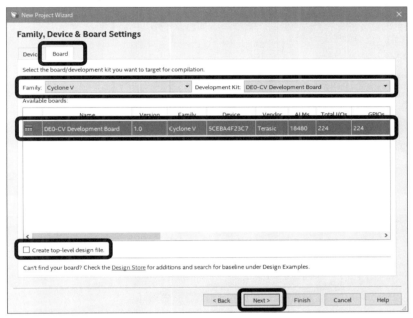

(f) ボードの選択

⑧他社ツール選択（図2-6（g））

これはシミュレータや基板設計など他社ツールと連携して使う場合の設定です。今回は使いませんので、そのまま「Next」をクリックします。

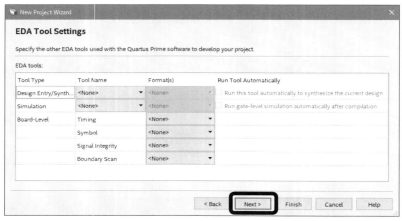

(g) 他社ツールの選択

⑨**最終確認（図 2-6（h））**

今までの設定内容が表示されますので、確認して「Finish」をクリックすればプロジェクトが作成できます。

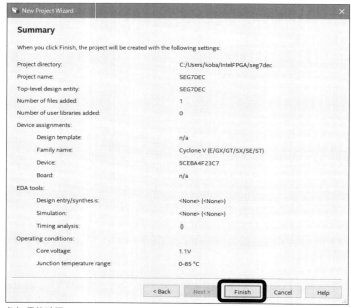

(h) 最終確認

デバイスの直接選択

新規開発したFPGAボードのように、**図2-6（f）**のウィンドウでボード名が選択肢にないときは、デバイスを直接指定します。その際にはデバイスファミリーやパッケージなどを指定し選択範囲を狭めて所望のデバイスを見つけ出します。

たとえばDE0-CVの場合にに、**図2-7**に示すように、

・Family: Cyclone V
・Device: Cyclone V E Base
・Package: FBGA
・Pin count: 484
・Core speed grade: 7

を選択し、「Available devices」の中から「5CEBA4F23C7」を選択します。

選択したデバイスが正しくなくても回路のコンパイルは可能ですが、コンフィグレーション時にエラーになります。

▼ 図2-7 デバイスを直接選択する場合

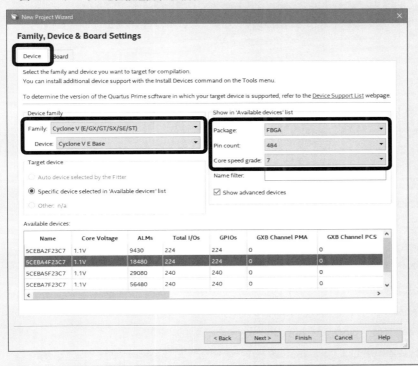

2-2-3　ピンアサイン

FPGAとスライドスイッチやLEDは、基板上で配線されています。したがってSW[0]などの端子名と、FPGAの端子番号を対応させなければなりません。これをピンアサインと呼びます。もしこれを怠ると、コンパイル時に勝手に端子を割り当てられてしまいます。

> **ピンアサインを間違えるとFPGAが壊れる！？**
>
> たとえば基板上でスイッチが接続されている端子を、7セグメントLED出力として設定してしまったらどうなるでしょうか。端子は論理値1を出力しているのに、スイッチ入力で論理値0を与える、つまり出力をグランドにショートさせるような状態も発生します。
> FPGAには保護回路が入っているのですぐには破損しませんが、長時間こういう状態におかれると出力バッファの劣化や破壊につながります。
> 学習用のFPGAボードとはいえ、ピンアサインを誤ったままコンフィグレーションしてしまうと、最悪FPGAを壊す危険があります。FPGAボードはパソコンや家電製品とは違います。少々脅かす言い方をすれば、使い方を誤ると壊す危険があることを知っている方だけが使えるボードなのです。

ピンアサインには、以下のようにいくつかの方法があります。

- Pin Plannerによる設定（図2-8）
- [Assignments] → [Assignment Editor] コマンドを使う方法
- あらかじめ用意したピンアサインのファイルを読み込む方法（図2-9）

まったく何もないところから設計するのでしたら、Pin Plannerを使って1端子ずつ設定することになります。今回使う端子は入力4本、出力7本の合計11本です。手作業で設定してもたいしたことはないでしょう。しかし、間違ってピンアサインする危険もゼロではありません。

あらかじめピンアサインを定義したファイルを用意しておけば、Quartus Primeで読み込むことができます。これなら手間がかからず確実です。[Assignments] → [Import Assignments...] コマンドを実行し（図2-9 (a)）、ピンアサイン・ファイルを指定します（図2-9 (b)）。ここでは「DE0_CV_pin.qsf」というファイルを読み込んでいます。抜粋した内容をリスト2-2に示します。

2-2 回路設計とコンパイル

▼図 2-8 Pin Planner

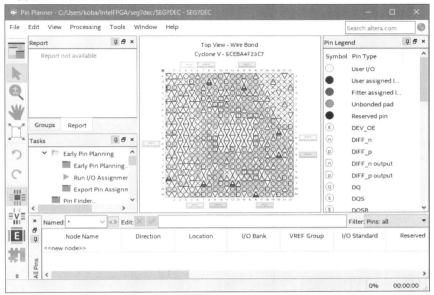

▼図 2-9 ピンアサイン

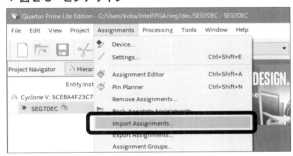

(a) Import Assignments を実行

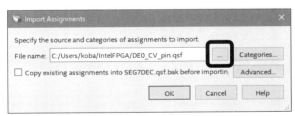

(b) ピンアサインのファイルを指定

第2章 FPGAの回路設計を体験

▼リスト2-2 ピンアサイン・ファイル抜粋（DE0-CV_pin.qsf）

```
set_instance_assignment -name IO_STANDARD "3.3-V LVTTL" -to HEX0[0]
set_instance_assignment -name IO_STANDARD "3.3-V LVTTL" -to HEX0[1]
set_instance_assignment -name IO_STANDARD "3.3-V LVTTL" -to HEX0[2]
            ...
set_instance_assignment -name IO_STANDARD "3.3-V LVTTL" -to SW[0]
set_instance_assignment -name IO_STANDARD "3.3-V LVTTL" -to SW[1]
set_instance_assignment -name IO_STANDARD "3.3-V LVTTL" -to SW[2]
            ...
set_location_assignment PIN_U21 -to HEX0[0]
set_location_assignment PIN_V21 -to HEX0[1]
set_location_assignment PIN_W22 -to HEX0[2]
            ...
set_location_assignment PIN_U13 -to SW[0]
set_location_assignment PIN_V13 -to SW[1]
set_location_assignment PIN_T13 -to SW[2]
            ...
```

本書では3種類のFPGAボードに対応するため、端子名を共通にしました。その名称を用いて、Terasic社のサイトで提供しているデモ回路のピンアサイン・ファイルを修正しました。その対応を表2-5に示します。なお、この表には今後の例題で使う端子も含まれています。

▼表2-5 共通ポート名とオリジナルポート名の対応

項目		共通ポート名	DE0-CV	DE10-Lite	DE1-SoC
クロック入力		CLK	CLOCK_50	MAX10_CLK1_50	CLOCK_50
リセット入力		RST	SW[9]	SW[9]	SW[9]
スライドスイッチ入力		SW[0]〜SW[3]	SW[0]〜SW[3]	SW[0]〜SW[3]	SW[0]〜SW[3]
プッシュスイッチ入力		KEY[0]〜KEY[2]	KEY[0]〜KEY[2]	KEY[0]〜KEY[1]、SW[0]	KEY[0]〜KEY[2]
7セグメントLED出力		HEX0[6:0]〜HEX5[6:0]	HEX0[6:0]〜HEX5[6:0]	HEX0[6:0]〜HEX5[6:0]	HEX0[6:0]〜HEX5[6:0]
VGA出力	R出力	VGA_R[3:0]	VGA_R[3:0]	VGA_R[3:0]	VGA_R[7:4]
	G出力	VGA_G[3:0]	VGA_G[3:0]	VGA_G[3:0]	VGA_G[7:4]
	B出力	VGA_B[3:0]	VGA_B[3:0]	VGA_B[3:0]	VGA_B[7:4]
	水平同期	VGA_HS	VGA_HS	VGA_HS	VGA_HS
	垂直同期	VGA_VS	VGA_VS	VGA_VS	VGA_VS
PS/2入出力	PS2クロック	PS2_CLK	PS2_CLK	ARDUINO_IO[0]	PS2_CLK
	PS2データ	PS2_DAT	PS2_DAT	ARDUINO_IO[1]	PS2_DAT

先ほど読み込んだファイルはこのようにして作成したもので、すべての例題に対し共通です。コンパイル前に読み込んでください。本ファイルは設計データとともに本書のサポートページで公開しています。

2-2-4　コンパイル

ここまで準備ができたらコンパイルを行います。前節で説明したように、コンパイルにはさまざまな処理が含まれます。しかし、ユーザがとくに気にすることはありません。処理が終わるのを待つだけです。

コンパイルは、以下のいずれかで開始します。

- ウインドウ上段にある「Start Compilation」ボタンをクリック（図2-10（a））
- [Processing] → [Start Compilation] コマンドを実行（図2-10（b））

のいずれかで開始します。

コンパイル中は、ウィンドウ内の左側ペインに各処理の経過をバーで示しています（図2-10（c））。例題の回路なら、パソコンにもよりますが数分以内に終了します。終了後、多数のファイルやフォルダが作成されます。作業フォルダや「output_files」フォルダには主要なファイルが生成されます。これらの概要を表2-6に示します。

▼図2-10　コンパイル

(a) Start Compilation ボタン

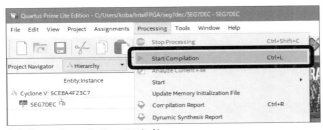

(b) Start Compilation コマンド

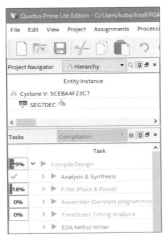

(c) コンパイル中

第2章　FPGAの回路設計を体験

▼表2-6　生成される主要ファイル

ファイルの拡張子	内容
qpf	プロジェクトファイル（中身はさほどない）
qsf	ピンアサインなどの各種設定ファイル
sof	コンフィグレーション用のファイル
pof	コンフィグレーションROM用のファイル（生成には設定が必要、Appendix IIIを参照）
rpt	各種レポートファイル
summary	各種サマリーファイル

2-2-5　コンパイルエラーの対策

回路記述や設定に誤りがあると、コンパイル時にエラーが出ます。いくつかのエラーを想定して対策方法を説明します。

■回路記述の誤り（図2-11（a））

リスト2-1のseg7dec.vにおいて、出力信号HEX0に対し以下のようなバグがあったとします。

```
always @* begin
    case( SW )
        4'h0:    HEX0 = 7'b1000000      // 行末のセミコロン ";" 忘れ
```

コンパイルすると図2-11（a）のように文法エラーであることを示します。エラーを示した行をダブルクリックすると、回路記述のファイルを開き該当行を反転表示してくれます。ここでは、セミコロンがないために次の行で文法エラーを起こしています。

■最上位階層名が不一致（図2-11（b）（c））

図2-6（c）で示したように、プロジェクト作成時に最上位の階層名を入力しました。この階層名と回路記述のモジュール名が、大文字小文字含め一致しないとエラーになります。図2-11（b）のように「Top-level design entity ～ is undefined」となり、入力した階層名が未定義として扱われています。

対応策としては、[Assignments] → [Settings...] コマンドで開いたウィンドウで（図2-11（c））、「Top-level entity」の項目を修正します。

2-2 回路設計とコンパイル

▼図2-11 コンパイルエラー

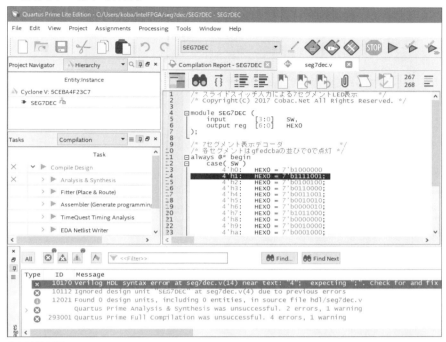

(a) 文法エラー

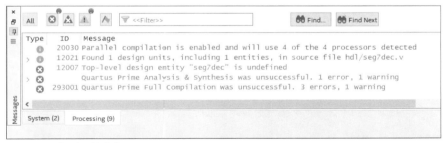

(b) 最上位階層名が未定義

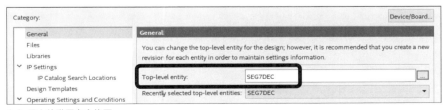

(c) 最上位階層名を修正

第2章　FPGAの回路設計を体験

■制約ファイル（~.sdc）がない（図2-11（d））

Messagesペインには、限りなくエラーに近い警告として「Critical Warning」も表示されます。エラーではないのでコンパイル処理は最後まで行われ、FPGAのコンフィグレーションも可能ですが、動作する保証はありません。

図2-11（d）は「SEG7DEC.sdc」という制約ファイルがないことを表示しています。7セグメントデコーダの回路は組み合わせ回路だけで構成されるので、クロックを必要としません。そこで簡単化するために制約ファイルの作成とプロジェクトへの追加を省きました。これに対して警告が表示されました。

制約ファイルについては次節で実例を紹介します。

（d）制約ファイルがない

■ピンアサイン忘れ（図2-11（e））

ピンアサインを行わずにコンパイルすると、Messageペイン1行目の警告を表示します。エラーにはならず、勝手にピンアサインを行ってしまいます。基板上のスイッチ入力やLED出力と正しく接続されませんので、コンフィグレーションしても正しく動作しません。

図2-9の手順でピンアサイン・ファイルを読み込んでコンパイルし直せばOKです。

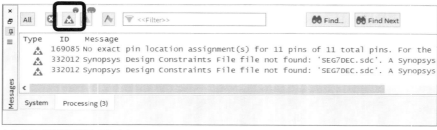

（e）ピン割り当てされていない

2-3 コンフィグレーションと回路の拡張

それでは FPGA をコンフィグレーションして動作確認してみましょう。これも少なからず手順がありますので説明します。動作が確認できたら、回路の拡張も行ってみます。

2-3-1　FPGA ボードの準備

ここからは FPGA ボードを使用しますので、準備してください。

- 付属の AC アダプタを FPGA ボードに接続
  （DE0-CV は USB 供給でも可、DE1-SoC は必須）
- 付属の USB ケーブルで FPGA ボードとパソコンを接続

上記を行って、電源スイッチを入れてみましょう[注2-6]。

初めて接続するときは、USB-Blaster のドライバのインストールが必要です。残念ながらインストーラはありませんので、手動でインストールする必要があります。Appendix I-2 を参照してインストールしておいてください。

ドライバのインストールは最初に一度だけやれば OK です。FPGA ボードの電源を入れ直してもパソコンを再起動してもドライバが認識されます。

2-3-2　コンフィグレーションの実施

ようやく FPGA ボードで動作確認できます。しかし、いくつか設定が必要な場合がありますので、コンフィグレーションまでの手順を追って説明します。

注2-6　電源を入れると、7セグメント LED 全桁がカウントアップし、単体 LED が交互に点滅する。コンフィグレーション用の ROM にデモ用の回路が書き込まれており、電源 ON でこの ROM を読み込んでデモ回路が起動した。この ROM は書き換え可能であり、方法を Appendix III で説明している。なお DE10-Lite には電源スイッチはない。USB 接続すると即電源 ON になる。

① Programmer の起動（図 2-12（a））

Quartus Prime から以下のいずれかの操作で、Programmer を起動します。

- ウィンドウの上段にある「Programmer」アイコンをクリック（図 2-12（a））
- ［Tools］→［Programmer］コマンドを実行

▼図 2-12　コンフィグレーション

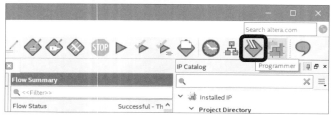

(a) Programmer の起動

② Hardware Setup を開く（図 2-12（b））

Programmer のウィンドウが開いたら、左上の「Hardware Setup...」の右隣を確認してください。「No Hardware」になっているかもしれません。ここはコンフィグレーションする方法が示される部分で、「USB-Blaster」になっている必要があります。そこで「Hardware Setup...」をクリックします（図 2-12（b））。

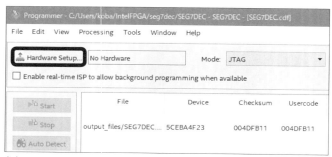

(b) Hardware Setup をクリック

コンフィグレーションと回路の拡張　**2-3**

③ USB-Blaster を選択（図 2-12（c））

出てきたウィンドウで「USB-Blaster」を選び、「Close」をクリックします。

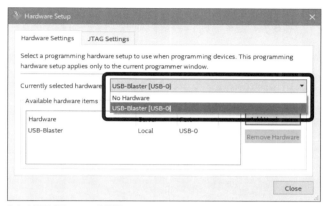

(c) USB-Blaster を選択

④ コンフィグレーション開始（図 2-12（d））

Programmer のウィンドウで「No Hardware」が「USB-Blaster」になったことを確認して、「Start」ボタンをクリックしてください。コンフィグレーションが始まり回路が起動します[注2-7]。

(d) コンフィグレーション開始

図 2-3 の仕様を思い出して、スライドスイッチの設定をいろいろ変えてみてください。0x0 から 0xF までの値が表示されれば OK です。

注 2-7　DE1-SoC では、この手順では「Failed」になってしまいコンフィグレーションできない。対応策を Appendix II-2 に記載した。

第 2 章　FPGA の回路設計を体験

「Start」ボタンが押せない！？

　せっかくここまで来たのに、図 2-12（d）のウィンドウで「Start」ボタンがグレーのままで、クリックできないことがあります。Programmer ウィンドウの中に、コンフィグレーション用のファイル名や FPGA のシンボルが表示されていなければ、プロジェクトが開いていない可能性があります。
　[File] → [Open Project...] コマンドでプロジェクト「SEQ7DEC.qpf」を開いてから行ってください。

プロジェクトを開かずコンフィグレーションする方法

　Programmer のウィンドウで、「Add File...」をクリックし、「output_files」フォルダ内のコンフィグレーション用ファイル（〜.sof）を選択すれば可能です。以前作った回路を試したいときは、プロジェクトを開いたり、もう一度コンパイルしたりする必要はありません。

2-3-3　1 秒桁への拡張

　では次に、7 セグメントデコーダを拡張して 0 〜 9 秒を表示する回路を作成してみます。図 2-13 にブロック図を示します。

▼ 図 2-13　1 秒桁のブロック図

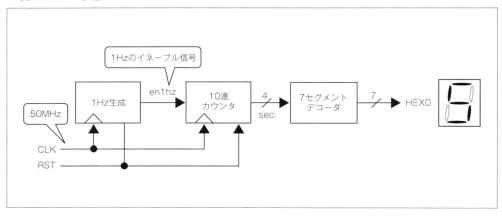

　この回路は以下の 3 つのブロックから構成されます。

2-3 コンフィグレーションと回路の拡張

- 1Hzを作成するカウンタ
  システムクロックの50MHzから1Hzのイネーブル信号「en1hz」を生成します。
- 10進カウンタ
  0～9までの範囲でカウントアップします。イネーブル信号には「en1hz」を入力しますので、1秒ごとに変化します。
- 7セグメントデコーダ
  前節のデコーダと基本的には同じです。ただし、入力は0～9の範囲ですから、0xA～0xFに対するデコードは削除します。

このブロック図を元に作成した回路記述「sec10.v」を**リスト2-3**に示します。**図2-13**のブロック図では3つのブロックで構成されていますが、回路記述は一つのモジュールにまとめてあります。階層を分けることもできますが、この程度の規模ならまとめた方が可読性が高まります。

▼リスト2-3 1秒桁（sec10.v）

```verilog
module SEC10(
    input   CLK, RST,
    output  reg [6:0]   HEX0
);

/* 1Hzのイネーブル信号生成（クロック周波数：50MHz） */
reg [25:0] cnt;
wire en1hz = (cnt==26'd49_999_999);   ←――― カウント値が上限に達したら en1hzを1にする

always @( posedge CLK ) begin
    if ( RST )
        cnt <= 26'b0;
    else if ( en1hz )
        cnt <= 26'b0;   ←――― カウント値が上限に達したら カウンタを0にする
    else
        cnt <= cnt + 26'b1;
end

/* 10進カウンタ（1秒桁） */
reg [3:0] sec;

always @( posedge CLK ) begin
    if ( RST )
        sec <= 4'h0;
    else if ( en1hz )   ←――― en1hzが1のときsecがカウントアップ
```

続く➡

```verilog
            if ( sec==4'h9 )
                sec <= 4'h0;                      ──── secが上限の9に達したら
            else                                       0に戻す
                sec <= sec + 4'h1;
    end

    /* 7セグメント表示デコーダ                      */
    /* 各セグメントはgfedcbaの並びで0で点灯 */
    always @* begin
        case ( sec )
            4'h0:    HEX0 = 7'b1000000;           ──── secの値に応じて10通りに
            4'h1:    HEX0 = 7'b1111001;                分岐
            4'h2:    HEX0 = 7'b0100100;
            4'h3:    HEX0 = 7'b0110000;
            4'h4:    HEX0 = 7'b0011001;
            4'h5:    HEX0 = 7'b0010010;
            4'h6:    HEX0 = 7'b0000010;
            4'h7:    HEX0 = 7'b1011000;
            4'h8:    HEX0 = 7'b0000000;
            4'h9:    HEX0 = 7'b0010000;
            default:HEX0 = 7'bxxxxxxx;
        endcase
    end

endmodule
```

　リスト2-3内のコメント行が、それぞれのブロックに対応しています。要点を絞って解説します。1Hz生成と10進カウンタは、ともにFF（フリップフロップ）を含む回路ですのでクロックが必要です。本書では同期設計[注2-8]で行っていますので、クロックはすべて50MHzのシステムクロックCLKを使います。

　1Hz生成では、システムクロックCLKの1周期分の信号en1hzを作成しています。カウント値が上限の49,999,999に達したらen1hzを1にします。上限に達した次のクロックで、カウンタcntを0に戻しています。動作をタイミングチャートで示すと、**図2-14**のようになります。

注2-8　各FFのクロックにはシステムクロックCLKを常時与え、イネーブル信号で書き込みの制御を行う。この方式を同期設計と呼び、ハザードに強いなどメリットが多くあるので現在主流の設計手法である。

2-3 コンフィグレーションと回路の拡張

▼図2-14　1Hzイネーブル信号のタイミングチャート

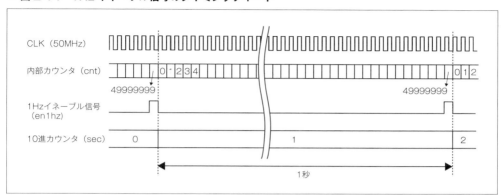

　10進カウンタsecはクロックにCLKを用いていますが、en1hzが1のときだけカウントアップします。つまり値が変化するのは1秒に1回だけです。secが9になっても次のクロックではなく、次にen1hzが1になったときに0に戻ります。

　7セグメントデコーダは、先ほども説明したように、入力が0xA〜0xFの場合の記述を削除してあります。入力が万一これらの値になったときには、defaultに分岐します。この時、出力HEX0に不定値のxを代入しています。これにより、Quartus Primeの論理合成機能は、「どんな値を出力してもよいので回路規模をできるだけ小さくする」方向に回路を生成します。

　今回の回路ではクロックを使用しますので、制約ファイルを用意することにしました。リスト2-4に1秒桁回路の制約ファイル「sec10.sdc」を示します。

▼リスト2-4　1秒桁の制約ファイル（sec10.sdc）

```
create_clock -name CLK -period 20.000 [get_ports {CLK}]
derive_clock_uncertainty
set_input_delay  -clock {CLK} 1 [all_inputs]
set_output_delay -clock {CLK} 1 [all_outputs]
```

概略を説明します。

- create_clock：クロック端子を指定し周期（20ns）を設定
- derive_clock_uncertainty：クロックのばらつきを自動計算するよう設定
- set_input_delayおよびset_output_delay：入力および出力に接続する外部回路の遅延量（1ns）を想定

第2章　FPGAの回路設計を体験

　以上の設定によりコンパイル時にタイミング解析が行われ、50MHzで動作するように回路が生成されます。なお本書で与える制約は、Critical Warningが発生しない程度の最小限の設定にしました。多種類のクロックを用いたり、高い周波数で駆動させるような回路の場合、より厳格な制約を与える必要があります。制約ファイルに関してはコラムFで解説しています。

2-3-4　1秒桁回路のコンパイルと動作確認

　それではコンパイルとコンフィグレーションを行ってみましょう。プロジェクトの名称は、表2-7に示したとおりです。

▼表2-7　1秒桁のプロジェクト

ツール	項目	名称
-	作業フォルダ	sec10
Quartus Prime	プロジェクト名	SEC10
	最上位階層名	SEC10
	回路記述	sec10.v
	制約ファイル	sec10.sdc

　手順は前節とほぼ同じです。図2-6以降も参照しながら実施してください。

①既存のプロジェクトを閉じる（図2-15）

　すでにプロジェクトを開いていたら、［File］→［Close Project］コマンドを実行してプロジェクト閉じます。これにより起動時と同じ画面（図2-5）になります。

▼図2-15　既存のプロジェクトを閉じる

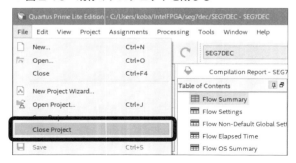

② 新規プロジェクトの作成（参考：図 2-6）

名称は**表 2-7** に示したものを使います。

③ ピンアサイン（参考：図 2-9）

読み込むピンアサイン・ファイルは、前回と同様に本書サポートページで提供しているファイル（DE0-CV の場合は「DE0-CV_pin.qsf」）です。

④ 制約ファイルを追加（図 2-16）

［Project］→［Add/Remove Files in Project...］コマンドでプロジェクトにファイルを追加・削除できます（**図 2-16（a）**）。これを実行し、「...」ボタンから**リスト 2-4** の制約ファイル「sec10.sdc」を選択して追加します（**図 2-16（b）**）。このとき、ファイル選択のダイアログで、選択項目を「Script Files」にすると、拡張子が「〜.sdc」である制約ファイルを選択可能になります（**図 2-16（c）**）。

▼ 図 2-16 制約ファイルの追加

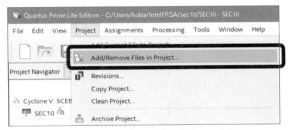

（a）プロジェクトへのファイルの追加・削除コマンド

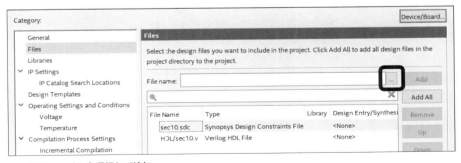

（b）制約ファイルを選択して追加

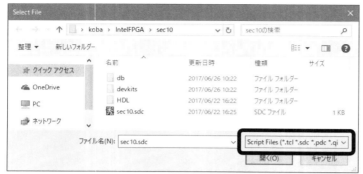

(c)「Script Files」を選択して制約ファイルを選択可にする

⑤コンパイル（参考：図 2-10）

「Start Compilation」でコンパイル開始です。エラーが発生したら、図 2-11 を参考に解決してください。

⑥コンフィグレーション（参考：図 2-12）

FPGA ボードの電源を ON し、Programmer コマンドでコンフィグレーションします。

7 セグメント LED の一番右の桁が、1 秒桁として動作しているでしょうか？ 9 までカウントした後、0 に戻っていますか？

カウンタのリセット信号が、一番左のスライドスイッチ SW9 に接続しています。したがって、SW9 を上にスライドさせると、0 秒を表示して停止します。戻すとカウントを再開します。試してみてください。

コンフィグレーションして動作が怪しかったら即電源を切る！

コンフィグレーションしてみたら表示がめちゃくちゃで、スイッチを切り替えても何も変わらない場合があります。ピンアサインを忘れている可能性があります。これを忘れてもエラーにはならず、FPGA がまともに動作しないだけです。

それだけではありません。前節で説明したように、入出力端子が危険な状態になっているかもしれません。瞬間的に壊れることはないですが、長時間危険な状態にさらしておくのはよくありません。即座に電源を切りましょう。

Compilation Report により回路規模を表示

設計データをコンパイルすると、FPGA 内の各リソースの使用量、つまり回路規模を知ることができます。「Compilation Report」ボタンをクリックすると、中央のペインに「Compilation Report」を表示します（図 2-17）。

▼ 図 2-17　コンパイル結果の表示

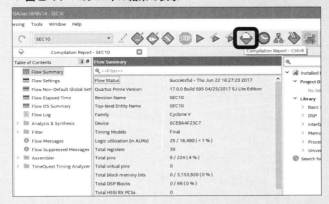

1 秒桁回路での主要なレポートを以下に示します。

- Logic utilization：18,480 個ある ALM のうち 25 個を使用（全体の 1% 未満）
- Total registers：FF を 39 個使用
- Total pins：224 個ある外部端子のうち 9 個を使用
- Total block memory bits：メモリブロックの使用量は 0 ビット
- Total DSP Blocks：乗算ブロックを 0 個使用

今後の章で CPU を内蔵するようになると回路規模も多くなりますが、第 9 章の例でも 12% 程度の使用量です。

Hardware Setup は毎回必要！？

今回使用している Terasic 社の各 FPGA ボードは、電源を切るとボード上に構築された USB-Blaster も機能停止してしまいます。これにより Quartus Prime 側も USB-Blaster を認識できなくなります。このため再度 FPGA ボードに電源を入れても、「Programmer」のウインドウで「No Hardware」になってしまうことや、一見認識しているようでも「Start」ボタンのクリックでエラーを発生することがあります。

手間ですが Hardware Setup をもう一度行ってください。なおドライバ自体は消えませんので再インストールする必要はありません。

第2章　FPGAの回路設計を体験

2-4　第2章のまとめ

2-4-1　まとめ

　開発ソフトウェアQuartus Primeは設計の現場で使う、いわばプロのためのツールです。無償版でも非常に多くの機能があります。本書のガイドなしに使いこなすことは難しかったでしょう。この章の手順を参考に、FPGAボードでの動作確認までたどり着けたことと思います。

　現在のFPGA設計手法の主流はHDLです。さらにC/C++からの高位合成も使われるようになりました。Quartus Primeには回路図入力機能も残されていますが、過去の手法なので割愛しました。HDLについて詳しくない方は、ネットの情報や拙書（巻末の参考文献に記載）を参考にしてください。

　次の章では、もう少し進んだ回路として時計を2種類設計します。チャタリング除去やステートマシンなど、より実践的なテクニックも紹介します。

2-4-2　課題

　本文の例では10秒まで計測できましたが、これを60秒に拡張してみてください。7セグメントLED2個でそれぞれ1秒桁と10秒桁を表示させます。

ヒント

- 回路記述に10秒桁用のカウンタを追加
- これを7セグメントデコーダを経由して10秒桁用のポート「HEX1」に出力
- できれば7セグメントデコーダを独立したモジュールにする（回路記述が整理され、可読性が向上するので）

2-4 第2章のまとめ

コラム B 各操作の目的とアウトプットを意識して操作しよう

　Quartus Prime は FPGA 開発の現場で使う開発ソフトウェアなのでとても多機能です。本書の説明にしたがって細かい操作をしているうちに、何のためにやっているかわからなくなってしまうこともあるでしょう。

　本書では、本文や欄外に目的やアウトプットについて詳しく記したつもりです。これは、なにかトラブルがあったときに自分で解決するための情報です。FPGA の開発ソフトウェアは、新しいチップに対応するため毎年バージョンアップが行なわれます。そのとき操作方法（メニューやダイアログ）が大きく変わることもあり、本書で書いたとおりに操作できない場合もあるかもしれません。

　そんな場合に備えて、各操作の意味を理解しておけば、操作方法が多少変わったとしても類推で操作できるでしょう。また試行錯誤に要する時間も少なくて済むはずです。わからないからといって闇雲に質問するのではなく、自分で考えてみることも重要です。

　具体例の一つとして、Quartus Prime で生成されるファイルについて説明しておきます。**図B-1** は、コンパイルした後のプロジェクト・フォルダ内の様子です。あらかじめ回路記述や制約ファイルを用意しておき、本書の手順通りに進めると図のようなファイルが生成されます。

　この中で特に重要なのが、レポートやコンフィグレーション用データが含まれる output_files フォルダ内と、「～.qpf」「～.qsf」などのプロジェクトに関するファイルです。大半がテキストファイルですので、閲覧可能です。記載内容を知っておくことも意味があります。

▼ 図 B-1 用意するファイルと生成ファイル

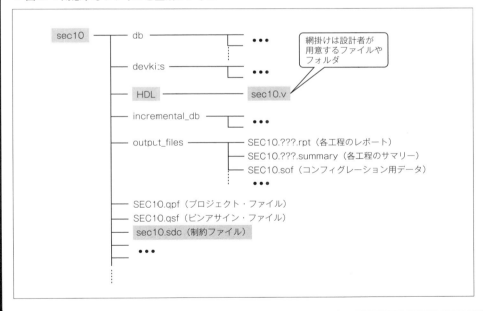

第3章
もう少し進んだ回路設計

　この章では、もう少し本格的な回路設計を行ってみます。第2章では7セグメントLEDの1桁しか使いませんでしたが、4桁使って簡単な時計機能を設計してみます。さらに拡張して、時刻合わせ機能を持った6桁表示の24時間時計を設計します。この機能の実現に必要な、ステートマシンについても解説します。

　ステートマシンは本格的な回路設計において欠かせない重要な概念です。回路をデータ処理部と制御部に分けて考え、制御部の作成にステートマシンを使います。第7章以降のほとんどの回路例で用いています。

第 3 章　もう少し進んだ回路設計

3-1　1 時間計の作成

第 2 章では秒のカウンタに 7 セグメント LED を接続して「1 秒桁」を作成してみました。ここでは 4 桁に増やし分秒を計時する 1 時間計を作成してみます。さらにプッシュスイッチによる簡単な時刻合わせも追加してみます。

3-1-1　1 時間計の設計仕様

図 3-1 に表示と操作の仕様を示します。7 セグメント LED を 4 桁使って 0 秒から 59 分 59 秒までの表示を行います。3 つのプッシュスイッチを用いて、時間合わせをできるようにします[注3-1]。それぞれリセット、＋1 分、＋1 秒です。

▼ 図 3-1　1 時間計の仕様

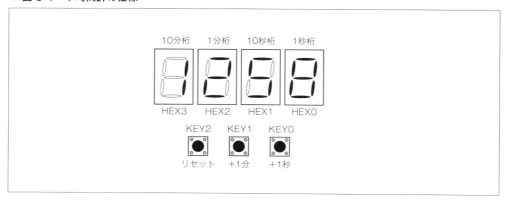

ブロック図を図 3-2 に示します。分と秒の 60 進カウンタを用意し、その出力を 7 セグメントデコーダに接続します。1Hz 生成回路は、第 2 章 2-3 節の 1 秒桁で用いたものと同じです。その他にプッシュスイッチ入力のためのチャタリング除去回路があります。

注 3-1　DE10-Lite にはプッシュスイッチが 2 個しかないので、3 個目はスライドスイッチを用いている。3-3 節の回路例も同様。詳細は Appendix II-1 に示した。

▼ 図 3-2　1 時間計のブロック図

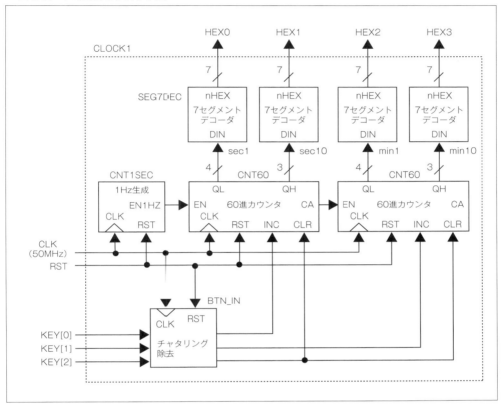

　分と秒の 60 進カウンタは同一の構成です。しかし単純に 0 から 59 をカウントするカウンタではありません。図 3-3 に示すように、1 分（秒）桁の 10 進カウンタと 10 分（秒）桁の 6 進カウンタから構成されています。カウントアップを制御するイネーブル入力 EN と次段への桁上げ出力 CA があります。さらに時間あわせのため、

- INC：＋1 する
- CLR：ゼロクリアする

の 2 つの入力を備えています。

第3章　もう少し進んだ回路設計

▼図3-3　60進カウンタ

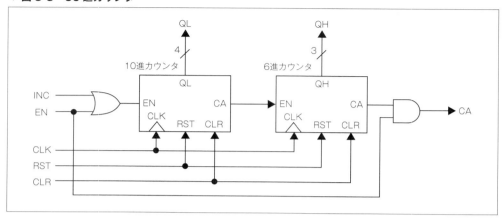

　図3-4に、これらの信号の動作を示します。それぞれチャタリング除去回路を通していますので、クロック1周期分の幅を持った信号です。それぞれ1になると、次のクロックの立ち上がりで＋1したりクリアを行います。

　スイッチにはチャタリングと呼ばれる症状があります。これはスイッチを切り替えたとき、ONやOFFを繰り返す症状です。スイッチの構造や材質にもよりますが、数ms程度続き、その後安定します。これをそのまま入力信号とすると誤動作する危険があります。チャタリングを除去し、スイッチをONしたときに1回だけパルスを生成するのがチャタリング除去回路です[注3-2]。

▼図3-4　INCとCLR信号の動作

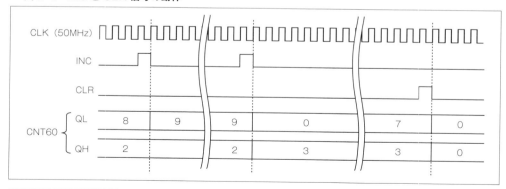

注3-2　本書で扱っている各FPGAボードのユーザマニュアルを見ると「各プッシュスイッチはチャタリング対策しているのでそのままクロックなどに接続可能」と記載されている。確かにDE0-CVとDE10-Liteには、74AUC17（シュミットトリガ・バッファ）が接続しているので効果はありそう。しかしDE1-SoCは74HC245（双方向バッファ）なので、効果は怪しい。やはり本書のように回路で対応しておいた方が安心だ。

3-1　1時間計の作成

　回路図を**図3-5**に示します。分周回路で40Hzのイネーブル信号を作成し、25msの時間間隔でスイッチ入力を2段のFF（フリップフロップ）に取り込みます。この時間はチャタリングの継続時間より十分長くとってあります。さらにシステムクロック1周期分のパルスとするようANDゲートを通し、もう1段FFを通してハザード[注3-3]を取り除いています。

▼ **図3-5　チャタリングの除去**

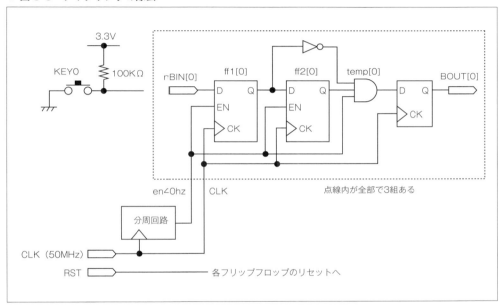

　タイミングチャートを**図3-6**に示します。ここではチャタリング期間中に40Hzのイネーブル信号が来て、たまたま0を取り込んだ場合を示しています。1を取り込んだ場合は全体が25ms遅れるだけで、正しい出力は得られます。

注3-3　回路内部で発生するノイズ信号。ゲート回路だけで作られる回路（組み合わせ回路）では、入力が変化するとほぼ確実にハザードが発生する。ハザードは生じるものとして回路設計する必要がある。

第3章　もう少し進んだ回路設計

▼ 図3-6　チャタリング除去のタイミングチャート

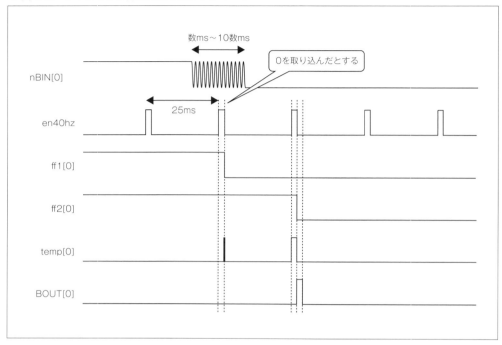

3-1-2　ブロックごとにモジュールを分けた回路記述

　以上の内容で設計した回路記述を、リスト3-1に示します。リスト3-1（a）の1Hz生成回路とリスト3-1（b）の7セグメントデコーダは、第2章の1秒桁回路（リスト2-3）から取り出してモジュールとして独立させました。汎用性を持たせたり複数個用いる場合には独立していた方が都合がよいからです。

▼ リスト3-1　1時間計の回路記述
(a) 1Hz生成回路（cnt1sec.v）

```
module CNT1SEC(
    input  CLK, RST,
    output EN1HZ
);

/* 50MHz カウンタ */
reg [25:0] cnt;

always @( posedge CLK ) begin
    if ( RST )
```

続く➡

3-1 1時間計の作成

```
            cnt <= 26'b0;
        else if ( EN1HZ )
            cnt <= 26'b0;  ──────────────  cntの値が49999999になったら
        else                                次は0に戻る
            cnt <= cnt + 26'b1;
end

/* 1Hzのイネーブル信号 */
assign EN1HZ = (cnt==26'd49_999_999);

endmodule
```

(b) 7セグメントデコーダ (seg7dec.v)

```
module SEG7DEC (
    input       [3:0]   DIN,
    output reg  [6:0]   nHEX
);

/* 各セグメントはgfedcbaの並びで0で点灯 */
always @* begin
    case( DIN )
        4'h0:   nHEX = 7'b1000000;
        4'h1:   nHEX = 7'b1111001;
        4'h2:   nHEX = 7'b0100100;
        4'h3:   nHEX = 7'b0110000;
        4'h4:   nHEX = 7'b0011001;
        4'h5:   nHEX = 7'b0010010;
        4'h6:   nHEX = 7'b0000010;
        4'h7:   nHEX = 7'b1011000;
        4'h8:   nHEX = 7'b0000000;
        4'h9:   nHEX = 7'b0010000;
        default:nHEX = 7'b1111111;
    endcase
end

endmodule
```

(c) 60進カウンタ (cnt60.v)

```
module CNT60(
    input   CLK, RST,
    input   CLR, EN, INC,
    output  reg [2:0]   QH,
    output  reg [3:0]   QL,
    output  CA
);

/* 1の桁 */
```

続く➡

```
always @( posedge CLK ) begin
    if( RST | CLR )                                     ──── CLRによる同期リセットを追加
        QL <= 4'd0;
    else if( EN==1'b1 || INC==1'b1 ) begin              ──── イネーブルもしくは+1信号が
        if( QL==4'd9 )                                       1ならカウンタの値が変化
            QL <= 4'd0;
        else
            QL <= QL + 1'b1;
    end
end

/* 10の桁 */
always @( posedge CLK ) begin
    if( RST | CLR )
        QH <= 3'd0;
    else if( (EN==1'b1 || INC==1'b1) && QL==4'd9 ) begin
        if( QH==3'd5 )
            QH <= 3'd0;                                 ──── 1の桁が9なら
        else                                                 カウンタの値が変化
            QH <= QH + 1'b1;
    end
end
                                                        ──── 桁上がりには
/* 桁上がり信号 */                                            イネーブルも含める
assign CA = (QH==3'd5 && QL==4'd9 && EN==1'b1);

endmodule
```

(d) チャタリング除去回路（btn_in.v）

```
module BTN_IN (
    input    CLK, RST,
    input         [2:0]    nBIN,
    output reg    [2:0]    BOUT
);

/* 50MHzを1250000分周して40Hzを作る              */
/* en40hzはシステムクロック1周期分のパルスで40Hz */
reg [20:0] cnt;

wire en40hz = (cnt==1250000-1);                 ──── cntの値が1249999になったら
                                                     en40hzは1、それ以外は0
always @( posedge CLK ) begin
    if ( RST )
        cnt <= 21'b0;
    else if ( en40hz )                          ──── cntの値が1249999になったら
        cnt <= 21'b0;                                次は0に戻る
    else
```

```
        cnt <= cnt + 21'b1;
end

/* ボタン入力をFF2個で受ける */
reg [2:0] ff1, ff2;

always @( posedge CLK ) begin
    if ( RST ) begin
        ff2 <=3'b0;
        ff1 <=3'b0;
    end
    else if ( en40hz ) begin  ------------------- 40Hzでスイッチの値を取り込む
        ff2 <= ff1;
        ff1 <= nBIN;
    end
end

/* ボタンは押すと0なので、立下りを検出 */
wire [2:0] temp = ~ff1 & ff2 & {3{en40hz}};
                                              ff1、ff2は3ビットなので
/* 念のためFFで受ける */                         en40hzも3ビットに拡張
always @( posedge CLK ) begin
    if ( RST )
        BOUT <=3'b0;
    else
        BOUT <=temp;
end

endmodule
```

(e) 1時間計の最上位階層（clock1.v）

```
module CLOCK1(
    input    CLK, RST,
    input    [2:0]   KEY,
    output   [6:0]   HEX0, HEX1, HEX2, HEX3
);

/* スイッチ入力回路の接続 */
wire    clr, minup, secup;
BTN_IN b0 ( .CLK(CLK), .RST(RST),
            .nBIN(KEY), .BOUT({clr, minup, secup}) );

/* 1Hzイネーブル回路の接続 */
wire    en1hz;
CNT1SEC CNT1SEC( .CLK(CLK), .RST(RST), .EN1HZ(en1hz));

/* 60進カウンタの接続 */
wire    [3:0]   min1, sec1;
```

続く➡

```
wire    [2:0]   min10, sec10;
wire    cout, dummy;

CNT60 SECCNT( .CLK(CLK), .RST(RST), .CLR(clr), .EN(en1hz),
              .INC(secup), .QH(sec10), .QL(sec1), .CA(cout) );
CNT60 MINCNT( .CLK(CLK), .RST(RST), .CLR(clr), .EN(cout),
              .INC(minup), .QH(min10), .QL(min1), .CA(dummy) );

/* 7セグメントデコーダの接続 */
SEG7DEC d0( .DIN(sec1),  .nHEX(HEX0) );
SEG7DEC d1( .DIN(sec10), .nHEX(HEX1) );
SEG7DEC d2( .DIN(min1),  .nHEX(HEX2) );
SEG7DEC d3( .DIN(min10), .nHEX(HEX3) );

endmodule
```

60進カウンタ（**リスト 3-1**（c））は、**図 3-3** のブロック図に示したように、1 の桁の 10 進カウンタと 10 の桁の 6 進カウンタから構成されています。各カウンタの値が変わる条件や、60 進カウンタとしての桁上げ信号には、必ずイネーブル信号も含まれています。各カウンタのクロックにはシステムクロック CLK（50MHz）が印加されていますが、カウンタ自体はイネーブル信号によって制御されていることになります。

同期リセットと非同期リセット

FF のリセットには、FF の備えているリセット端子により行う「非同期リセット」と、クロックに同期してリセットする「同期リセット」の 2 種類があります。

RST 端子によるシステム初期化のためのリセットは、ASIC では非同期リセットが一般的でした。一方 FPGA では、同期リセットの方が使用効率や遅延関連で有利とされています。そこで本書では、システム初期化のリセットは同期リセットにしました。

これにより、**リスト 3-1**（c）の 60 進カウンタでは RST と CLR の機能の違いがなくなったので、RST と CLR を OR 演算して使っています。リセットの記述において非同期と同期の混在は御法度なので、この記述を見るとドキッとする方もいるかもしれません。

チャタリング除去回路（**リスト 3-1**（d））は、**図 3-5** の回路図そのままです。そしてすべてのブロックを接続しているのが、**リスト 3-1**（e）の最上位階層です。接続情報だけの記述ですので見やすくはありません。階層を持たせた方が見通しがよくなる反面、最上位階層がこのようなスタイルなるのは仕方のないことです。

3-1-3 プロジェクトを作成して動作確認

それでは Quartus Prime を立ち上げて、コンパイルとコンフィグレーションを行ってみましょう。第 2 章の手順を思い出して実施してください。プロジェクトに関する名称は表 3-1 に示したものを使います。以下に簡単に手順を示しておきます。

▼ 表 3-1　1 時間計のプロジェクト

ツール	項目	名称
-	作業フォルダ	clock1
Quartus Prime	プロジェクト名	CLOCK1
	最上位階層名	CLOCK1
	回路記述	clock1.v　cnt60.v　btn_in.v　cnt1sec.v　seg7dec.v
	制約ファイル	clock1.sdc

- 新規プロジェクトの作成（参考：図 2-6）
  多数の回路記述ファイルがありますので、もれなく追加します。
- ピンアサイン（参考：図 2-9）
  ピンアサイン・ファイル（DE0-CV_pin.qsf など）を読み込みます。
- 制約ファイルを追加（参考：図 2-16）
  制約ファイル「clock1.sdc」を追加します[注3-4]。
- コンパイル（参考：図 2-10）
  「Start Compilation」でコンパイルします。
- コンフィグレーション（参考：図 2-12）
  FPGA ボードの電源を ON し、Programmer コマンドでコンフィグレーションします。

注 3-4　制約ファイル「clock1.sdc」の内容は、リスト 2-4「sec10.sdc」と同一。50MHz クロックのみ使用している回路例は、これと同じでかまわない。

第3章　もう少し進んだ回路設計

「Add All」で制約ファイルを自動追加

　制約ファイルの追加は、ダイアログに「～.sdc」を表示させる手順が一手間余計に感じることと思います。新規プロジェクト作成時に「Add Files」の画面で回路記述を追加しますが（**図2-6 (e)**）、このときに「Add All」をクリックすると、プロジェクトのフォルダ内に配置してある制約ファイル「～.sdc」を自動で追加してくれます（**図3-7**）。第5章以降では回路記述をここで追加しなくなりますが、とりあえず「Add All」しておくと制約ファイルだけは追加できるので便利です。

▼ 図3-7　「Add All」で制約ファイルを自動追加

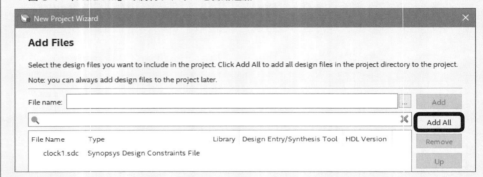

　制約ファイルだけでなく「～.v」などの回路記述ファイルも追加してくれます。そこで回路記述ファイルもここに配置する方法も考えられますが、プロジェクトのフォルダ内には多数のフォルダやファイルを生成して混雑しますので、おすすめはできません。
　ちなみに同じ「Add All」ボタンをもつ「Add/Remove Files in Project」（**図2-16**）では、直前に参照したフォルダに影響されるのか、うまくいかないこともあります。

　回路が動き出したら、仕様通りに動作していることを確認してください。

- 秒桁の60進カウント動作
- 分への桁上がり
- 時刻を59分台に設定して、59分59秒から0秒に戻るか
- 各ボタンによるリセットや+1動作

などを調べてみてください。

3-2 状態遷移を回路で実現

ここでは本格的な時刻合わせ機能のために必要な回路について説明します。時刻合わせ機能の仕様を状態遷移で表現し、これを回路で実現します。これがステートマシンであり、回路設計における重要な技術です。

3-2-1 時刻合わせ機能の仕様

　前節では、4桁で分と秒だけを表示する1時間計を設計しました。時刻合わせのために、各カウンタにクリアと+1する機能を追加しました。この方法は簡単で実現しやすいですが、表示桁数を増やすとスイッチ入力が一方的に増えてしまう欠点があります。

　たとえば年、月、日、時、分、秒などすべての時間要素を扱える時計を考えたとき、+1入力が6個、クリアが1個、合計で7個ものスイッチが必要になってしまいます。

　そこでスイッチ入力が少ない「セレクト&セット」という方式で、時刻合わせを実現してみます。修正する桁を「セレクト」し、その桁を「セット」する方式です。これにより、同じスイッチでも状態によって機能を変えるこができます。たとえば「時修正状態」「分修正状態」などを作ることで、同じスイッチでも、+1時、+1分というように機能を分けられます。これにより少ないスイッチでも時刻合わせ機能を実現できます。

　以上をもとに、時刻合わせ機能付き24時間時計の設計仕様を考えてみます。表示とスイッチ入力は以下のとおりです。

- 7セグメントLED6桁　：時分秒表示
- プッシュスイッチ3個　：状態切替（MODE）、修正桁選択（SELECT）、修正（ADJUST）
- 修正桁の明示　　　　：2Hz点滅

　スイッチ入力や表示は図3-8（a）のようになります。プッシュスイッチの信号は、チャタリング除去回路を経由してMODE、SELECT、ADJUSTへ入力します。

　スイッチの操作仕様を図3-8（b）に示します。4つの状態があり、MODEとSELECTで状態を遷移し、ADJUSTで秒桁クリアや時分桁の+1を行います。各状態には「状態名」

を付けました。設計で直接用いるために英字で表しています。

▼ 図 3-8 時刻合わせ機能付き 24 時間時計の概略

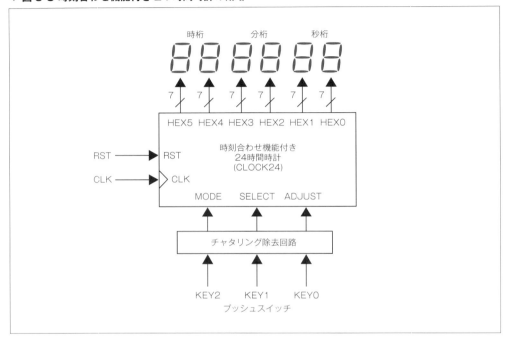

(a) ブロック図

状態	状態名	MODE 入力	SELECT 入力	ADJUST 入力
通常	NORM	秒修正へ遷移	なし	なし
秒修正	SEC	通常に戻る	時修正へ遷移	秒桁クリア
時修正	HOUR	通常に戻る	分修正へ遷移	時桁＋1
分修正	MIN	通常に戻る	秒修正へ遷移	分桁＋1

(b) 4 つの状態とスイッチ操作

　より正確に表現するために、状態遷移を図と表で示します（図 3-9）。MODE と SELECT 入力による状態遷移を表現しています。各状態は、通常状態（NORM）と各桁の修正状態（SEC、HOUR、MIN）に分けて考えることができます。MODE 入力により通常状態と各修正状態を切り替え、各修正状態の中は、SELECT 入力で遷移します。

　状態遷移図と状態遷移表は同じ仕様を表現していますが、図の方が直感的でわかりやすくなります。しかし状態数が多くなると（たとえば 6 個程度でも）、遷移を示す矢印の本数が多くなり返ってわかりにくくなります。これらは状況に応じて使い分けます。

▼ 図3-9 状態遷移図と表

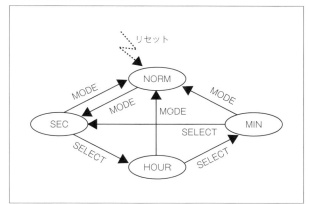

(a) 状態遷移図

現在の状態	入力	次の状態
NORM	MODE	SEC
	なし	NORM
SEC	MODE	NORM
	SELECT	HOUR
	なし	SEC
HOUR	MODE	NORM
	SELECT	MIN
	なし	HOUR
MIN	MODE	NORM
	SELECT	SEC
	なし	MIN

(b) 状態遷移表

よく見ると図と表で違うところがある！？

「同じ仕様を表現している」と説明しましたが、細かいところでは違いがあります。状態遷移表には入力がないときの遷移先が記載されています。どれも「現在の状態」です。つまり、入力がなければ現在の状態を保持するという意味です。

一方状態遷移図の方では、入力がないときの矢印は書いてありません。あえて書くとすれば、たとえばNORMであれば、NORMから出てNORMに戻る輪のような矢印を書くことになるでしょう。そのような状態遷移図を書く場合もあります。

ただし今回の状態遷移のように、すべての状態で現状を保持するような経路がある場合、矢印を省略するのが一般的です。厳密さを追求してわかりにくい図にしてしまっては本末転倒だからです。

3-2-2　ステートマシンの回路構造

状態遷移を具体化したものを有限状態機械（FSM: Finite State Machine）、一般的にはステートマシンと呼びます。論理回路だけでなくプログラムで実現することも可能です。

ステートマシンを論理回路で実現したときの回路構成を**図3-10**に示します。現在の状態を保持するためのFFがあり、これを「ステートレジスタ」と呼びます。他の回路と同様に、クロックにはシステムクロックのCLKを接続し、常時クロックを与えます。時計の例では状態の数が4ですので、状態を保持するためにはステートレジスタは2ビット必要です。

▼ 図3-10　ステートマシンの回路構成

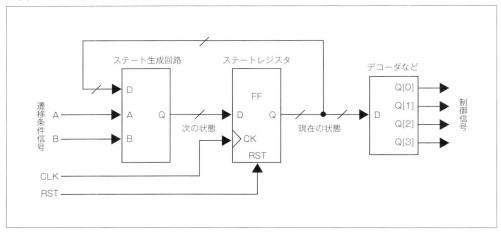

　ステートレジスタの入力には、「ステート生成回路」を接続します。この回路には、現在の状態（ステートレジスタの出力）と状態を遷移させるための外部信号を入力し、次の状態の値を生成しています。もし状態が変わらず現在の状態を保持するのであれば、ステート生成回路は、ステートレジスタの値をそのまま出力することになります。

　ステートマシンは状態遷移を実現したものですが、実際に必要なのは状態遷移そのものではなく状態に応じた制御信号です。先ほどの時計の例では、秒のクリアや＋1時などの信号です。ステートレジスタに保持した値をデコードして、これら制御信号を作成します。

3-3 時刻合わせ機能付き時計の設計

前節で説明した内容をもとに、時刻合わせ機能付きの24時間時計を完成させます。既存回路のチャタリング除去回路はそのまま利用し、7セグメントデコーダや1Hz生成回路などは仕様に合わせて小変更します。

3-3-1 全体ブロックと各カウンタの作成

それでは、時刻合わせ機能付きの24時間時計を作ってみましょう。全体ブロック図を図3-11に示します。MODE、SELECT、ADJUSTの3信号は、スイッチ入力（KEY2～KEY0）をチャタリング除去回路を通して作成した信号です。

▼図3-11 時刻合わせ機能付き24時間時計のブロック図

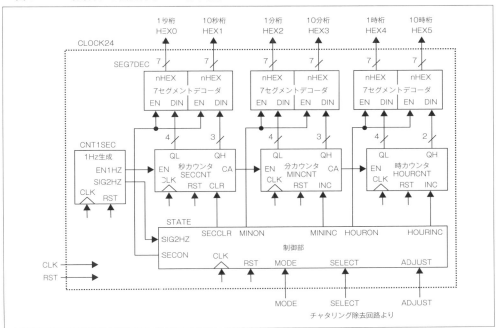

第3章　もう少し進んだ回路設計

　各ブロックは1時間計（**図3-2**）で用いたものと同様の動作をするものが多いですが、いずれも機能追加を行っています。1時間計では分と秒で同じ60進カウンタを用いていましたが、24時間時計では、

- 秒はリセットのみ
- 分は＋1のみ

と機能が異なりますので、回路を分けました。それ以外の動作は1時間計と同じです。Verilog HDL 記述を**リスト3-2**（a）（b）に示します。

▼**リスト3-2　時刻修正機能付き24時間時計の回路記述**
(a) **秒カウンタ（seccnt.v）**

```verilog
module SECCNT(                              // リスト3-1(c)の60進カウンタからINCを削除
    input    CLK, RST,
    input    EN,  CLR,
    output   reg [2:0]  QH,
    output   reg [3:0]  QL,
    output   CA
);

/* 1秒桁 */
always @( posedge CLK ) begin
    if( RST | CLR )                          // CLR信号でリセット
        QL <= 4'd0;
    else if( EN==1'b1 ) begin
        if( QL==4'd9 )
            QL <= 4'd0;
        else
            QL <= QL + 1'b1;
    end
end

/* 10秒桁 */
always @( posedge CLK ) begin
    if( RST | CLR )                          // CLR信号でリセット
        QH <= 3'd0;
    else if( EN==1'b1 && QL==4'd9 ) begin
        if( QH==3'd5 )
            QH <= 3'd0;
        else
            QH <= QH + 1'b1;
    end
end

/* 桁上がり信号 */
```

続く➡

```
assign CA = (QH==3'd5 && QL==4'd9 && EN==1'b1);

endmodule
```

(b) 分カウンタ (mincnt.v)
```
module MINCNT(                              ←リスト3-1(c)の60進カウンタからCLRを削除
    input    CLK, RST,
    input    EN, INC,
    output   reg [2:0]   QH,
    output   reg [3:0]   QL,
    output   CA
);

/* 1分桁 */
always @( posedge CLK ) begin
    if( RST )
        QL <= 4'd0;
    else if( EN==1'b1 || INC==1'b1 ) begin
        if( QL==4'd9 )
            QL <= 4'd0;
        else
            QL <= QL + 1'b1;
    end
end

/* 10分桁 */
always @( posedge CLK ) begin
    if( RST )
        QH <= 3'd0;
    else if( (EN==1'b1 || INC==1'b1) && QL==4'd9 ) begin
        if( QH==3'd5 )
            QH <= 3'd0;
        else
            QH <= QH + 1'b1;
    end
end

/* 桁上がり信号 */
assign CA = (QH==3'd5 && QL==4'd9 && EN==1'b1);

endmodule
```

　分と秒の60進カウンタは、**図3-3**と同様に10進と6進のカウンタを組み合わせています。これと同じ方法で時桁の24進カウンタを作成すると、それぞれの桁を0に戻す動作が複雑になります。つまり、

- 上位桁が0か1の時は、下位桁は10進動作（9→0）
- 上位桁と下位桁が23なら上下とも0に戻す

となります。

この動作をそのまま記述するのではなく、図3-12に示すようなコード変換回路を使って24進動作を記述することにします。24進カウンタを一つだけ持ち、その出力にコード変換回路を接続して、上位桁QHと下位桁QLの2系統の出力を得ています（図3-12 (a)）。

コード変換回路は5ビット入力、6ビット出力の組み合わせ回路です。図3-12 (b) に真理値表を示します。真理値表はVerilog HDLのcase文で表現でき、とても簡潔に記述できます（リスト3-2 (c)）。

▼図3-12 時カウンタの構成

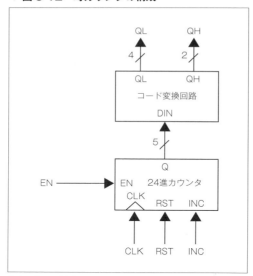

(a) ブロック図

DIN		QH	QL
00000	0	00	0000
00001	1	00	0001
00010	2	00	0010
...		...	
01001	9	00	1001
01010	10	01	0000
01011	11	01	0001
...		...	
10110	22	10	0010
10111	23	10	0011

(b) コード変換回路の真理値表

(c) 時カウンタ (hourcnt.v)

```verilog
module HOURCNT(
    input    CLK, RST,
    input    EN, INC,
    output   reg [1:0]    QH,
    output   reg [3:0]    QL
);
```

続く➡

```verilog
reg [4:0] cnt24;

/* 24進カウンタ */
always @( posedge CLK ) begin
    if( RST )
        cnt24 <= 5'd0;
    else if( EN | INC ) begin
        if( cnt24==5'd23 )  ------------------------------ 5ビットの24進カウンタ
            cnt24 <= 5'd0;
        else
            cnt24 <= cnt24 + 1'b1;
    end
end

/* 24進カウンタの値を2桁の信号に変換 */
always @* begin
    case( cnt24 )  ------------------------------ 5ビット入力、6ビット出力の
        5'd0  : begin QH = 2'd0; QL = 4'd0; end           組み合わせ回路
        5'd1  : begin QH = 2'd0; QL = 4'd1; end
        5'd2  : begin QH = 2'd0; QL = 4'd2; end
        5'd3  : begin QH = 2'd0; QL = 4'd3; end
        5'd4  : begin QH = 2'd0; QL = 4'd4; end
        5'd5  : begin QH = 2'd0; QL = 4'd5; end
        5'd6  : begin QH = 2'd0; QL = 4'd6; end
        5'd7  : begin QH = 2'd0; QL = 4'd7; end
        5'd8  : begin QH = 2'd0; QL = 4'd8; end
        5'd9  : begin QH = 2'd0; QL = 4'd9; end
        5'd10 : begin QH = 2'd1; QL = 4'd0; end
        5'd11 : begin QH = 2'd1; QL = 4'd1; end
        5'd12 : begin QH = 2'd1; QL = 4'd2; end
        5'd13 : begin QH = 2'd1; QL = 4'd3; end
        5'd14 : begin QH = 2'd1; QL = 4'd4; end
        5'd15 : begin QH = 2'd1; QL = 4'd5; end
        5'd16 : begin QH = 2'd1; QL = 4'd6; end
        5'd17 : begin QH = 2'd1; QL = 4'd7; end
        5'd18 : begin QH = 2'd1; QL = 4'd8; end
        5'd19 : begin QH = 2'd1; QL = 4'd9; end
        5'd20 : begin QH = 2'd2; QL = 4'd0; end
        5'd21 : begin QH = 2'd2; QL = 4'd1; end
        5'd22 : begin QH = 2'd2; QL = 4'd2; end
        5'd23 : begin QH = 2'd2; QL = 4'd3; end
        default: begin QH = 2'bx; QL = 4'bx; end
    endcase
end

endmodule
```

3-3-2　修正桁点滅の実現

　ADJUSTボタンによる修正桁は状態によって異なります。したがって、修正対象の桁を明示する必要があります。これを点滅によって実現します。**図3-13**に示すように、修正状態に移行すると、修正桁を2Hzで点滅します。SELECT入力により修正桁が移動すると、点滅する桁も移動します。

▼図3-13　修正桁の点滅

　これを実現するために、7セグメントデコーダ（SEG7DEC）と1Hzイネーブル生成回路（CNT1SEC）に機能追加します。まず、7セグメントデコーダには、表示イネーブル信号ENを追加し、

- 1：通常通りデコードして表示
- 0：全セグメントを消灯

を行います。

　リスト3-2（d）に示すように、表示イネーブル信号ENを判別するif文を追加して、0なら全セグメントを1にして消灯しています。

　1Hzイネーブル生成回路では、デューティ50%[注3-5]の2Hz信号（SIG2HZ）を作成します。この信号が1のときにLEDを消灯させます。2Hzですから1秒間に2回点滅します。**図3-14**に示すように周波数が倍の4Hzのイネーブル信号を作成し、この信号で出力を反転することで、デューティ50%の信号を作成しています。記述は**リスト3-2（e）**です。4Hzのイネーブル信号は記述の中に直接ありませんが、26ビットのカウント値を合計4値と一致比較することで作成しています。

注3-5　正確には「デューティ比」。周期に対してON（＝1）している時間の比率を言う。50%なら、ONとOFF（1と0）の時間が同じになる。

▼ 図3-14 LEDの点滅信号

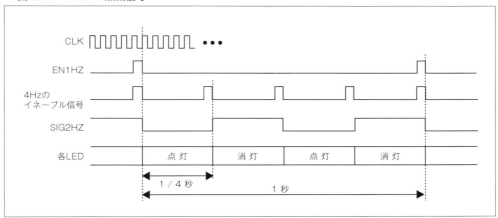

(d) 点滅対応の7セグメントデコーダ（seg7dec.v）

```
module SEG7DEC (
    input      [3:0]   DIN,
    input              EN,
    output reg [6:0]   nHEX
);

/* 各セグメントはgfedcbaの並びで0で点灯 */
always @* begin
    if( EN )
        case( DIN )
            4'h0:   nHEX = 7'b1000000;
            4'h1:   nHEX = 7'b1111001;
            4'h2:   nHEX = 7'b0100100;
            4'h3:   nHEX = 7'b0110000;
            4'h4:   nHEX = 7'b0011001;
            4'h5:   nHEX = 7'b0010010;
            4'h6:   nHEX = 7'b0000010;
            4'h7:   nHEX = 7'b1011000;
            4'h8:   nHEX = 7'b0000000;
            4'h9:   nHEX = 7'b0010000;
            default:nHEX = 7'b0000000;
        endcase
    else
        nHEX = 7'b1111111;  ──────────────── ENが0の時には消灯
end

endmodule
```

第3章　もう少し進んだ回路設計

(e) 1Hz および 2Hz 生成回路（cnt1sec.v）

```verilog
module CNT1SEC(
    input  CLK, RST,
    output EN1HZ,
    output reg SIG2HZ
);

/* 50MHz カウンタ */
reg [25:0] cnt;

always @( posedge CLK ) begin
    if ( RST )
        cnt <= 26'b0;
    else if ( EN1HZ )
        cnt <= 26'b0;
    else
        cnt <= cnt + 1'b1;
end

/* 1Hz のイネーブル信号 */
assign EN1HZ = (cnt==26'd49999999);

/* 2Hz、デューティ 50% の信号作成 */
wire cnt37499999 = (cnt==26'd37499999);
wire cnt24999999 = (cnt==26'd24999999);
wire cnt12499999 = (cnt==26'd12499999);

always @( posedge CLK ) begin
    if( RST )
        SIG2HZ <= 1'b0;
    else if( cnt12499999 | cnt24999999 | cnt37499999 | EN1HZ )
        SIG2HZ <= ~SIG2HZ;
end

endmodule
```

> EN1HZ と合わせて 4Hz のイネーブル信号を作成

> 1/4 秒間隔で SIG2HZ を反転

点滅は点灯から始まるのがお約束

　図 3-14 の波形では、1 秒のイネーブル信号 EN1HZ に対して、点灯から始まっています。もしこれを消灯から始めたらどうなるでしょうか。修正状態でも時刻は進んでいますので、時刻が変化した時点で消灯すると、ちょっとした違和感があります。気にならない方もいるかもしれませんが、製品仕様としては点灯始まりにするのが決まり事になっています。身近な製品で調べてみるとよいでしょう。

3-3-3 制御部と最上位階層を作成

次に、本回路の要である制御部について説明します（**図 3-15**）。前節で説明したように、2 ビットのステートレジスタがあり、その入力にステート生成回路があります。この回路には現在の状態である cur とスイッチ入力の MODE、SELECT を入力し、次の状態 nxt を出力しています。図 3-9（b）に示した状態遷移表が設計仕様となっており、この表からステート生成回路を設計できます。

▼ 図 3-15 制御部のブロック図

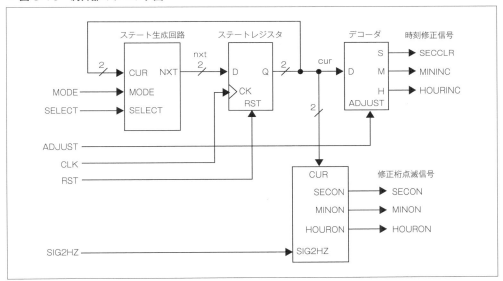

最終的に必要な制御信号には、時刻修正信号と修正桁点滅信号の 2 系統があります。まず時刻修正信号は、現在の状態 cur と ADJUST を入力し、秒桁リセットの SECCLR や +1 分する MININC などを出力しています。この回路の真理値表を**表 3-2(a)**に示します。

▼ 表 3-2 制御信号の真理値表
(a) 時刻修正信号

入力		出力		
cur	ADJUST	SECCLR	HOURINC	MININC
NORM	1	0	0	0
SEC	1	1	0	0
HOUR	1	0	1	0
MIN	1	0	0	1
－	0	0	0	0

(b) 修正桁点滅信号

入力		出力		
cur	SIG2HZ	SECON	HOURON	MINON
NORM	1	1	1	1
SEC	1	0	1	1
HOUR	1	1	0	1
MIN	1	1	1	0
−	0	1	1	1

修正桁点滅信号は、1のときにそれぞれの桁が点灯し0で消灯します。したがって真理値表（**表3-2（b）**）で示すように1が多い出力となります。これらの信号は、現在の状態curと2HzのSIG2HZから作成します。各制御信号の動作タイミングを**図3-16**に示します。

▼ 図3-16　各制御信号のタイミング

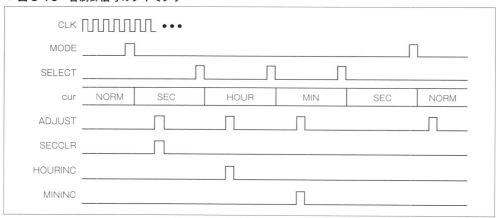

以上から、回路記述は**リスト3-2（f）**になります。localparam宣言を用いて各状態名を名前で表現できるようにしました。実際の数値の割り当ては2ビットの値ですが、直接数値で記述するとわかりにくいだけでなく、記述ミスを犯す危険もあります。

また、**表3-2**で示した真理値表は、case文で書くほどではないので論理式数行で記述しました。

(f) ステートマシン（state.v）

```
module STATE(
    input   CLK, RST,
    input   SIG2HZ,
    input   MODE, SELECT, ADJUST,
    output  SECCLR, MININC, HOURINC,
```

続く➡

```verilog
        output  SECON, MINON, HOURON
);
/* ステートマシン関連 */
reg [1:0] cur, nxt;
localparam NORM=2'b00, SEC=2'b01, MIN=2'b10, HOUR=2'b11;

/* 時刻修正信号 */
assign SECCLR  = (cur==SEC)  & ADJUST;
assign MININC  = (cur==MIN)  & ADJUST;
assign HOURINC = (cur==HOUR) & ADJUST;

/* 修正桁点滅信号 */
assign SECON  = ~((cur==SEC)  & SIG2HZ);
assign MINON  = ~((cur==MIN)  & SIG2HZ);
assign HOURON = ~((cur==HOUR) & SIG2HZ);

/* ステートレジスタ */
always @( posedge CLK ) begin
    if( RST )
        cur <= NORM;
    else
        cur <= nxt;
end

/* ステート生成回路 */
always @* begin
    case( cur )
        NORM:   if ( MODE )
                    nxt = SEC;
                else
                    nxt = NORM;
        SEC  :  if ( MODE )
                    nxt = NORM;
                else if( SELECT )
                    nxt = HOUR;
                else
                    nxt = SEC;
        MIN  :  if ( MODE )
                    nxt = NORM;
                else if( SELECT )
                    nxt = SEC;
                else
                    nxt = MIN;
        HOUR :  if ( MODE )
                    nxt = NORM;
                else if( SELECT )
                    nxt = MIN;
                else
                    nxt = HOUR;
        default:nxt = 2'bxx;
    endcase
```

- 消灯の条件を作成し信号反転
- ステートレジスタは単なるFF
- 図3-9(b) を真理値表とみなして作成

```
end

endmodule
```

以上の各ブロックをまとめて接続したのが、最上位階層のCLOCK24（リスト3-2（g））です。チャタリング除去回路も含んでいます。

(g) 24時間時計の最上位階層（clock24.v）

```verilog
module CLOCK24(
    input   CLK, RST,
    input   [2:0]   KEY,
    output  [6:0]   HEX0, HEX1, HEX2, HEX3, HEX4, HEX5
);

wire    CASEC, CAMIN;
wire    MODE,   SELECT, ADJUST;
wire    SECCLR, MININC, HOURINC;
wire    SECON,  MINON,  HOURON;
wire    EN1HZ,  SIG2HZ;
wire    [3:0]   SECL, MINL, HOURL;
wire    [2:0]   SECH, MINH;
wire    [1:0]   HOURH;

/* 各ブロックの接続 */
CNT1SEC CNT1SEC( .CLK(CLK), .RST(RST), .EN1HZ(EN1HZ), .SIG2HZ(SIG2HZ) );

BTN_IN  BTN_IN ( .CLK(CLK), .RST(RST), .nBIN(KEY),
                 .BOUT({MODE, SELECT, ADJUST}) );

SECCNT  SEC ( .CLK(CLK), .RST(RST), .EN(EN1HZ), .CLR(SECCLR),
              .QH(SECH), .QL(SECL), .CA(CASEC) );

MINCNT  MIN ( .CLK(CLK), .RST(RST), .EN(CASEC), .INC(MININC),
              .QH(MINH), .QL(MINL), .CA(CAMIN) );

HOURCNT HOUR ( .CLK(CLK), .RST(RST), .EN(CAMIN), .INC(HOURINC),
               .QH(HOURH),.QL(HOURL) );

STATE   STATE ( .CLK(CLK), .RST(RST), .SIG2HZ(SIG2HZ),
                .MODE(MODE),     .SELECT(SELECT), .ADJUST(ADJUST),
                .SECCLR(SECCLR), .MININC(MININC), .HOURINC(HOURINC),
                .SECON(SECON),   .MINON(MINON),   .HOURON(HOURON) );

SEG7DEC SL(.DIN(SECL),            .EN(SECON),  .nHEX(HEX0));
SEG7DEC SH(.DIN({1'b0, SECH}),    .EN(SECON),  .nHEX(HEX1));
SEG7DEC ML(.DIN(MINL),            .EN(MINON),  .nHEX(HEX2));
SEG7DEC MH(.DIN({1'b0, MINH}),    .EN(MINON),  .nHEX(HEX3));
SEG7DEC HL(.DIN(HOURL),           .EN(HOURON), .nHEX(HEX4));
SEG7DEC HH(.DIN({2'b00, HOURH}),  .EN(HOURON), .nHEX(HEX5));

endmodule
```

3-3-4 コンパイルし動作を確認

回路記述が全部そろったところで、**表 3-3** の名称でプロジェクトを作成してコンパイルし、FPGA ボードで動作確認してみてください。手順概略を以下にまとめておきます。

▼ 表 3-3　時刻合わせ機能付き 24 時間時計のプロジェクト

ツール	項目	名称
-	作業フォルダ	clock24
Quartus Prime	プロジェクト名	CLOCK24
	最上位階層名	CLOCK24
	回路記述	clock24.v　hourcnt.v　mincnt.v　seccnt.v state.v　btn_in.v　cnt1sec.v　seg7dec.v
	制約ファイル	clock24.sdc

- 新規プロジェクトの作成（参考：図 2-6）
- ピンアサイン（参考：図 2-9）
- 制約ファイルの追加（参考：図 2-16）
- コンパイル（参考：図 2-10）
- コンフィグレーション（参考：図 2-12）

なお動作中の FPGA ボードの様子を**写真 3-1** に示します。

▼ 写真 3-1　24 時間時計動作中の FPGA ボード

3-3-5　実用的な拡張案

今回作成した 24 時間時計は、一応実用にはなります。しかし実際のデジタル時計と比べると、見劣りする点も少なからずあります。7 セグメント LED と単体 LED だけでも工夫次第でいろいろなことができます。以下のような拡張に挑戦してみてはいかがでしょうか。

(a) ゼロサプレス機能（図 3-17（a））

00 時、01 時のように、10 時桁が 0 を表示するのはあまりきれいではありません。0 時から 9 時までは、10 時桁を非表示にするのが一般的です。これをゼロサプレス機能といいます。10 時桁の消灯条件に 0 〜 9 時を含めることで実現できます。

▼ 図 3-17　拡張案

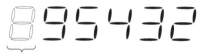

0〜9時までは10時桁を消灯

(a) ゼロサプレス機能

(b) 12 時間／24 時間表示切り替え（図 3-17（b））

今回の時計は常に 24 時間制で表示しています。電車の時間を知るにはよいですが、日常生活において、これだけではちょっと不便です。そこで時桁の表示を 12 時間制と 24 時間制で切り替えて表示できるようにします。

24 時間モードを示す「MODE24」信号を追加して、時桁のコード変換出力を切り替えます。MODE24 信号は、

- スライドスイッチをそのまま割り当てる
- 通常状態での ADJUST ボタンで交互に切り替える

などの方法が考えられます。後者の方がちょっと難しいでしょう。

(c) GPIOコネクタに圧電スピーカーを接続して時報機能を追加 (図3-17(c))

半田付けなどの工作が必要ですが、秋葉原などの電子部品店で販売されている圧電スピーカーを使い、4KHz程度の音で「ピッピッ」と鳴るような時報機能を追加します。FPGAボードのGPIOコネクタに差し込めるよう圧電スピーカーにコネクタを半田付けすれば、脱着可能になります。

回路としては、4KHz程度のデューティ50%の信号を作成し、毎正時に鳴るように制御します。この機能のON/OFFも設定できた方がよいので、12時間/24時間切り替え同様に、

- スライドスイッチに割り当てる
- 通常状態でのSELECTボタンで交互に切り替える

など可能でしょう。

この他にも、いろいろな拡張が考えられます。みなさんのアイデアでいろいろ工夫してみてください。

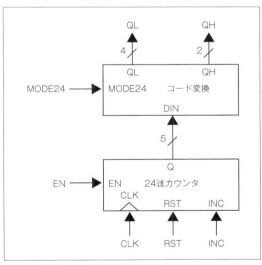

(b) 12時間/24時間表示切り替え

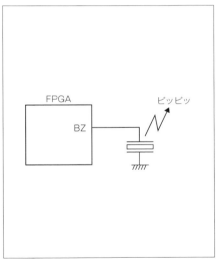

(c) 圧電スピーカー接続による時報機能

3-4 第3章のまとめ

3-4-1 まとめ

　この章では時刻合わせ機能の実現のためにステートマシンを利用しました。時分秒だけの時計には、ステートマシンは大げさだったかもしれません。しかし第7章以降で示すように、現在の論理設計ではステートマシンが欠かせません。第7章以降を読み進める上で理解が不足していると思ったら、この章をもう一度読み返してください。

　次の章では設計からいったん離れて、デバッグのための「計測器」について説明します。なんとFPGAの中には計測器まで取り込めてしまうのです。そんなオドロキの機能を基礎から説明します。

3-4-2 課題

　本章で説明した時刻合わせ機能付き時計を拡張し、図3-17に示した、

- ゼロサプレス機能
- 12時間/24時間表示切り替え
- 時報機能

を追加してみてください。

　圧電スピーカーの代わりに、

- 単体LEDを毎正時に2回点滅させる

という仕様でもよいでしょう。

第4章
波形観測による回路デバッグ

　FPGAの高集積化に伴い、信号を直接観測することが難しくなってきました。回路の奥まったところにある内部信号を観測するためには、本来必要のない出力端子を定義して、そこに出力するなどの方法が必要でした。

　現在のFPGAでは、ユーザ回路とともに信号観測のための仕組みを内部に埋め込むことができます。しかも計測器などの特別な装置を必要せず信号観測ができます。この章では、SignalTap IIと呼ばれるこの機能の使い方を説明します。

第4章　波形観測による回路デバッグ

4-1　ロジックアナライザとは

最初にロジックアナライザの基本について説明します。SignalTap II を使いこなすためには、ロジックアナライザの機能やサンプリングおよびクロックなどの基本を知っておく必要があります。

4-1-1　デバッグの基本は波形観測

　回路を検証する方法はいろいろありますが、基本は波形の観測です。FPGAボードなどの実機で動作確認する前に、論理シミュレーションで検証する場合も、最初は波形を観測して[注4-1]正しく動作しているか確認します。

　波形を観測する計測器といえばオシロスコープが有名ですが、論理回路のデバッグにはチャンネル数が多いロジックアナライザ[注4-2]を使います（**図4-1**）。オシロスコープと比べると、以下などの特徴があります。

- 多チャンネル……最低16ch、100chを超える装置もある
- 扱う数値は1か0……多ビット信号は16進数や10進数表示なども可能
- 複雑なトリガ条件（波形取り込みの開始／終了のきっかけ）を設定できる

　FPGAでも出力信号をロジックアナライザで観測してデバッグを行うことは可能です。しかし、

- 内部信号を観測するには、回路を変更して外部に出力する必要がある（**図4-2**）
- 多層基板の場合、基板の表裏に信号が出ていないと観測が不可能

などの問題があります。さらに筆者や読者の皆さんの多くは、

注4-1　観測する波形の種類やクロック数が多くなってくると、たとえば数万クロックもの動作を確認するようになると波形を目で追うことは現実的でなくなる。期待値を用意して、シミュレーション結果と自動比較するような仕組みをプログラミングする方法が一般的である。

注4-2　設計の現場ではロジックアナライザのことを「ロジアナ」などと略して使う。ただし本書ではできるだけ正式な名称を使うようにしている。

4-1 ロジックアナライザとは

▼図 4-1 ロジックアナライザによる回路デバッグ

▼図 4-2 外部に信号を出力して観測

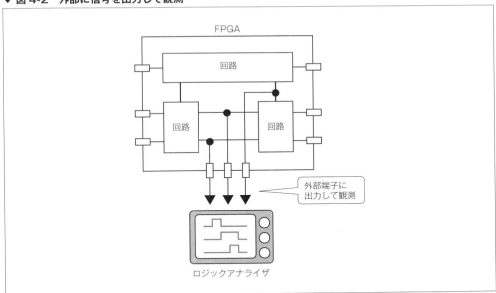

- そもそもロジックアナライザなど持っていない

という根本的な問題があります。

　最近の、とくに CPU を搭載できる規模の FPGA は、ロジックアナライザ機能を埋め込んで波形観測できるようになってきました。本書で例として用いている FPGA ボードでも、この機能を利用できます。

4-1-2 ロジックアナライザの基本動作

そもそもロジックアナライザとはどんな仕組みで動作しているのでしょうか。簡単に説明します。FPGA搭載のロジックアナライザ機能を利用する場合でも、基本を知っておけば、誤った使い方でトラブルを起こすことも少なくなります。

ロジックアナライザの基本構造を**図4-3**に示します。観測した信号の値を記憶するメモリを中心に置き、記憶のきっかけとなるトリガを検出する回路、画面に表示する回路、そしてこれらを制御する制御部があります。

▼ 図4-3 ロジックアナライザの基本構造

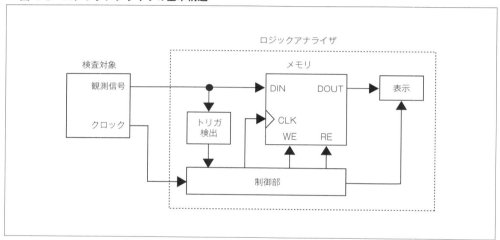

ロジックアナライザの基本は観測信号をサンプリングしてメモリに書き込むことです。さらにトリガを設定することで、

- ある信号が1に変化したら取り込みを開始する
- ある8ビット信号の値が16進数で "FC" になったら取り込みを開始する

などの条件を設定できます。

サンプリングするためのクロックは、供給元によって、

- 外部クロック……検査対象から供給する（図4-3）
- 内部クロック……ロジックアナライザ側で用意する

の違いがあります。

これらを**図4-4**で説明します。検査対象がクロック同期で動作している場合、このクロ

ックをサンプリングクロックとして使うのが外部クロック（図 4-4（a））です。検査対象が、クロックの片方のエッジだけ（この場合は立ち上がりのみ）で動作しているのが前提です。本書の回路例は、第 7 章のキーボード＆マウス接続回路を除いてすべてこの方式ですので、外部クロックでサンプリングすることで波形観測できます。

なおこの方法では、個々の信号の遅延関係を調べることはできませんので、純粋に論理動作だけが確認できます。

一方、ロジックアナライザ自身が作り出したクロックでサンプリングするのが内部クロック（図 4-4（b））です。このクロックは、サンプリングするデータ、つまり検証対象のデータとは非同期の関係にありますので、十分に早い周波数のクロックを用います。第 7 章のキーボード＆マウス接続回路では、キーボードから送られてくるデータの速度に対し数十倍のクロックを用意してサンプリングしています。

この方式は、サンプリング速度が十分早ければ、信号間の遅延関係も観測することができます。ただし FPGA 内蔵のロジックアナライザ機能では、FPGA 自身の能力を超えるような高速な動作をさせることはできません。FPGA 内蔵は、おもに外部クロックによる論理動作確認用だと考えてください。

▼ 図 4-4 外部クロックと内部クロック

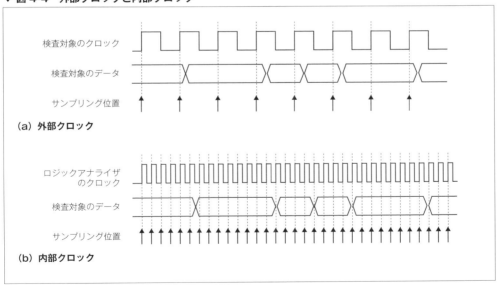

4-1-3 FPGAの中にロジックアナライザを組み込む

　Intel FPGAには、SignalTap IIと呼ばれる内蔵のロジックアナライザ機能を組み込めます。回路自体はIntel社が提供しているものですが、ユーザから見た場合、開発ソフトウェアQuartus Primeの一機能として見なせます。構造など知らなくても使いこなすことはできますが、ある程度知っておいた方がよいでしょう。

　ロジックアナライザ機能の埋め込みを図4-5に示します。FPGA内のメモリブロックを中心に、トリガ検出や制御部はLE（Logic Element）を使って実現します。観測したい信号をユーザ回路から接続し、設定されたトリガ条件にあわせて制御部をLEで作り、メモリとともにFPGAに埋め込みます。Quartus Prime側とはUSB-Blasterを経由して交信しますが、このための通信回路も、あわせて埋め込まれます。

▼図4-5　FPGAにロジックアナライザを組み込む

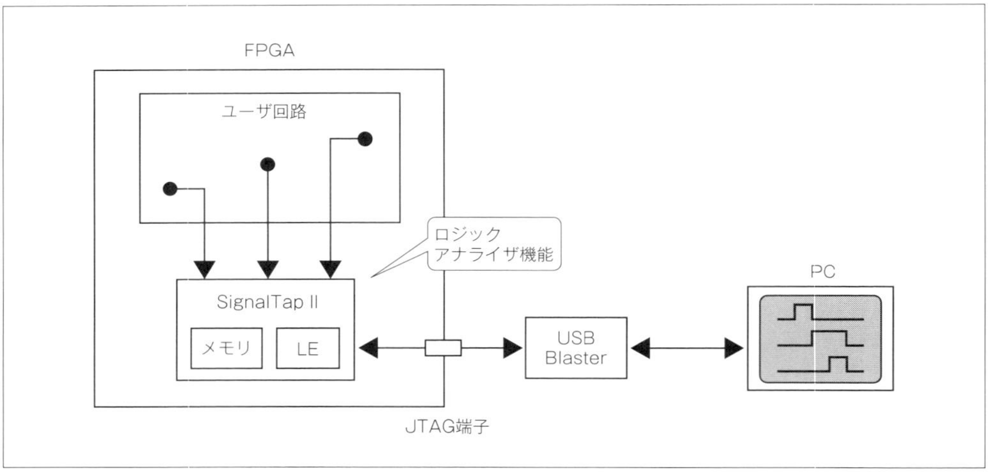

　これらの回路の埋め込みにおいて、ユーザ自体が接続情報を記述する必要はありません。手順は次節で詳しく説明しますが、Quartus Prime内のSignalTap II関連コマンドを実行し、GUIを用いて設定するだけで利用できます。

　ただし、いくつか注意しなければならない点があります。

- 相応のメモリやLEを消費する
- その都度コンパイルが必要

　回路として埋め込む以上、FPGAの容量を超えることはできません。多数の信号を、多数の時間取り込もうとするとメモリを多く使うことになります。FPGAの容量に応じた

サイズにしなければなりません。内蔵 CPU や大規模な周辺回路を持たせた場合、メモリや LE 不足で SignalTap II を使えないか、観測する信号の本数やサンプリング数を制限する必要があります。

　また、ロジックアナライザ機能も回路の一部ですから、FPGA 上の配置・配線を行うコンパイルが必要です。観測する信号を追加や削除するたびにコンパイルを必要とします。コンパイル時間を多く必要とするような大規模な回路では、SignalTap II を使うための手順を考えておく必要もあるでしょう[注4-3]。

注 4-3　Quartus Prime の有償版（**表 2-1** 参照）には、変更点があった部分だけコンパイルし直す機能（ラピッド・リコンパイル）があるので、コンパイル時間はすべてを実行するより高速。ただし本書の例では規模が小さいので無償版で十分。

第4章 波形観測による回路デバッグ

4-2 SignalTap II を組み込んで波形観測

ここでは、実際に SignalTap II を組み込んでロジックアナライザ機能を試してみます。対象とする回路は、第3章で作成した時刻合わせ機能付き時計です。

4-2-1 SignalTap II の組み込み

SignalTap II の組み込み手順を説明します。あらかじめ回路のプロジェクト（ここではCLOCK24.qpf）を開いておきます。

最初に［Tools］→［SignalTap II Logic Analyzer］を実行します（図4-6 (a)）。SignalTap II Logic Analyzer のウィンドウが開きます。図4-6 (b) に示すようにいくつかのペインで構成されています。ここで観測信号やトリガ条件を設定し、取り込んだ信号を波形表示して解析できます。

▼ 図 4-6 Signal Tap II の起動と画面

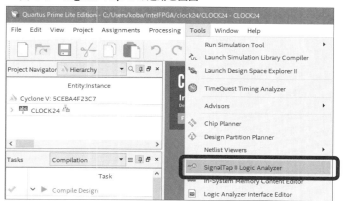

(a) Signal Tap II の起動

4-2 SignalTap II を組み込んで波形観測

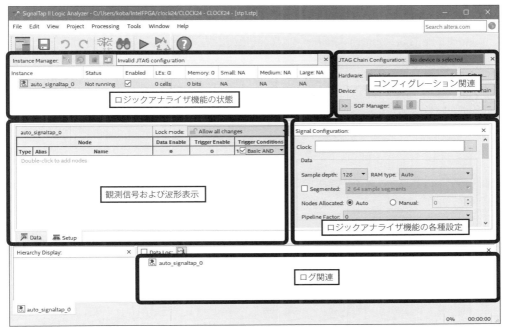

(b) Signal Tap II の画面構成

まず観測する信号を追加します。以下に手順を示します。

① Node Finder ウィンドウを開く（図4-7（a））

Setup タブのペイン内に「Double-click to add nodes」と薄く表示されているので、このあたりをダブルクリックします。これにより Node Finder ウィンドウが開きます[注4-4]。

▼ 図4-7 観測信号の追加

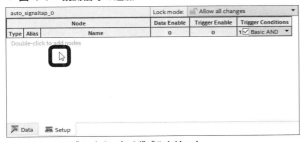

(a) Setup タブのペイン内でダブルクリック

注4-4 メニューから [Edit] → [Add Nodes...] を実行しても Node Finder ウィンドウを開けるが、Setup タブが選択されていないとコマンド自体がグレーアウトしているなど少々使い勝手が悪い。ペイン内でのダブルクリックが一番確実。

②信号検索条件を「SignalTap II: pre-synthesis」にする（図4-7 (b)）

Node Finder は、Quartus Prime 内では汎用のツールです。そのため他用途向けも含め、信号を見つけ出す条件がいくつか用意されています。ここでは「SignalTap II: pre-synthesis」を選びます。これは「論理合成前」という意味です。回路記述で使った名称がほぼそのまま存在するので、信号が見つけやすくなります。

一方「～ post-fitting」では論理合成時の最適化によりオリジナルの信号名が失われてしまい、所望の信号を見つけられないこともあります[注4-5]。

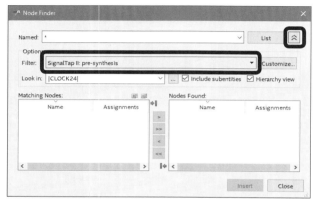

(b) pre-synthesis を選択

③信号一覧を表示（図4-7 (c)）

「Include subentities」にチェックを入れて「List」をクリックすると、左側に信号一覧を表示します。このチェックを入れると下位階層の内部信号も含めて表示しますが、入れないと最上位階層、つまり FPGA の入出力信号しか出てきません。

> **階層をたどって信号を探すこともできる**
>
> 図4-7（c）で信号一覧を表示する際、「Look In:」のフィールドが |CLOCK24| となっています。これは24時間時計の最上位階層です。このフィールドの脇に「…」ボタンがあり、これをクリックすると下位階層をたどることができます。つまり特定の階層、たとえば HOURCNT の中だけを表示して信号選択することもできます。

注4-5　有償版の Quartus Prime には、ラピッド・リコンパイルと呼ばれる高速再コンパイル機能がある。この機能により、「SignalTap II: post-fitting」を選択することで変更のない部分は再コンパイルせず、効率的にデバッグできる。

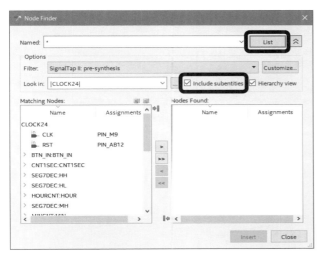

(c) 信号一覧の表示

④信号を選択(図 4-7 (d))

表示された信号から観測したいものを選択し、「>」をクリックします。右側の「Nodes Found:」に表示された信号が、観測信号になります。ここでは、

- HOURCNT ブロックの QH と QL
- MINCNT ブロックの QH と QL
- SECCNT ブロックの QH と QL
- CNT1SEC ブロックの cnt と EN1HZ

を観測することにします。観測する信号の量はメモリの使用量に影響しますので、今回はこの程度にします。以上を設定したら「Insert」および「Close」をクリックして、Node Finder から出ます。

⑤信号を確認(図 4-7 (e))

Setup タブに、先ほどの信号が追加されていますので確認します。

第4章　波形観測による回路デバッグ

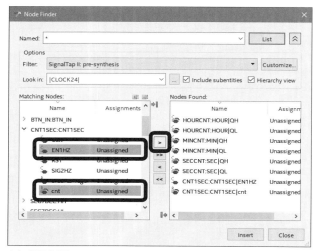

(d) 信号を選択

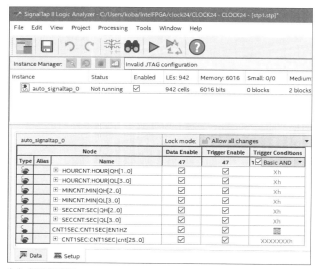

(e) 信号を確認

次に、トリガ条件やサンプリングクロックのなどの設定を行います。以下に手順を説明します。

⑥ トリガ対象を選択（図4-8（a））

Setupタブ内の「Trigger Enable」の列は、各信号をトリガ条件にするか否かの設定で

SignalTap II を組み込んで波形観測 　4-2

す。最初はすべてにチェックが入っています。トリガ条件に使わない信号は除外しておいた方が回路規模が小さくなります。特に多ビットの信号は要注意です。ここでは、以下だけ残して他のチェックを外します。

- SECCNT の QH と QL
- CNT1SEC の EN1HZ

▼図 4-8　トリガ関連の設定

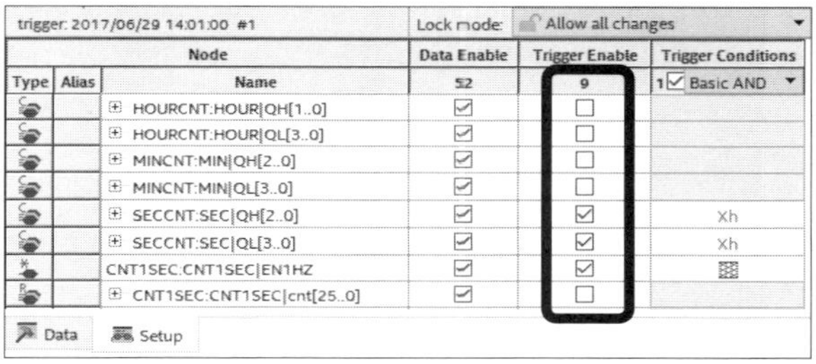

(a) トリガ対象の選択

⑦ トリガ値を設定（図 4-8 (b)(c)）

Setup タブ内の「Trigger Conditions」の列でトリガ値を設定します。マウスでクリックし、直接値を設定できます（図 4-8 (b)）。もしくはマウス右ボタンから「Insert Value...」を実行して、値を入力することもできます（図 4-8 (c)）。また立ち上がり（Rising Edge）や信号変化（Either Edge）などの動的な信号変化をトリガにすることもできます。

ここでは以下のように秒桁が 00 になったら波形を取り込むことにします。

- SECCNT の QH=0
- SECCNT の QL=0

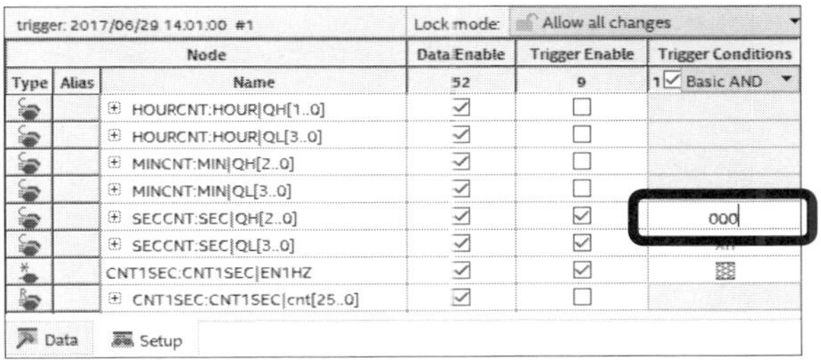

(b) トリガ値の設定

第 4 章　波形観測による回路デバッグ

(c) Inset Value コマンドによる設定

⑧サンプリングクロックの設定（図 4-9）

右側の Signal Configuration ペイン内、「Clock:」フィールド脇の「…」ボタンで Node Finder を開きます（図 4-9 (a)）。先ほどと同様に「SignalTap II: pre-synthesis」で信号を検索し、「CLK」を選びます（図 4-9 (b)）[注4-6]。

▼ 図 4-9　サンプリングクロックの設定

(a) Node Finder の起動

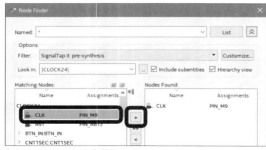

(b) クロック CLK を選択

注 4-6　サンプリングクロックには、ゲートした信号など選んではいけない。ハザードにより誤サンプルしてしまう危険があるからだ。この例のように、最上位階層の CLK 端子を直接選んでおけば確実。

⑨ サンプリング数を設定（図 4-10）

「Sample depth:」のプルダウンメニューから、サンプリングの数を選択します。内蔵メモリを割り当てる都合から、数が2の累乗値になっています。サンプリング数がメモリの使用量に直接影響しますので、ほどほどにしておきます。ここでは1Kを選択しました。

▼ 図 4-10　サンプリング数の設定

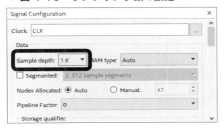

⑩ 設定の保存（図 4-11）

ここまでの設定を Save ボタン（もしくは［File］→［Save］コマンド）により保存します（図 4-11（a））。名称はデフォルトのままでかまいません。設定ファイルをプロジェクトに追加するダイアログでは「Yes」をクリックします（図 4-11（b））。

▼ 図 4-11　設定の保存

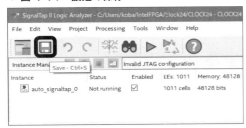

（a）Save ボタンで設定を保存

（b）Signal Tap II の設定をプロジェクトに追加

⑪コンパイル

SignalTap II の回路を実際に埋め込むためには、コンパイルが必要です[注4-7]。Quartus Prime の画面から、コンパイルしてください。観測信号が多かったりサンプリング数が多すぎると、メモリ容量が足らずコンパイルエラーになることもあります。その場合には SignalTap II に戻って減らすしかありません。

⑫ JTAG の設定とコンフィグレーションファイルの設定（図 4-12(a)）

コンフィグレーションは Signal Tap II からできます。その前に、

- USB-Blaster の認識（「Setup...」ボタン）
- コンフィグレーションデバイスを検出（「Scan Chain」ボタン）
- コンフィグレーションファイルの設定
  （「…」ボタンで「output_files」フォルダ内の「CLOCK24.sof」を選択）

を行います。第 2 章で説明した手順と、やっていることは同じです。

⑬コンフィグレーション（図 4-12（b））

「Program Device」ボタンをクリックして SignalTap II とともに回路をコンフィグレーションします。この時点で、24 時間時計は動き始めます。

▼図 4-12　コンフィグレーション

(a) USB-Blaster の認識

(b) コンフィグレーション

注 4-7　無償版 Quartus Prime のかつてのバージョン（16.0 以前）では TalkBack と呼ばれる機能を有効にしないと、Signal Tap II を組み込んだ後のコンパイルでエラーになった。TalkBack とは、ネットを通じて旧 Altera 社に最小限の設計関連データ（リソース使用率、I/O ピンの使用率、使用 OS など、回路記述などは含まず）を送信する機能。16.1 から TalkBack そのものが廃止され、Signal Tap II 利用上の制限がなくなった。

4-2-2　SignalTap II による波形観測

それでは、実際に波形観測をしてみましょう。SignalTap II ウィンドウの左上、Instance Manager ペインの「Run Analysis」ボタンをクリックしてトリガ待ちにします（**図 4-13**）。このとき、あらかじめ「auto_signaltap_0」の行を選択しておく必要があります。複数のロジックアナライザを内蔵できるので、トリガ待ちにするアナライザを選択する場合に用います。

▼ 図 4-13　トリガ待ち

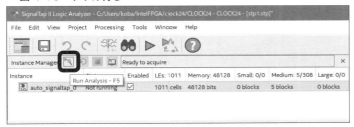

トリガ条件は「秒桁が 00」なので、たまたま現在時刻が 00 秒のときはすぐに、最大でも 1 分ほど待てば取り込みます。**図 4-14** は波形を拡大して表示したものです[注4-8]。00:01:59 から 00:02:00 に変化した様子が観測できました。

▼ 図 4-14　取り込み波形の表示

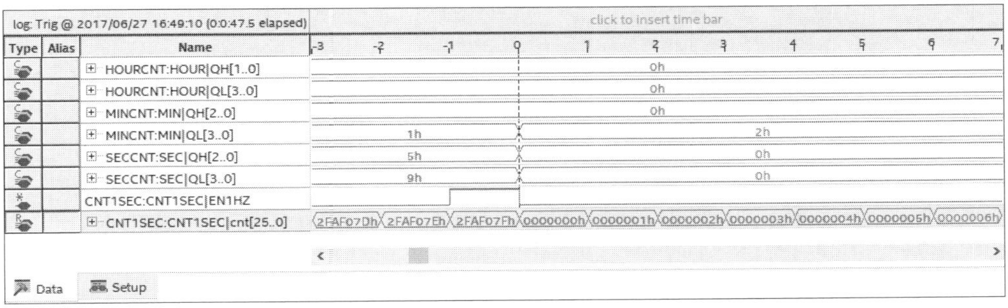

表示する数値の基数（何進数で表示するか）も変更できます。信号を選択してマウス右ボタンから「Bus Display Format」で基数を選択します。ここでは符号無しの 10 進数値（Unsigned Decimal）を選択しました（**図 4-15**）。

注 4-8　マウス左ボタンで波形拡大、右ボタンで縮小が可能。また波形表示ペインの上部でマウス右ボタンクリックにより、波形に関連した処理のメニューを表示できる。この中にはタイムバー関連のコマンドもある。

第4章　波形観測による回路デバッグ

▼図 4-15　基数の変更

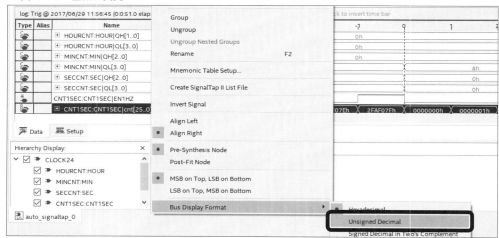

次に、時刻合わせ機能の状態遷移を観測してみましょう。すでに説明した手順（図 4-7 (a)）で「Node Finder」を開き、「SignalTap II: pre-synthesis」で信号を検索します。図 4-16 に示すように STATE ブロックを展開して、状態信号である cur 信号（ここでは cur.HOUR 〜 cur.SEC の 4 本の信号がこれに相当）を追加します。修正モードへの切り替えを行う、MODE 信号も追加します。

Quartus Prime にはステートマシン記述の解析＆最適化機能がある

　リスト 3-2（f）に示したように、状態を保持する信号は 2 ビットの cur です。Node Finder で見てみると、この信号そのものは見当たらず、cur.HOUR などの信号だけがあります。Quartus Prime には、ステートマシン記述の解析機能があり、ステート値の値付けを最適化する機能があります。解析した結果として、このような信号表示になったのだと思われます。
　設定によりステート値の値付けを指定することも可能です[注]。これは論理合成結果に作用しますので、合成前（pre-synthesis）の段階では cur.HOUR のような表示のままです。結局ステートマシン関連の信号は、類推して選択する必要があります。

注　・Quartus Prime で［Assignments］→［Settings...］コマンドを実行
　　・［Category:］→［Compiler Settings］を選択
　　・右側ペインで「Advanced Settings(Synthesis)...」をクリック
　　・「State Machine Processing」の「Setting:」プルダウンには、「Auto」「Gray」「Johnson」「One-Hot」「User-Encoded」などがあり選択できる

　今度は MODE 信号だけをトリガ条件にしてみます。秒桁をトリガから一時的に外すには、トリガ値を「Don't Care」にします。マウス右ボタンで「Don't Care」を選びます（図 4-17）。そして MODE 信号は「High」を指定します。

4-2 SignalTap II を組み込んで波形観測

▼図 4-16 ステートマシンの信号を追加

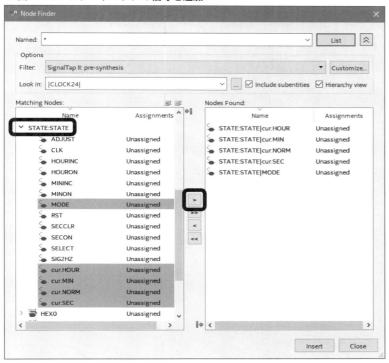

▼図 4-17 秒桁は Don't Care

第4章　波形観測による回路デバッグ

以上を設定して、「Run Analysis」ボタン（図4-13）をクリックすると、図4-18（a）のような確認ダイアログが表示されます。今回のように観測信号やトリガ信号を追加した場合には再コンパイルが必要です。「Yes」をクリックし、変更箇所保存の確認後（図4-18（b））コンパイルが始まります。なお再コンパイルが必要なことが明確な場合には、「Start Compilation」ボタンで事前にコンパイルしておくことも可能です（図4-18（c））。

信号を追加せず、トリガ値を変更しただけでは再コンパイルは不要です。トリガ対象を多めにしておけば再コンパイルが不要で効率的です。

▼図4-18　再コンパイルが必要

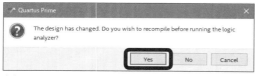

（a）再コンパイルの確認

（b）変更箇所保存の確認

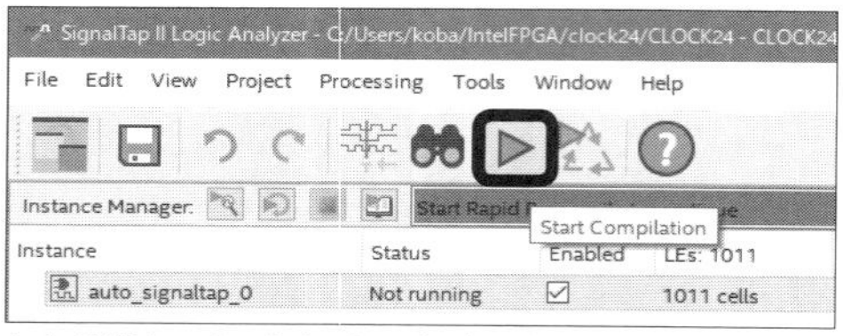

（c）事前にコンパイルしておくのもOK

MODE信号をトリガにして状態遷移を観測した結果を図4-19に示します。MODEが1になった後、状態信号のcur.NORMとcur.SECが変化し、通常モードから秒修正モードに遷移したのがわかります。

▼図4-19　MODE入力による状態遷移

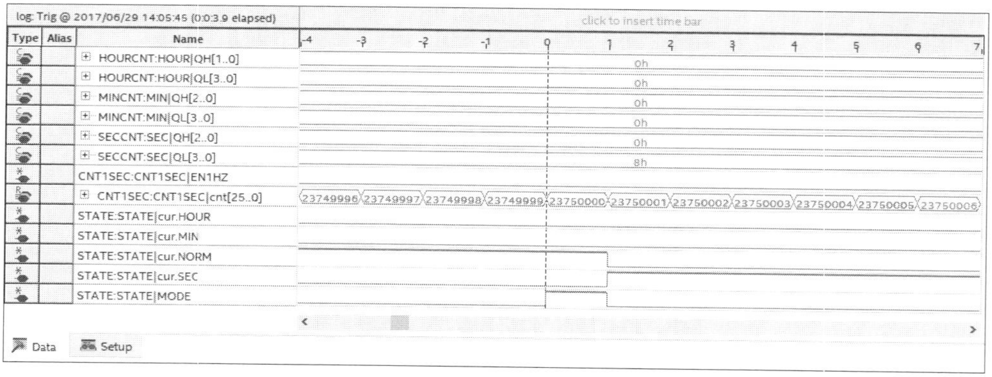

4-3 第4章のまとめ

4-3-1 まとめ

　FPGAの中にロジックアナライザを組み込むことができ、その使い方を学びました。トリガのかけ方にはコツがあります。慣れるには時間がかかるかもしれませんが、いろいろ操作して覚えてください。

　その際、ロジックアナライザの仕組み（**図4-3**や**図4-4**）を思い出してください。波形を観測する仕組みを理解していれば操作を覚えるのも早いでしょう。SignalTap IIは第7章でも扱います。より実践的な使い方の例をお見せします。

　次章では、いよいよ内蔵CPUのNios IIプロセッサを使います。カウンタやデコーダの回路から一気に飛躍します。ソフトウエアの開発環境Nios II EDSも新たに登場します。

第4章 波形観測による回路デバッグ

コラム C　FPGA は本当に高性能なのか？

　FPGAは30年もの歴史がありますが、近年のIT業界では大きな話題にもなっています。Intel社によるAltera社の買収も拍車をかけ、広く認知されたようです。勉強会も大盛況で従来FPGAに関わってこなかった方や、情報系の学生のみなさんも多数参加されているようです。

　筆者はいわゆる「ASIC屋」でした。電子機器メーカーで製品に使うためのASICの論理設計を主としてやってきました。PAL（Programmable Array Logic）やPLD（Programmable Logic Device）など集積度の低い素子を用いて、ASIC設計のための試作を行ってきました。FPGAの登場も、単に集積度が上がったことと専用のプログラム装置が不要になったぐらいの認識で、それほど驚きもしませんでした。

　現在では当時のASICを遙かに超える集積度と動作速度を備えたFPGAがとても安価に流通するようにはなりましたが、そんなに騒ぐものでもないと思うのが筆者の正直な感想です。

　そもそもFPGAの動作周波数は、本書の例題レベルで100MHzです。200MHz程度になると相応の努力をしないと安定動作は難しくなります。1GHzに近い動作周波数のGPUや数GHzで動作するCPUとは大きな差があります。実際にSoC FPGAのようなチップの場合、ラフなハードウェアを設計すると、内蔵のARMコアに処理能力で負けることも起こりえます。

　しかしFPGAの良さは、個別の処理に応じたハードウェアを容量が許す限り複数展開できること、また必要に応じて動的に回路を変えられることでしょう。また身近なパソコンで開発でき動作確認できる点も見逃せません。このような素子は魅力的に違いありません。

　「ASIC屋」と呼ばれた筆者のような旧世代のエンジニアより、FPGAの仕組みを理解した上で機械学習へ応用したり新たなる合成系（Polyphony、sigboostなど）を開発できる新世代の方々の方こそFPGAの担い手となるのかもしれません。本書の読者もそういった方々でしょうから、大いに期待しています。

第5章
FPGA内蔵CPUを試す

　Intel FPGA には Nios II（ニオス・トゥー）と呼ばれる内蔵 CPU が提供されています。さらに Nios II プロセッサに接続する周辺回路や、ソフトウェアの開発環境も提供されています。これらを使うと簡単に組み込みシステムを構築できます。
　本章では最初に Nios II プロセッサの特徴や開発フローを説明した後、パラレルポートを持った簡単なシステムの構築とプログラムの実行までを体験してみます。

第5章 FPGA 内蔵 CPU を試す

5-1 Nios II プロセッサとは

ここでは Intel 社提供の内蔵 CPU である Nios II と開発フローについて説明します。内蔵 CPU のメリットや少々複雑な開発手順を説明し、次節以降で実際に作成してみることにします。

5-1-1　FPGA に CPU を内蔵させるメリット

　FPGA の規模がそれほど大きくなかった頃は、図 5-1（a）のように組み込み向け CPU と FPGA のユーザ回路を接続するシステムが作られていました。処理高速化などの差別化のために、FPGA 内にオリジナルの回路を構築することでシステムを作り上げていました。

　その後 FPGA が大規模化してくると、CPU だけでなく周辺回路やユーザ回路も含めてすべてを FPGA に内蔵することが可能になってきました（図 5-1（b））。基板上の実装サイズや部品点数を減らせ、コストダウンに貢献するという大きなメリットがあります。それだけではなく、次のような利点もあります。

　組み込み向けの CPU には、周辺回路や内蔵 ROM／RAM のサイズに応じて非常に多くの種類があります。CPU メーカとしては、広範囲な顧客の要望に応じるため、シリー

▼図 5-1　FPGA を使った組み込みシステム

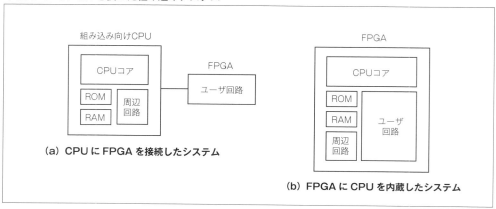

ズとして多くの組み合わせを提供しています。しかし、それでも使用しない周辺回路があったり、ROM容量を余らせたりすることがありました。

これをFPGAに置き換えると、本当に必要な周辺回路や必要なだけのROM／RAMを組み込むことができムダが生じません。少量多品種の製品開発にはとても適しており、従来の組み込み向けCPUに置き換えることができます。

> **ソフトウェアエンジニアがハードウェアを設計する！？**
>
> 次節で詳しく説明しますが、Nios IIシステムの構築は非常に簡単です。ゲート回路もFF（フリップフロップ）も使いません。HDLもステートマシンも無縁です。これらを使わなくても、CPUに周辺回路を備えたシステムを構築できます。したがって組み込みソフトウェアを設計していたエンジニア自身でFPGAの中身を作れてしまいます。
> FPGAを使う場合、ハードウェア担当かソフトウェア担当かという境界はなくなってしまうのかもしれません。

5-1-2　ソフトマクロとハードマクロ

第1章で説明したように、FPGA内部は多数のLE（Logic Element）やメモリブロックがあって、これらを組み合わせて回路を構築しています。CPUも論理回路ですから、同じようにLEを組み合わせて構築できます。

CPUのように汎用性のある回路はライブラリとして用意しておき、必要に応じて組み込めるようにしておくと効率的です。**図5-2（a）** に示すように、ユーザ回路とともにCPUのブロックをコンパイルしてコンフィグレーションすることで、FPGA内にシステムを構築できます。このようなブロックをソフトマクロと呼びます。ここで紹介するNios IIプロセッサはソフトマクロです。

これに対して、FPGAの一角にCPUブロックを作り込んでおき、ユーザ回路だけをLEやメモリブロックで実現する方法もあります。DE1-SoCに搭載されているSoC FPGAは、**図5-2（b）** のようにARMプロセッサが埋めこまれています。このようなブロックをハードマクロと呼んでいます。

最初から埋め込んであるハードマクロの方がCPUの性能は高いですが、柔軟に対応できるソフトマクロにはFPGAの自由度を活かせるメリットもあります。たとえばARM内蔵のSoC FPGA内に、ソフトマクロのCPUを内蔵させてコントローラとして使うこともできてしまいます。柔軟性のあるソフトマクロCPUには、今後もさまざまな用途が考えられます。

▼図5-2 ソフトマクロとハードマクロ

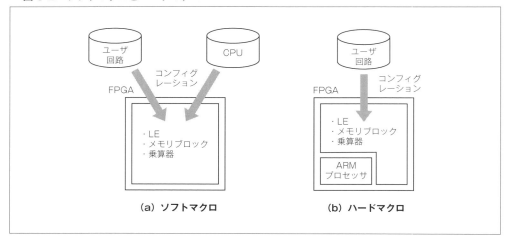

5-1-3 Nios II プロセッサの概要と種類

　Intel 社提供のソフトマクロ Nios II プロセッサには、**表5-1** に示すように、Nios II/e（Economy 版）と Nios II/f（Fast 版）の2種類があります。性能が高ければ高いほど使用する ALM や LE は多くなりますが、DE0-CV 搭載の FPGA なら Nios II/f でも 10% 以下の使用量です。

　Nios II/e は、キャッシュメモリが付加できませんので内蔵メモリで動作させるコントローラとしての用途が考えられます。規模も小さいので、制御対象ごとに CPU を割り当てるような、複数の CPU を持ったシステムも可能でしょう。

　一方 Nios II/f は、キャッシュメモリだけでなくハードウェア乗算器や除算器、MMU などを持たせられますので、OS を搭載させて各種アプリケーション用として本格的なシステムを構築できます。

　Nios II/e は無償ですので Intel FPGA を使う限り費用は発生しません。一方 Nios II/f は有償ですが、費用は開発ソフトウェアにのみ発生し、製品1個あたりに発生するロイヤリティ方式ではありません。実際に製品に組み込むのでしたら、コストにはさほど影響しないでしょう。

　Nios II/f は有償ですが、無償版の Quartus Prime ライト・エディションでも評価目的に使うことはできます。ただしコンフィグレーションした後、パソコンとの接続を切ると動作しなくなりますので、独立して使うことはできません。本書のように、FPGA で組み込みシステムを体験するのが目的なら接続したままでも OK でしょう。

▼ 表 5-1　2 種類の Nios II プロセッサ

比較項目		Nios II/e(Economy)	Nios II/f(Fast)
リソース	ALM (Cyclone V)	307	847
	LE (MAX 10)	791	2,299
	メモリブロック	2＋オプション	2＋オプション
最大動作周波数（MHz）注		220	150
DMIPS/MHz		0.1	0.9
キャッシュメモリ		なし	命令、データ
その他の機能（オプション含む）		ECC	・ECC ・ハードウェア乗算器 ・ハードウェア除算器 ・静的／動的分岐予測 ・MMU/MPU
費用		無償	有償

注　Cyclone V：5CGXFC7D6F31C6 の場合

Nios II Classic と Gen2

　旧 Altera 社は Nios II プロセッサに関し、Quartus II 14.0 で新しいバージョン「Gen2」の Preview 版を、続く 14.1 で正式版をリリースしました。これにともない、旧来からのバージョンを「Classic」と呼ぶようになりました。
　Gen2 の特徴は以下のとおりです。

・Nios II/s（Standard）コアの廃止
・32 ビットアドレスの採用（キャッシュバイパスを無効にできる）
・II/f コアには以下の機能を追加または改善
　- 非キャッシュ領域の設定（オプション）
　- 静的分岐予測（オプション）
　- ECC（オプション）
　- 乗算の高性能化
　- 64 ビット乗算サポート
　- JTAG デバッグの柔軟性向上
・MAX 10 と Arria 10 では Gen2 のみ対応し Classic は非サポート

　一番大きな変更は、キャッシュバイパス機能（第 7 章で説明）によりアドレス空間が 2G バイトに制限されていたのが、4G バイトになったことでしょうか。デフォルト設定ではキャッシュバイパスが有効になっているので、ソフトウェア資産がムダになることはなさそうですが、いずれは無効になることも想定できます。
　なお本書で紹介している設計例は、いずれも Gen2 を採用しています。

5-1-4 数多く用意されている周辺回路

　CPUとメモリだけでは組み込みシステムを構築できません。さまざまな周辺回路が必要です。Nios IIの開発ソフトウェア「Qsys（キューシス）」には、多くの周辺回路が用意され選択して組み込めるようになっています。

　周辺回路の例を表5-2に示します。それぞれの回路ブロックは、いくつかの項目が可変できるようになっていて柔軟性があります。回路規模はこれらの設定に影響されますので一律ではないですが、JTAG UARTが57ALM、Timerが55ALM程度です[注5-1]。

▼表5-2　周辺回路の例

名称	主要可変項目
SDRAMコントローラ	・データ幅、メモリサイズ ・CASレイテンシ ・各種遅延値
PIO（パラレルI/O）	・ビット幅 ・入力、出力、双方向 ・割り込み
Timer	・カウンタのビット幅 ・タイムアウトの周期
JTAG UART（シリアル通信）	・バッファサイズ
DMAコントローラ	・転送ビット幅 ・バースト転送対応 ・FIFOの段数

　なお表5-2に示したものは比較的小規模なものですが、これら以外にも多数の周辺回路があり、多機能で高性能なものもあります。

　またIntel社以外のいわゆるサードパーティ製の回路もあって、ライセンスを購入すれば使用できます。DDR2やDDR3のメモリコントローラや、イーサネットのコントローラなど、組み込みシステムに必要なあらゆるものがあります。

5-1-5　Nios IIシステムの開発フロー

　Nios IIシステムは、以下の3つのツールを用いて構築します。

・Quartus Prime
　回路のコンパイルやコンフィグレーションを行います。

注5-1　Intel FPGAの資料「Nios II Performance Benchmarks」による。

Nios II プロセッサとは　　**5-1**

- **Qsys** [注5-2]

Nios II や周辺回路を選択してシステムを構築します。周辺回路の細かい設定や、アドレスの割り当てなどが設定できます。Quartus Prime の中から起動します。

- **Nios II EDS** [注5-3]

Nios II のソフトウェア開発およびデバッグを行うツールです。統合環境である Eclipse をベースにしています。プログラムの編集、コンパイル、ダウンロード、デバッグが行えます。

これらを用いた開発フローを**図 5-3**に示します。通常の回路と同様に、Quartus Prime でプロジェクトを作成した後、Qsys で Nios II と周辺回路の接続を行います。Generate HDL コマンドを実行して必要なファイルを生成します。

▼ 図 5-3　Nios II システムの開発フロー

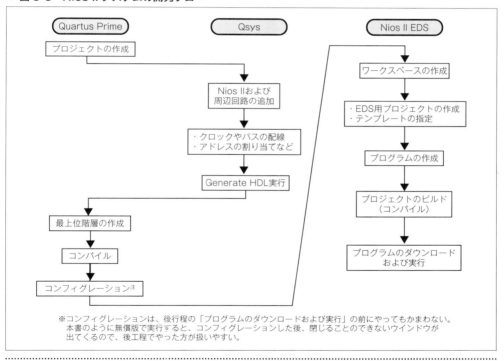

注5-2　本書校正中に Quartus Prime 17.1 がリリースされ、名称が「Platform Designer」に変更された。機能に大差ないので、17.1 以降を使用をする場合は、名称を読み替えて実施してもらいたい。

注5-3　EDS: Embedded Design Suite。Nios II SBT（Software Build Tools）という名称もあるが、本書では EDS で統一することにした。

第 5 章　FPGA 内蔵 CPU を試す

　次に Quartus Prime に戻って、最上位階層の作成を行います。あらかじめ用意した汎用の最上位階層記述に、Nios II 階層を接続する記述を追加します。そしてピンアサイン・ファイルを読み込んでコンパイルし、FPGA をコンフィグレーションします。

　FPGA のハードウェアができあがったので、今度は Nios II EDS でソフトウェア開発を行います。ワークスペースの設定、EDS 用プロジェクトの作成およびテンプレートの指定、プログラムの作成を行った後、プロジェクトをビルドすれば[注5-4]、ダウンロードして実行できます。

　Nios II EDS では、ブレークポイントの設定や変数の観測など、デバッガとして一通りの機能があります。JTAG ポートを経由して行いますので、USB-Blaster を経由して、パソコンから回路のコンフィグレーションとプログラムのダウンロード、そしてデバッグまで行えます。

CPU を組み込んでも開発環境がなければ非実用的

　FPGA の大規模化に伴い、CPU を内蔵させるチャレンジはさまざまな方が行ってきました。Z80 などの古典的な CPU を移植したり、32 ビットのオリジナル RISC プロセッサを作った方もいます。雑誌などで紹介されことも少なくなく、またオープンソースの CPU を利用すれば、自分で作らなくても FPGA に搭載することはできます。

　しかしプログラムの開発や、ダウンロード、そしてデバッグは困難を極めます。内蔵メモリの初期値としてプログラムを格納するのであれば、プログラムの修正のたびに FPGA のコンパイルとコンフィグレーションが必要です。デバッガがあればよいのですが、それを望むのは欲張りでしょう。結局、修正のたびにソフトウェアとハードウェアのコンパイルを行いコンフィグレーションし、ダメなら同じことを繰り返さなければなりません。とても非効率です。

　開発環境が整っていなければ、どんなによい CPU マクロでも、FPGA でのシステム構築には向いていません。

注5-4　Nios II EDS では C のソースコードをコンパイルしライブラリとリンクすることを「ビルド」と呼んでいる。

5-2 Nios II システムの構築

さっそく Nios II プロセッサを使ったシステムを作ってみます。パラレルポートにスイッチと 7 セグメント LED を接続しただけの非常に簡単な構成ですが、手順は少々複雑です。

5-2-1 Nios II に 7 セグメント LED とスイッチを接続

これから作成するシステムの仕様を、図 5-4 に示します。スライドスイッチの入力値を 7 セグメント LED に数値で表示する機能です。これは第 2 章の最初の設計例（図 2-3、リスト 2-1）と同じ仕様です。動作は同じでも中身はまったく異なります。

▼図 5-4　試作する Nios II システム

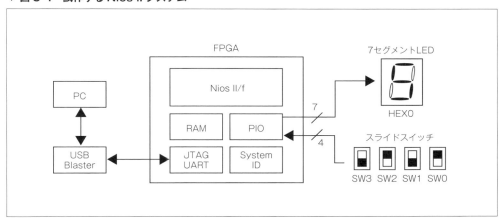

FPGA の内部構成は、以下のとおりです。

- 高速版の Nios II/f
- プログラムを格納する RAM
- スライドスイッチと 7 セグメント LED を接続する PIO

第 5 章　FPGA 内蔵 CPU を試す

- JTAG 経由でホストパソコンと通信する JTAG UART[注5-5]
- システム固有の識別番号を持つ System ID

> **JTAG UART は任意、System ID は必須**
>
> JTAG UART は、printf 文などでホストパソコンにメッセージや値を出力するシリアル通信のブロックです。今回の仕様ではなくても動作しますが、デバッグにも使えるので入れてあります。
> System ID はコンフィグレーションした回路と、ダウンロードするプログラムが一致していることを確認するブロックです。プログラムのダウンロード時にチェックが行われます。これがなくても強制的にダウンロードして実行することはできます。しかし無用の苦労をしなくてすむように用意されたブロックですので、必ず入れておきます。

このシステムの上で実行するプログラムの構成は、以下のようになります。これらを無限に繰り返すことで、第 2 章の回路と同じ動作を実現できます。

- スイッチが接続された PIO の入力ポートを読み込む
- 読み込んだ 4 ビットの値から、7 セグメント LED 表示データの 7 ビットに変換する
- この値を PIO の出力ポートに書く

5-2-2 Qsys でシステムを構築

それでは Nios II システムのハードウェア側を構築します。図 5-3 の開発フローにしたがって進めます。なお Nios II システムではさまざまな名称を用意する必要があるので、本書では表 5-3 のような命名則にしました[注5-6]。「*MyProject*」の部分をそれぞれのプロジェクトの名称に置き換えてください。

注 5-5　UART: Universal Asynchronous Receiver Transmitter の略。シリアルで非同期通信を行うブロック。JTAG ポートに接続した USB-Blaster でシリアル通信ができるため余分なケーブルが不要という利点はあるが、転送レートは高くない。
注 5-6　今後はプロジェクト名やモジュール名の大文字の制限は外すことにし、小文字で表現することにする。

▼ 表 5-3 各種命名則

ツール	項目	名称
-	作業フォルダ	*MyProject*
Quartus Prime	プロジェクト名	*MyProject*
	最上位階層名	*MyProject*
Qsys	Qsys 階層名	*MyProject*_qsys
Nios II EDS	ワークスペース	software
	BSP プロジェクト	*MyProject*_bsp
	アプリケーションプロジェクト	*MyProject*
	テストプログラム	*MyProject*_test.c

　今回はプロジェクト名を「nios2pio」としましたので、Quartus Prime 関連のプロジェクトは表 5-4 のようになります。最初にこの名称でプロジェクトを作成しておきます。その際、回路記述の追加（図 2-6 (e)）では何もせず次に進めます[注5-7]。

▼ 表 5-4　nios2pio のプロジェクト

ツール	項目	名称
-	作業フォルダ	nios2pio
Quartus Prime	プロジェクト名	nios2pio
	最上位階層名	nios2pio
Qsys	Qsys 階層名	nios2pio_qsys

　Qsys は、Quartus Prime の中から起動します。プロジェクトを作成した後、Qsys ボタンをクリックするか（図 5-5）、[Tools] → [Qsys] コマンドを実行します。Qsys は図 5-6 のようにいくつかのペインにわかれています。

　それでは手順を追って説明します。

▼ 図 5-5　Qsys の起動

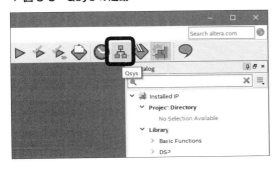

注 5-7　第 2 章と同様に、ボード選択時（図 2-6 (f)）に「Create top-level design file」のチェックを外しておく。最上位階層は別途 HDL で用意するので、勝手に生成されても困るからである。

第5章　FPGA内蔵CPUを試す

▼図5-6　Qsysの画面構成

① Nios II の追加（図5-7（a））

左側のIP Catalogペインの中に必要なブロックがすべて登録されています。Nios IIプロセッサもここにあります。［Processors and Peripherals］→［Embedded Processors］→［Nios II Processor］をダブルクリックするか、選択して「Add...」をクリックします。なおここで選択したのは第二世代のNios II Gen2です。旧世代のClassicも選択可能になっています。

② CPUコアの選択とその他の設定内容（図5-7（b））

Nios IIコアに関するさまざまな設定を行うウィンドウが表示されます。ウィンドウには複数のタブがあり、それぞれ以下の項目を設定できます。簡単に設定内容を説明します。

▼図5-7　Nios II の追加と設定

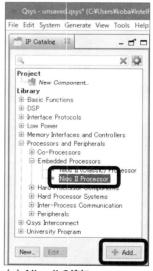

(a) Nios II の追加

Nios II システムの構築 **5-2**

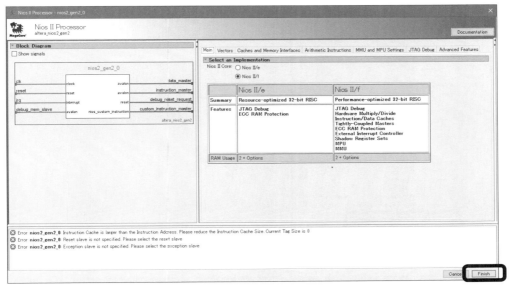

(b) Nios II の設定

- Main・・2種類のコア（II/e、II/f）のどちらかを選択可能（今回は II/f）
- Vectors・・リセットや割り込み先の記憶対象を選択
- Caches and Memory Interfaces・・キャッシュサイズなどを設定
- Arithmetic Instructions・・乗算器や除算器などの設定
- MMU and MPU Settings・・各ユニットの有無、TLB のサイズなど設定
- JTAG Debug・・デバッガの有無、デバッガの機能など設定
- Advanced Features・・ECC、分岐予測などの設定

　今回はすべてデフォルト設定で使いますが、Vectors タブの設定だけは必要です。これは周辺回路を配置しバスを配線した後に行いますので、エラー表示がありますがとりあえず「Finish」をクリックします。

③ オンチップメモリの追加と設定（図 5-8）

　プログラムや変数を格納するオンチップメモリを、[Basic Functions] → [On Chip Memory] → [On-Chip Memory (RAM or ROM)] で追加します（図 5-8 (a)）。メモリサイズは 8192 バイトとしました（図 5-8 (b)）。その他の設定値はデフォルトのままです。

第5章　FPGA内蔵CPUを試す

▼図5-8　オンチップメモリの追加と設定

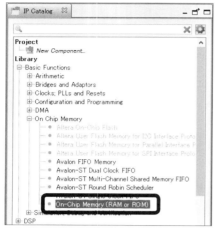

(a) オンチップメモリの追加

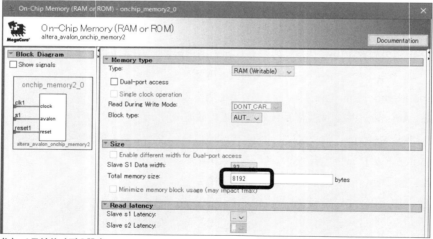

(b) メモリサイズの設定

オンチップメモリの代わりに外付けSDRAMも使用可能

　今回の仕様を満たすにはこれで十分ですが、本格的な機能を盛り込むには8192バイトでは不十分です。FPGA内蔵のメモリブロックは容量が限られているので、FPGAボード搭載の外付けSDRAM（DE0-CVでは64MB）も使用できます。しかしSDRAM用にPLLブロックを使ったクロックが必要になるなど少々手間がかかるので、ここではオンチップメモリにしました。外付けSDRAMを使う例は、第8章以降で紹介します。

④ PIO の追加と設定（図 5-9）

スイッチや 7 セグメント LED を接続する PIO を 2 個追加します。
[Processors and Peripherals]→[Peripherals]→[PIO (Parallel I/O)]を追加します（図 5-9 (a)）。
まずは出力側です。

- Width: 7
- Direction: Output

に設定して（図 5-9 (b)）「Finish」をクリックします。

続いて入力側です。もう一つの PIO ブロックが必要ですので、先ほどと同様に
[Processors and Peripherals] → [Peripherals] → [PIO (Parallel I/O)] を追加し、

- Width: 4
- Direction: Input

に設定します（図 5-9 (c)）。

配置したブロックには 0 番始まりで自動的に名称が与えられます。出力ポートは pio_0、入力ポートは pio_1 となりました[注5-8]。この名称は配置後変更できますが、このままとしました。

▼ 図 5-9　PIO の追加と設定

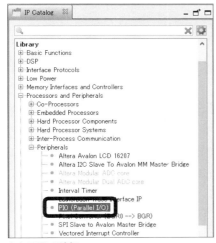

(a) PIO の追加

注 5-8　この名称は、プログラミング時にレジスタの名前としてソフトウェア開発ツール Nios II EDS に引き継がれるので覚えておく必要がある。もしくは意味のある名称に変更しておくのも良い。

第5章　FPGA内蔵CPUを試す

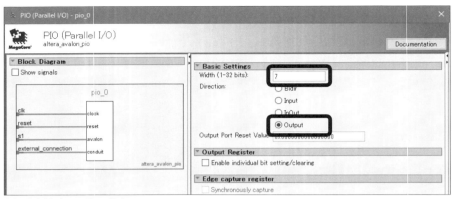

(b) 出力側 (pio_0) の設定

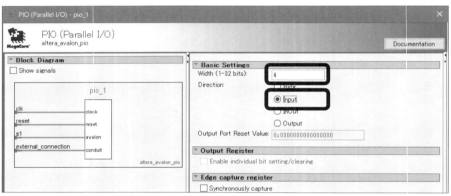

(c) 入力側 (pio_1) の設定

⑤ JTAG UART と System ID の追加（図 5-10）

［Interface Protocols］→［Serial］→［JTAG UART］を選択し、JTAG UART を追加します（図 5-10 (a)）。設定値はデフォルトのままで OK です。

［Basic Functions］→［Simulation, Debug and Verification］→［Debug and Performance］→［System ID Peripheral］を選択し、System ID を追加します（図 5-10 (b)）。これも設定値はデフォルトのままで OK です。

▼ 図 5-10　JTAG UART と System ID の追加

(a) JTAG UART の追加

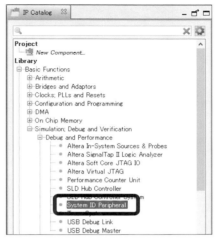

(b) System ID の追加

　以上で必要な周辺回路の追加は終了しましたが、Messages タブには多数のエラーが表示されています（図 5-11）。最終的にエラーはゼロにならなければいけません。周辺回路間でのクロックやバスの配線、アドレスの割り当てなどを実施する必要があります。

▼ 図 5-11　追加しただけでは多数のエラー

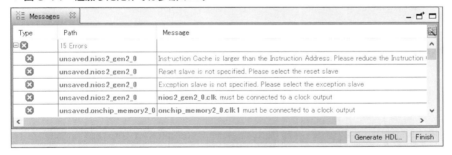

⑥ リセットの接続（図 5-12）

　Qsys ではリセット信号を同期化するブロック（clk_0）が最初から追加されています。このブロックからのリセット信号を各周辺回路に接続します。

　自動配線するコマンド［System］→［Create Global Reset Network］を実行すればOK です。

第 5 章　FPGA 内蔵 CPU を試す

▼図 5-12　リセットの自動配線

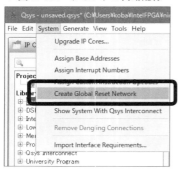

⑦クロックの接続（図 5-13）

　クロックの配線は手動で行う必要があります。クロックが複数系統あるシステムも存在し、周辺回路ごとにクロックを選択して接続する場合もあるからです。本システムのクロックは 1 系統なので同じクロック信号を各周辺回路に接続します。

　clk_0 ブロックの clk 出力を、各周辺回路の clk もしくは clk1 端子に接続します。白丸「○」の上にマウスポインタを置き、クリックすると黒丸「●」に変化します。これが接続している状態です。もう一回クリックすると白丸に戻り非接続になります。

　nios2_gen2_0 から sysid_qsys_0 まで、すべての周辺回路に接続してください。**図 5-13**のようになっていれば OK です。

⑧バスの接続（図 5-14）

　第 6 章や第 8 章で詳しく説明しますが、Nios II は「Avalon バス」と呼ばれるバスシステムで周辺回路やメモリが接続されます。通常 Nios II がマスターとなりメモリや各周辺回路がスレーブとして接続します。

　データバスは Nios II（nios2_gen2_0）の data_master と instruction_master の 2 系統あり、メモリ（onchip_memory2_0）は両方、周辺回路側（pio_0 など）は data 側だけを接続します[注5-9]。**図 5-14**に示すように注意深く接続してください。

注 5-9　Nios II は命令（instruction）とデータが分離した、いわゆるハーバードアーキテクチャの構成になっている。このためメモリに命令側のバスを接続しないと、プログラムを配置できなくなってしまう。逆に周辺回路側にプログラムを配置することは通常ないので未接続にする。

5-2 Nios II システムの構築

▼図5-13 クロックの接続

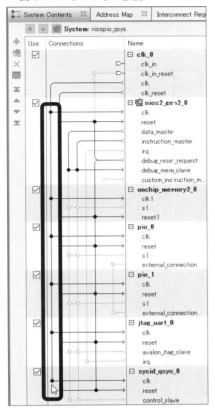

▼図5-14 バスの接続

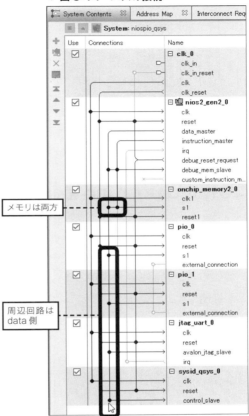

⑨ PIO の外部入出力端子（図5-15）

PIO からの出力および入力は、Qsys 階層からみると外部からの入出力になります。そのための設定を行います。PIO の external_connection ポート右側の Export 列が、「Double-click to export」になっていますのでこの部分をダブルクリックします。図5-15 に示したように、出力ポートの pio_0 と入力ポートの pio_1 の両方とも実施してください[注5-10]。なおここで付加された名称が、Qsys 階層のポート名になります。

注5-10　もし間違えて別の部分をダブルクリックしてしまったら、そのフィールド内をバックスペースキーで全消去する。さらに元々接続していたバスが未接続になってしまうので、黒丸に戻して接続するよう修正しなければならない。

145

▼ 図 5-15　PIO の外部入出力端子

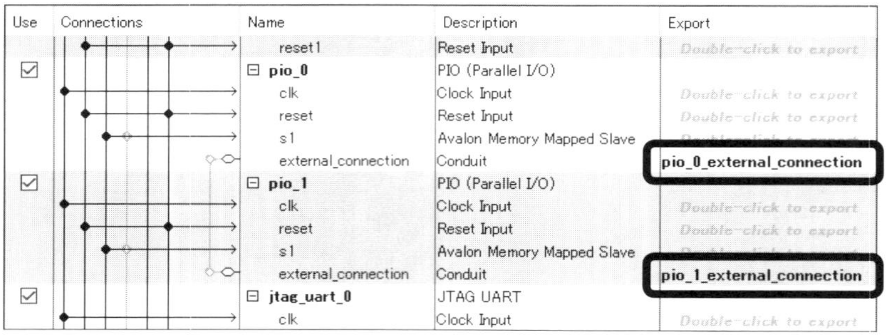

Use	Connections	Name	Description	Export
		reset1	Reset Input	Double-click to export
☑		⊟ **pio_0**	PIO (Parallel I/O)	
		clk	Clock Input	Double-click to export
		reset	Reset Input	Double-click to export
		s1	Avalon Memory Mapped Slave	Double-click to export
		external_connection	Conduit	**pio_0_external_connection**
☑		⊟ **pio_1**	PIO (Parallel I/O)	
		clk	Clock Input	Double-click to export
		reset	Reset Input	Double-click to export
		s1	Avalon Memory Mapped Slave	Double-click to export
		external_connection	Conduit	**pio_1_external_connection**
☑		⊟ **jtag_uart_0**	JTAG UART	
		clk	Clock Input	Double-click to export

⑩ JTAG UART の IRQ を接続（図 5-16）

JTAG UART には送受信で発生可能な割り込みがあります。本システムでは使用していませんが、未接続だと余分な警告が出ますので接続しておきます。irq ポートの右側の IRQ 列に未接続の白丸がありますのでこれをクリックします。

数値の 0 が表示されますが、これは割り込みの ID 番号です。必要に応じて変更することが可能です。

▼ 図 5-16　IRQ の接続

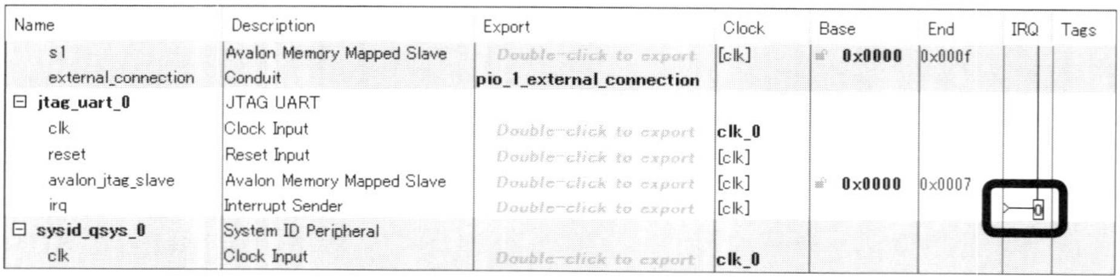

Name	Description	Export	Clock	Base	End	IRQ	Tags
s1	Avalon Memory Mapped Slave	Double-click to export	[clk]	0x0000	0x000f		
external_connection	Conduit	**pio_1_external_connection**					
⊟ **jtag_uart_0**	JTAG UART						
clk	Clock Input	Double-click to export	**clk_0**				
reset	Reset Input	Double-click to export	[clk]				
avalon_jtag_slave	Avalon Memory Mapped Slave	Double-click to export	[clk]	0x0000	0x0007		
irq	Interrupt Sender	Double-click to export	[clk]			0	
⊟ **sysid_qsys_0**	System ID Peripheral						
clk	Clock Input	Double-click to export	**clk_0**				

⑪各種ベクタの設定（図 5-17）

再度 Nios II プロセッサの設定を行います。「nios2_gen2_0」を選択しマウス右ボタンから「Edit...」を実行したら（**図 5-17（a）**）、Vectors タブを開きます。

この中の「Reset vector memory」と「Exception vector memory」の各項目においてプルダウンメニューから「onchip_memory2_0.s1」を選択します（**図 5-17（b）**）。これはリセット信号や例外が発生したときのジャンプ先を格納している対象の選択です。今回作成したシステムではメモリは一種類しかありませんが、オンチップメモリと外付け SDRAM を併用する場合には重要な意味を持ちます。

Nios II の各種ベクタは、メモリを配置してバスの接続が行われていないと正しい設定

ができません。したがって Nios II を配置したときには、この設定はできませんでした。

▼ 図5-17 各種ベクタの設定

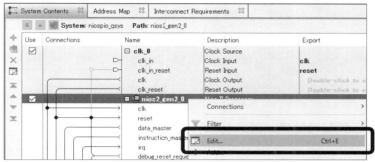

(a) Nios II の設定画面を開く

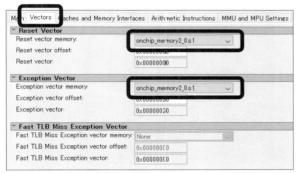

(b) ベクタを配置するメモリを選択

⑫アドレスの割り当て（図 5-18）

最後にメモリや周辺回路のアドレス割り当てを行います。Address Map タブを開いてみると（図 5-18 (a)）、メモリや周辺回路のアドレスが重なっていてバツ印がついています。アドレスのフィールドをダブルクリックして手動でアドレス値を設定できますが、[System] → [Assign Base Addresses] を実行すると（図 5-18 (b)）、自動で割り当てしてくれます。

以上で設定は終了です。Messages タブにあったエラーはすべて解消しました。

第 5 章　FPGA 内蔵 CPU を試す

▼図 5-18　アドレスの割り当て

(a) 周辺回路のアドレスが重複

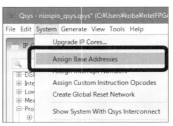

(b) コマンドで自動割り当て

⑬設定の保存と Qsys 階層の生成（図 5-19）

　Qsys ウィンドウ右下の「Generate HDL...」をクリックします（図 5-19（a））。生成する HDL の選択、シミュレーションモデル生成の有無、出力するフォルダの設定などありますが、ここではデフォルトのまま「Generate」をクリックします（図 5-19（b））。

　その後、設定を保存するか確認がありますので（図 5-19（c））「Save」をクリックし、表 5-4 で示した名称「nios2pio_qsys」で保存します。拡張子が自動付加され「nios2pio_qsys.qsys」として保存されます。次回 Qsys を起動する際、このファイルを開けば周辺回路の追加や変更ができます。

　保存が終了し「Close」をクリックすると（図 5-19（d））、Qsys 階層の生成が始まります。終了したら「Close」をクリックします（図 5-19（e））。生成ファイルの「～.qip」および「～.sip」をプロジェクトに追加する必要があることを表示しますので（図 5-19（f））、確認して「OK」をクリックします。これで Qsys は終了です。

▼図 5-19　設定の保存と Qsys 階層の生成

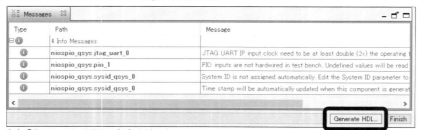

(a)「Generate HDL...」をクリック

5-2 Nios II システムの構築

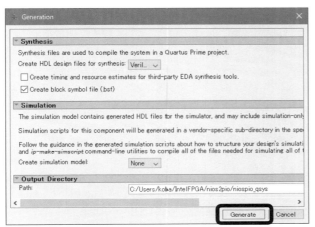
(b) HDL やパスの選択

(c) 設定内容の保存確認

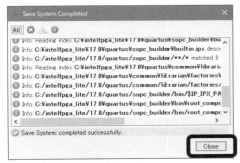
(d) 設定内容の保存および終了

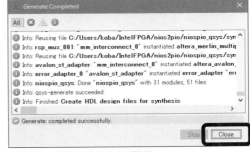
(e) Qsys 階層の生成および終了

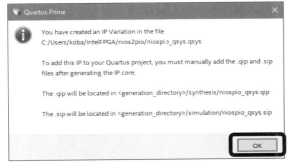
(f) プロジェクトに Qsys 階層の追加が必要

第5章　FPGA 内蔵 CPU を試す

> **Qsys の生成ファイル概要**
>
> 　Qsys では、システム構成や各周辺回路の設定に基づいて、Quartus Prime で論理合成できる HDL を生成しています。ここで作成したシステムを例にすると、Qsys 階層名の「nios2pio_qsys」と同じ名称のフォルダが生成され、以下のようなファイルが格納されています（主要ファイルのみ示す）。
>
> ```
> -nios2pio_qsys フォルダ
>     -nios2pio_qsys.bsf          ……Qsys 階層の回路シンボル
>     -nios2pio_qsys_inst.v       ……上位階層での接続用テンプレートファイル
>     -synthesis フォルダ          ……論理合成用ファイル類
>         -nios2pio_qsys.qip      ……プロジェクト追加用 QIP ファイル
>         -nios2pio_qsys.v        ……Qsys 階層の HDL 記述
>         -submodules フォルダ     ……Nios II を含む周辺回路の HDL 記述
>     -simulation フォルダ         ……シミュレーション用ファイル類
>         -nios2pio_qsys.sip      ……プロジェクト追加用 SIP ファイル
>         -nios2pio_qsys.v        ……Qsys 階層の HDL 記述
>         -submodules フォルダ     ……Nios II を含む周辺回路の HDL 記述
>         -cadence フォルダ        ……Cadence 社シミュレータ用ファイル
>         -mentor フォルダ         ……Mentor 社シミュレータ用ファイル
>         -synopsys フォルダ       ……Synopsys 社シミュレータ用ファイル
> ```
>
> 　各 submodules フォルダには論理合成用もしくはシミュレーション用の周辺回路の記述が格納されており閲覧するとこも可能です。ただし Nios II 本体などは暗号化されたバイナリファイルなので開いても判別不能です。
> 　なお simulation フォルダは、Qsys 階層生成時（図 5-19（b））に設定を行なうと作成されます。

5-2-3　最上位階層の作成とコンパイル

　Qsys により Nios II を含むシステムができあがりましたが、FPGA 全体から見ると一つの階層ができただけです。この階層に入出力を接続する最上位階層が必要になります。最上位階層は回路図で作成することもできますが、本書では再利用ができるよう汎用性を持たせて HDL で記述することにしました[注5-11]。

　リスト 5-1 が最上位階層の記述です。本システムで接続が必要なのは、

- クロック、リセット
- スライドスイッチ 4 個
- 7 セグメント LED 1 桁

注 5-11　本書で扱っている各 FPGA ボードは、それぞれ構成の違いが若干ある。この違いを吸収しているのが Nios II システムの最上位階層であり、記述はボードごとに若干異なる。そのかわり、次章から説明する自作周辺回路はボードに依存しない記述になっている（ほぼ）。

5-2 Nios II システムの構築

だけです。しかし本書で紹介している例題回路すべてに対応できるように、宣言部では多数のポートを宣言しています。

Qsys 階層の接続では、Qsys で生成されたファイル「nios2pio_qsys_inst.v」の内容をコピー&ペーストして、最上位階層 nios2pio で宣言したポートを接続します。なお本システムでは 7 セグメント LED の上位 5 桁は未使用なので、点灯しないように記述で固定値を与えています[注5-12]。

最上位階層の記述を他の回路に流用する場合は、以下のようにします。

- モジュール名を、プロジェクト作成時に指定した最上位階層名と同じにする
- 接続用テンプレートファイル（〜 inst.v）をコピーし、ポート部分を書き換える
- 必要に応じて未使用端子を固定する

最上位階層が用意できたら、QIP ファイル「nios2pio_qsys.qip」や制約ファイル「nios2pio.sdc」とともにプロジェクトに追加します（参考：図 2-16 (a)）。追加後のプロジェクトは図 5-20 のようになります。

▼ 図 5-20 最上位階層と QIP ファイルの追加

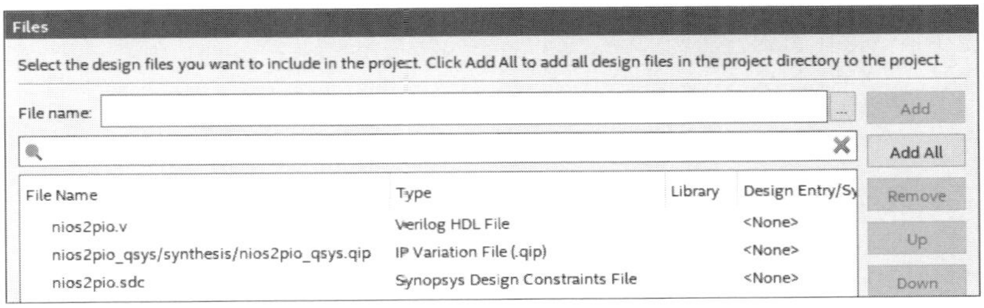

これ以降は今までと同様に、

- ピンアサイン（参考：図 2-9）
- コンパイル[注5-13]（参考：図 2-10）

を行います。

注 5-12 第 2 章の例題回路では未使用でも点灯しなかった。未使用端子はプルアップされた入力になるようコンパイルオプションで設定されているためである。本例での 7 セグメント LED 出力は、最上位階層で宣言しピンアサイン・ファイルでピン割り当てしている。このような出力端子は未使用として扱われず、0 を出力するようである。このためローアクティブな 7 セグメント LED は点灯してしまったようだ。

注 5-13 MAX 10 搭載の DE10-Lite の場合、このままだとエラーになる。コンパイル前に Appendix II-1-3 に示した手順が必要。

第5章 FPGA 内蔵 CPU を試す

　以上により、ようやくハードウェアが完成しました。回路のコンフィグレーションは、プログラムのダウンロード前に行うことにします。

▼ リスト 5-1　Nios II システムの最上位階層（nios2pio.v）

```verilog
module nios2pio ( ---------------------------- 表5-4で示した最上位階層名に合わせる
    /* クロック、リセット (SW[9]) */
    input            CLK, RST,

    /* スライドスイッチ、プッシュスイッチ、7セグメント LED */
    input    [8:0]   SW,
    input    [3:0]   KEY,
    output   [6:0]   HEX0, HEX1, HEX2, HEX3, HEX4, HEX5,

    /* 単体 LED、PS/2 端子 */
    output   [9:0]   LEDR,
    inout            PS2_CLK, PS2_DAT,

    /* VGA */
    output   [3:0]   VGA_R,   VGA_G,   VGA_B,
    output           VGA_HS,  VGA_VS,

    /* SDRAM */
    output           DRAM_CLK,   DRAM_CKE,
    output   [12:0]  DRAM_ADDR,
    output   [1:0]   DRAM_BA,
    output           DRAM_CAS_N, DRAM_RAS_N,
    output           DRAM_CS_N,  DRAM_WE_N,
    output           DRAM_UDQM,  DRAM_LDQM,
    inout    [15:0]  DRAM_DQ,

    /* GPIO コネクタ #0 */
    inout    [35:0]  GPIO_0
);
                                                    未使用桁が光らないよう1に固定
/* 未使用端子の固定 */
assign HEX1=7'h7f, HEX2=7'h7f, HEX3=7'h7f, HEX4=7'h7f, HEX5=7'h7f;

/* Qsys 階層の接続 */
nios2pio_qsys u0 (
    .clk_clk                              (CLK),
    .reset_reset_n                        (~RST),          ・クロック、リセット
    .pio_0_external_connection_export     (HEX0),          ・7セグメントLED
    .pio_1_external_connection_export     (SW[3:0])        ・スライドスイッチ
);                                                         を接続

endmodule
```

5-3 プログラムの作成と実行

Nios II のプログラムを C 言語で作成し動作確認してみます。I/O ポートを読み書きするだけの簡単なプログラムですが、実行までの手順は複雑です。開発環境に Eclipse を用いているので、基本的な操作には慣れている方も多いかもしれません。

5-3-1　プログラムの作成

最初に、ここで作成する C プログラムを紹介しておきます（リスト 5-2）。main 関数内は無限ループになっており、以下の3つの処理を繰り返し実行しています。

- PIO の読み込み　　　……IORD_ALTERA_AVALON_PIO_DATA()
- 7 セグメントデコーダ　……switch 文
- PIO への書き込み　　……IOWR_ALTERA_AVALON_PIO_DATA()

プログラムの構成自体はとても単純です。ここで重要なのは、以下の2点です。

- PIO の読み書きに専用の関数を使っている
- PIO のアドレスは、別途定義されたマクロを使う

先ほど紹介した関数 IORD_ALTERA_AVALON_PIO_DATA() などは、ヘッダファイル「altera_avalon_pio_regs.h」内で定義されています。Qsys で作成したシステムのプログラミングにおいては、専用の関数を使ってレジスタの読み書きすることが強く推奨されています。

Nios II システムはメモリマップドの I/O ですので、直接アドレスを指定して読み書きすることもできます。しかし、システムの作り替えが非常に容易な反面、アドレスの直接指定をしてしまうとソフトウェア側の柔軟性が損なわれてしまいます。そこで専用の関数を用いてアクセスすることになっています。

PIO のアドレスも、PIO_0_BASE や PIO_1_BASE が使われていますが、これらは、

第5章 FPGA 内蔵 CPU を試す

「system.h」の中で定義されています。

Nios II システムのハードウェア構成に変更があった場合、これらのヘッダファイルが変更されます。これによりソースコード自体は変更せずに、再コンパイルするだけで新システムに対応できるようになります。

▼ リスト 5-2 nios2pio のテスト（nios2pio_test.c）

```c
#include "system.h"
#include "altera_avalon_pio_regs.h"

int main()
{
    int in, out;

    while (1) {
        in = IORD_ALTERA_AVALON_PIO_DATA(PIO_1_BASE);
        switch ( in ) {
            case 0x0: out = 0x40; break;
            case 0x1: out = 0x79; break;
            case 0x2: out = 0x24; break;
            case 0x3: out = 0x30; break;
            case 0x4: out = 0x19; break;
            case 0x5: out = 0x12; break;
            case 0x6: out = 0x02; break;
            case 0x7: out = 0x58; break;
            case 0x8: out = 0x00; break;
            case 0x9: out = 0x10; break;
            case 0xA: out = 0x08; break;
            case 0xB: out = 0x03; break;
            case 0xC: out = 0x46; break;
            case 0xD: out = 0x21; break;
            case 0xE: out = 0x06; break;
            case 0xF: out = 0x0e; break;
            default:  out = 0x7f; break;
        }
        IOWR_ALTERA_AVALON_PIO_DATA(PIO_0_BASE, out);
    }
    return 0;
}
```

（注釈）
- 専用関数で PIO の入力ポートを読む
- ポートのアドレスは定義されたものを使う
- 専用関数で PIO の出力ポートへ書く
- ポートのアドレスは定義されたものを使う

5-3 プログラムの作成と実行

> **標準 C ライブラリと同等な API も用意されている**
>
> 　Nios II EDS では、HAL（Hardware Abstraction Layer）システムライブラリという、プログラミングを容易にするライブラリを提供しています。
> 　Qsys を使えば、提供された周辺回路や自作の周辺回路を Nios II に接続できます。その際、アドレスの配置はシステムごとに大きく異なります。これらの違いを「system.h」内のマクロで吸収していますが、さらのその上位の概念として HAL があります。たとえばレジスタを直接読み書きすることなく周辺回路を制御する方法が提供されています。タイマーでの例を **6-3 節**で紹介します。
> 　さらに HAL には、printf()、fopen()、fwrite() などが含まれ、自作回路用のデバイスドライバを作成すればこれらの関数で制御できます。たとえば LCD 表示コントローラを設計し、HAL 用のデバイスドライバを作成すれば、printf() で LCD に文字表示をすることも可能です。

5-3-2　Nios II EDS によるビルド

　Nios II EDS を起動すると、ワークスペースの選択画面を表示します（**図 5-21**）。最初はワークススペースが未作成なので、**表 5-5** の命名則にしたがって作業フォルダ直下に「software」を作成することにします[注5-14]。

▼ 図 5-21　ワークスペース作成

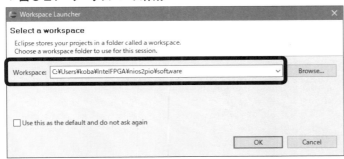

▼ 表 5-5　nios2pio の Nios II EDS プロジェクト

ツール	項目	名称
-	作業フォルダ	nios2pio
Nios II EDS	ワークスペース	software
	BSP プロジェクト	nios2pio_bsp
	アプリケーションプロジェクト	nios2pio
	テンプレート	Hello World Small
	テストプログラム	nios2pio_test.c

注 5-14　ここで指定したワークスペースには、Eclipse 関連のファイルしか格納されない。一方ワークススペースとは別に「software」フォルダが自動生成され各プロジェクトが格納される。そこで本書ではワークスペースに「software」を指定することで、Nios II EDS 関連のファイルを一つにまとめることにした。

第 5 章　FPGA 内蔵 CPU を試す

　Nios II EDS のメイン画面が立ち上がったら、[File] → [New] → [Nios II Applicatioin and BSP from Template] を実行します（**図 5-22（a）**）。これは、Nios II プログラム作成にテンプレートを使う方法で、先ほど説明したレジスタアドレスの問題を解決してくれます。
　このコマンドにより開いたウィンドウ（**図 5-22（b）**）で、

- SOPC Information File name:「nios2pio_qsys.sopcinfo」を選択注5-15
- Project name: 表 5-5 にしたがって「nios2pio」と入力
- Templates:「Hello World Small」を選択

の設定を行い「Next」をクリックします。
　次の画面では、同時に生成される BSP プロジェクトの名称「nios2pio_bsp」を確認して「Finish」をクリックします（**図 5-22（c）**）。

アプリケーションプロジェクトと BSP プロジェクト

　ユーザプログラムを格納するのがアプリケーションプロジェクトです。ここでは最終的に**リスト 5-2** のテストプログラムを格納します。
　一方 BSP（Board Support Package）プロジェクトには、ハードウェアに対応したライブラリ（API）が自動生成され格納されています。**リスト 5-2** で呼び出している関数やヘッダファイルが相当します。また、指定したテンプレートに対応してライブラリの設定も異なり、含まれる関数も異なります注。
　アプリケーションプロジェクトは BSP プロジェクトを参照する関係にあります。複数のアプリケーションプロジェクトが一つの BSP プロジェクトを参照することも可能です。

注　ちなみにテンプレート「Hello World」にはフルセットの printf() が含まれ、これを使ったテンプレート付属のプログラムでは、コンパイル後のサイズが 28K バイトにもなる。メモリサイズが 8K バイトしかない今回のシステムではコンパイル時にエラーになる。

ヘッダファイル類の所在

　Nios II のハードウェアに関連したマクロや関数を定義したファイルは、BSP プロジェクト内にあります。**リスト 5-2** でインクルードしているヘッダファイルは以下のフォルダ内にあり、Nios II EDS からも閲覧できます。

・system.h: [nios2pio_bsp]
・altera_avalon_pio_regs.h: [nios2pio_bsp] → [drivers] → [inc]

注 5-15　このファイルを選択するダイアログが、別のフォルダ（多くは前回開いたフォルダ）を開くことが多いので、要注意である。誤って別のハードウェアの「〜 .sopcinfo」を開いてしまう危険がある。結果的にプログラムのダウンロード（**図 5-27**）ができなくなってしまう。

▼図 5-22 アプリケーションおよび BSP プロジェクトの作成

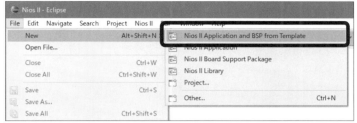

(a) テンプレートを用いたプロジェクト作成コマンドを実行

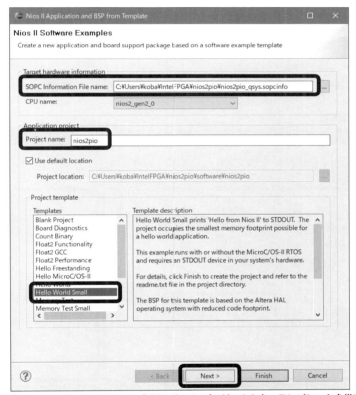

(b) sopcinfo ファイル、アプリケーションプロジェクト名、テンプレートを指定

第5章　FPGA内蔵CPUを試す

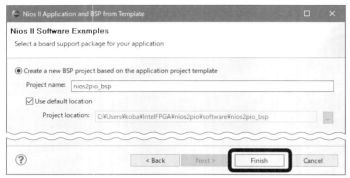

(c) BSPプロジェクト名を確認

　各プロジェクトを作成すると図5-23の画面になります。画面左側を見ると2つのプロジェクト「nios2pio」と「nios2pio_bsp」ができあがっています。編集の対象となるソースコードは、アプリケーションプロジェクト「nios2pio」内の「hello_word_small.c」です。

▼ 図5-23　Nios II EDSの画面構成

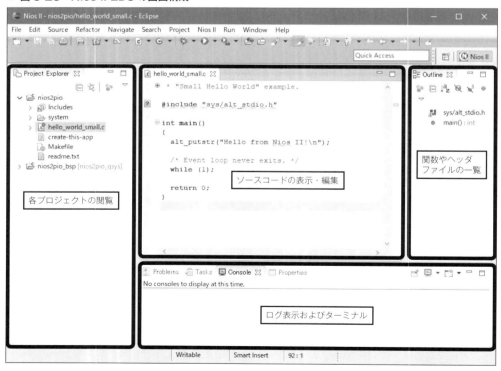

5-3 プログラムの作成と実行

このままでもよいのですが、**表 5-5** の命名則にしたがって「nios2pio_test.c」に変更します。マウス右ボタンで「Rename...」を選択し修正してください。

このファイルを開いてみると、すでにサンプルプログラムが入っています。これは JTAG UART 経由でメッセージを出力するプログラムですが、今回はすべて消して、**リスト 5-2** のプログラムを入力してください。

プロジェクトをビルドする前に、デバッグ用にコンパイルの最適化を抑えておきます。プロジェクト「nios2pio」を選択し、［Project］→［Properties］を実行します（**図 5-24 (a)**）。表示されたウィンドウ（**図 5-24 (b)**）で「Nios II Application Properties」を選択し、「Optimization Level」を「Off」にします。

▼ 図 5-24 　最適化の抑制

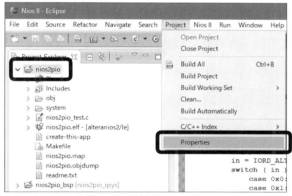

(a) コンパイルオプションの設定

(b) 最適化を OFF

第5章 FPGA 内蔵 CPU を試す

> **強力な最適化のおかげでステップ動作の挙動が怪しくなる**
>
> コンパイラの最適化機能は、思った以上に強力です。もちろん最適化のおかげで高速かつ容量の小さいコンパイル結果になるのですが、デバッグ時にはやっかいです。最適化ではムダな処理を削除したり、論理を変えずに順番を入れ替えることを行います。このためコンパイル結果とソースコードが一致しなくなり、デバッガのステップ動作が適切に機能しなくなってしまいます。
>
> Nios II EDS での最適化は、デフォルトで「Size」になっていました。オンチップメモリのように容量がきわめて小さいときは有効ですが、ここでは「Off」にしておきます。
>
> なおステップ動作などデバッガを使いこなすためにはこの設定が必要ですが、単に動作確認する場合は不要です。

それではプロジェクトをビルドします。図 5-25 (a) のように、プロジェクト「nios2pio」を選択して [Project] → [Build Project] コマンドでビルドします。終了したら、ログでメモリサイズを確認してください (図 5-25 (b))。オブジェクトサイズと空き容量が表示されます。万一メモリ不足の場合には、足りない量も報告されます。

▼ 図 5-25 プロジェクトのビルド

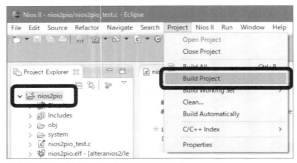

(a) プロジェクトを選択しビルドコマンドを実行

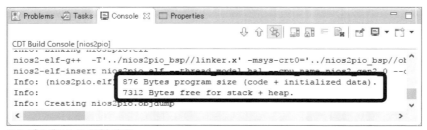

(b) プログラムサイズを確認

ソースファイルの作成方法

リスト 5-2 のプログラムをプロジェクトに追加する際、ここでは既存ファイルの中身と名称を入れ替えるという「力技」で行いましたが、以下に示すいくつかの方法があります。

■メニューから新規に作成する

追加したいアプリケーションプロジェクトを選択し、マウス右ボタンから [New] → [Source File] を実行しファイル名を入力します。空のファイルが生成されるので、Nios II EDS のエディタでソースコードを入力します。

■すでにソースファイルがある場合 ……ドラッグ＆ドロップ

ソースファイルを Windows のエクスプローラーから Nios II EDS の Project Explorer ペインに直接「ドラッグ＆ドロップ」することが可能です。

このとき、Copy か Link かを選択するダイアログが出ますので、Copy を選べばコピーしたファイルがプロジェクトに追加されます。

■すでにソースファイルがある場合 ……Import

[File] → [Import...] コマンドで [General] → [File System] を選択すると、特定のフォルダからファイルを選択して一気にインポートすることが可能です。

以上の手順で追加したソースファイルは、ビルド時に使われる Makefile にも自動で反映されます。そのまま Build Project コマンドでビルドが可能です。また不要なファイルを Delete コマンドで消去した場合も同様です。

5-3-3　回路のコンフィグレーションとプログラムのダウンロード

いよいよ FPGA ボードで実行してみます。まず回路のコンフィグレーションを行います。Quartus Prime で、Programmer を起動して行います。手順は今までと同じです。コンフィグレーション後、図 5-26 のウィンドウが出ますが、「Cancel」をクリックしてはいけません。今回は有償版の Nios II/f を用いているため、無償の Quartus Prime ライト・エディションでは制限付きでしか実行できません[注5-16]。それがこのウィンドウです。

▼図 5-26　制限付きでコンフィグレーション

注 5-16　ここでコンフィグレーションしたファイルは「nios2pio_time_limited.sof」という制限付き示すファイルになる。一方 Nios II/e で作成すると「nios2pio.sof」となる。Nios II コアを変更した後などには、扱うファイルをお間違えなきよう。

第5章　FPGA 内蔵 CPU を試す

　Nios II EDS には、デバッグ機能が含まれています。今回は、デバッガ経由でプログラムのダウンロードを行ってみることにします。アプリケーションプロジェクト「nios2pio」を選択して、[Run] → [Debug Configurations...] か、[虫のアイコン] → [Debug Configurations...] を実行して（図 5-27 (a)）、デバッグ設定（Debug Configurations）のウィンドウを開きます。

　ウィンドウ左の「Nios II Hardware」をダブルクリックして（図 5-27 (b)）「New Configuration」を表示させます。もし Nios II を認識してなければ、ウィンドウ上部に赤いバツ印とともに「No Nios II target connection paths ～」と表示します。右側ペインの Target Connection タブを開き、右側のボタン「Refresh Connections」をクリックします（図 5-27 (c)）。正しく認識するとウィンドウ内に USB-Blaster やデバイス名を表示します（図 5-27 (d)）。

　Project タブを開き「Project name」と「Project ELF file name」がダウンロード対象であることを確認し（図 5-27 (e)）、「Debug」をクリックするとダウンロードが始まります。途中で画面構成（Perspective）を変更してよいか確認がありますので（図 5-27 (f)）、[Yes] をクリックするとデバッグ用の画面構成に切り替わります。画面構成は、Nios II EDS の右上のボタンでいつでも元に戻せます。

▼ 図 5-27　デバッグ設定の作成とプログラムのダウンロード

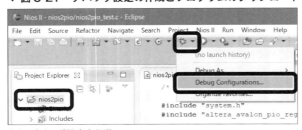

(a) デバッグ設定を起動

(b)「Nios II Hardware」をダブルクリック

5-3 プログラムの作成と実行

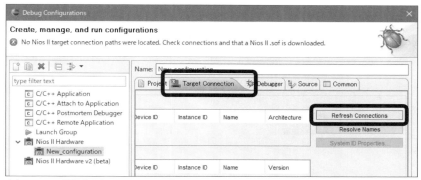

(c) Nios II が認識されていないので「Refresh Connections」をクリック

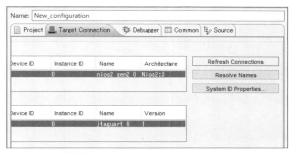

(d) Nios II を認識

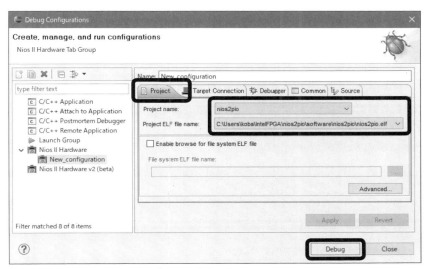

(e) ダウンロード対象を確認して「Debug」をクリック

163

第5章　FPGA 内蔵 CPU を試す

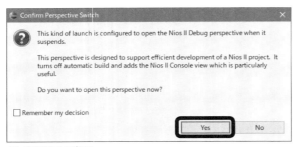

(f) 画面構成の変更

5-3-4　プログラムの実行

デバッグ時には、図 5-28 のような画面構成になります。プログラムの実行制御は、画面上部のボタンで実施できます。表 5-6 に主要機能を示します。Resume をクリックしてプログラムを実行してみてください。第 2 章と同じ仕様で動作するか確かめてください。

デバッグ機能について概略と利用上のヒントを説明します。

▼ 図 5-28　デバッグ時の画面構成

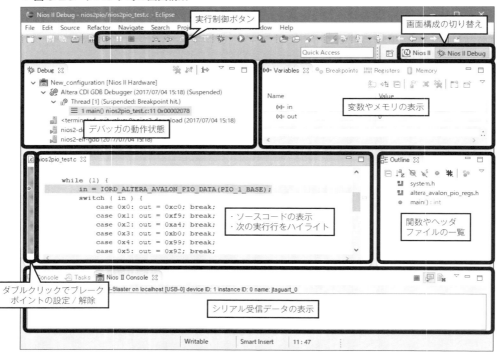

5-3 プログラムの作成と実行

▼表 5-6　デバッガの主要機能

アイコン	コマンド名	機能
	Resume	プログラムの実行
	Suspend	一時停止
	Terminate	終了
	Step Into	ステップ実行（関数の中に入る）
	Step Over	ステップ実行（関数を 1 文として実行）
	Step Return	ステップ実行（関数から出る）

・ブレークポイント

ソースコードの指定した行で、プログラムの実行を停止できます。これがブレークポイントです。ソースコードの左端でダブルクリックするとブレークポイントを設定できます。再度ダブルクリックすれば解除できます。マウス右ボタンでも同様のことができます。

・ステップ実行は「Step Over」が最適

プログラムをソースコードの 1 行ずつ実行させるのが、ステップ実行です。**表 5-6** に示したようにステップ実行には 3 種類ありますが、通常は Step Over を使います。たとえばライブラリ関数を使っている場合、Step Into でうっかり中に入ってしまうと、見覚えのないソースコードだらけで「迷子」になってしまいます。Step Over なら、呼び出した関数の中には入らず、関数も 1 文として実行できます。万一入ってしまったら Step Return で戻れます。

・変数の 16 進数表示や強制代入も可能

右上ペインの「Variables」タブで、変数表示が可能です。変数を選択し、マウス右ボタンのメニューから［Format］→［Hexdecimal］を実行すると 16 進数表示にできます。Value のフィールドをクリックすると強制的に値を入力することもできます。

・変数やメモリは一時停止中に確認する

Nios II EDS のデバッガは簡易的なものなので、実行中に変数やメモリの値が変化しても表示には反映されません。ステップ実行したりブレークポイントで止めて確認すること

になります。

・プログラムを先頭から開始させたいときは再度ダウンロード

　デバッガ上で Nios II をリセットして先頭から開始させるような機能は、残念ながらありません。再度ダウンロードすることで、先頭からの実行が可能になります。

・最後は「Terminate」をクリック

　一時停止中でも、USB-Blaster はデバッガと接続したままです。プログラムを修正してダウンロードしようとしてもできません。同様に FPGA の再コンフィグレーションも Failed になってしまいます。FPGA ボードの電源を入れ直したり Nios II EDS を再起動するなど厄介なことになるかもしれません。終了時はデバッグ機能の「Terminate」（赤ボタン）をクリックして USB-Blaster を解放することをクセにしておきましょう。

ハードウェア構成を変えたら「Generate BSP」して再ビルド

たとえば PIO を追加するなどハードウェア構成を変更したら、それを Nios II EDS に伝える必要があります。PIO_0_BASE のようなマクロを使うとソースコードの修正は不要ですが、PIO_0_BASE の値そのものがハードウェア的に変更されていたら、これを Nios II EDS に伝えないと正しくコンパイルできません。

図 5-29 のように、BSP プロジェクトを選択し、マウス右ボタンから［Nios II］→［Generate BSP］を実行します。これにより、マクロを定義しているヘッダファイル類が変更されるので、プロジェクトをビルドすれば、新しいハードウェアに対するプログラムができあがります。

なお、プロジェクトのビルドの際には「Build All」コマンドが確実です。BSP プロジェクトを複数のアプリケーションプロジェクトが参照している場合に、これらをすべてビルドし直してくれるからです。

▼ 図 5-29 ハードウェアの変更を Nios II EDS に伝える

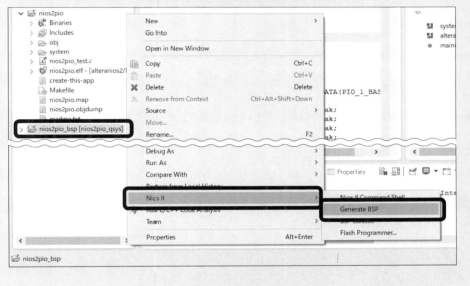

第5章　FPGA内蔵CPUを試す

5-4 第5章のまとめ

5-4-1　まとめ

　この章ではQsysおよびNios II EDSを使ってNios IIシステムのハードウェアとソフトウェアを作成しました。新しい開発ソフトウェアが2つも登場したので混乱したかもしれません。しかしこれだけの手順で、最初は何もないFPGA上にCPUを含む回路を構築し、コンパイルしたプログラムを実行できてしまうことは驚異的です。

　第2章の最初に作成した回路に比べると数百倍の規模です。HDLを書かなくてもこれだけのシステムを構築できてしまいます。Nios IIシステムではソフトウェアが主役だと実感されたと思います。

　次の章では、オリジナルの自作周辺回路をNios IIシステムに接続する方法を説明します。接続に必要なNios IIシステムのバスについて詳しく解説します。またNios II EDSのプロジェクトに生成されたAPIについても説明します。

5-4-2　課題

　本章で作成したシステムをそのまま使い、ソフトウェアだけで1桁の時計を作ってください。設計仕様は以下のとおりです。

- for文などによるソフトウェアループで1秒の間隔を作る
- 1秒間隔で0から9までを繰り返し表示する
- スライドSW[0]でスタート・ストップ切り替え
- スライドSW[1]でリセット

第6章
自作周辺回路の接続とAPIの利用

　この章では、自作の周辺回路を Nios II プロセッサに接続してみます。このためには Nios II システムのバスについて知る必要があります。簡単な回路を例にバスの各信号を説明します。

　また、Nios II EDS で提供されるプログラミング用のライブラリ（API）についてもタイマー割り込みを例に解説します。

第6章 自作周辺回路の接続とAPIの利用

6-1 Nios II のバス

ここでは、Nios II システムのバスである Avalon バスについて説明します。
周辺回路を設計するうえでは欠かせない知識です。

6-1-1 バスとはなにか

バスとは、コンピュータシステムの内部でメモリや周辺回路が共用する信号のことです。パソコンの拡張カードに使われる PCI-Express などもバスの一種ですが、ここでは CPU から直接出されている信号について説明します。

図 6-1 に基本的なバスの構造を示します。CPU がバスの主導権をもつマスターとなり、スレーブである RAM と PIO を制御している簡単なシステムを想定しました。各信号について簡単に説明します。

- ADDR（アドレス）……RAM や PIO に割り当てられた「番地」を指定する信号です。多数の周辺回路があっても、このアドレスによって区別できます。
- DATA（データ）……CPU と周辺回路間で情報をやりとりする信号です。読み出しや書き込みができる双方向の信号です。
- RD（リード）……周辺回路に対し読み出しを行う信号です。周辺回路側がこの信号を検出するとデータを出力します。
- WR（ライト）……周辺回路に対し書き込みを行う信号です。この信号により周辺回路側は CPU からのデータを取り込みます。RD と WR などをまとめてコントロールバスと言います。

周辺回路には CS（Chip Select：チップセレクト）という入力があり、この信号をアクティブにすることで個々の周辺回路を選択します。CS はアドレス信号をデコードすることで作成します。この回路をアドレスデコーダと呼んでいます。

Nios II のバス　6-1

▼図 6-1　基本的なバス構造

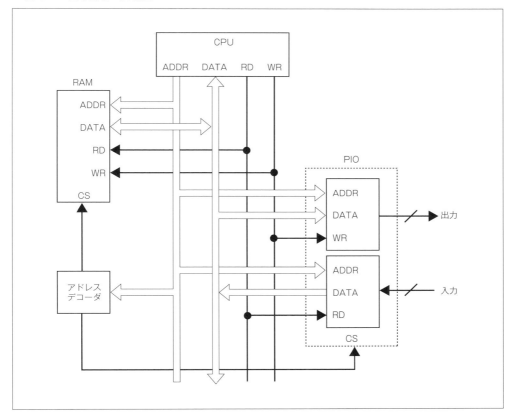

性能が要求されるバスは複雑

　ここで紹介したバスは、8 ビット CPU 時代からある基本的で単純な構成です。現在でも低価格な組み込みシステム向け CPU などで用いられています。

　しかしこのような単純な方式では、多くの周辺回路がバスマスターとして機能する多機能なシステムでは複雑な制御が必要になってしまい、十分な性能が得られなくなってしまいました。また、特定の CPU だけに依存する方式も、IP（Intellectual Property：知的財産、転じて再利用可能な回路ブロックの意）を設計する上では不利になってきました。

　そこで、AMBA（Advanced Micro-controller Bus Architecture）の総称でよく知られる AXI、AHB、APB など、プロトコルを持ったバス仕様が提唱され使われています。制御タイミングも複雑になり、設計も簡単ではありません。

6-1-2　Nios II システムのバス「Avalon バス」

Nios II システムのバスは Avalon バスと呼ばれています。Avalon バスには以下があります。

- Avalon-MM（Memory Mapped）……アドレスや RD、WR 信号により動作する
- Avalon-ST（Streaming）　　　　……アドレスを持たず連続的なデータ転送を行う

Nios II システムでは、メモリも周辺回路も同じアドレス空間に配置します。これをメモリマップド（Memory Mapped）と呼んでいます[注6-1]。また Avalon-MM で接続する周辺回路は、スレーブ側だけでなくマスター側としても構築できます。本書では以下のように Avalon-MM のスレーブとマスターの設計例を紹介します。

- スレーブ ……CPU から制御されて読み書きを行うパラレル I/O 回路（第 6 章）
- スレーブ ……CPU から表示文字や色を設定できる VGA 文字表示回路（第 7 章）
- マスター ……CPU を介さず直接 SDRAM を読み出すグラフィック表示回路（第 8 章）
- マスター ……CPU を介さず直接 SDRAM に書き込むキャプチャ回路（第 9 章）

Avalon バスの基本は、「Avalon スイッチ・ファブリック」と呼ばれるセレクタなどの切り替えスイッチで構成された回路です。図 6-2 に概念図を示します。基本的な考え方は図 6-1 と同様です。FPGA 内部では双方向信号が使えないので、データバスは方向により DIN 系と DOUT 系の 2 つに分かれています。

スイッチ・ファブリック内では、チップセレクト信号の代わりに、アドレスの情報を含んだ各周辺回路専用の RD、WR 信号を生成しています。また、各周辺回路からの出力を切り替えるセレクタがあります。後述しますが、マスターと周辺回路側のデータバス幅が異なる場合には、簡単なステートマシンが追加されて読み書き制御を行います。さらに複数のマスターが接続された場合には、それらの調停も行います。

第 5 章で利用した Qsys では、IP Catalog の周辺回路を配置した後、「Generate HDL」により多数のファイルを生成していました。これらは、配置された周辺回路およびスイッチ・ファブリックの回路です。

注6-1　これに対し、Intel の 86 系プロセッサのように、周辺回路専用のアドレスを持つものを I/O マップドと呼んでいる。これはアドレスが 16 ビットしかなかった 8 ビット CPU 時代の名残で、86 系以外ではあまりお目にかからない。

▼図6-2 Avalonスイッチ・ファブリックの概念図

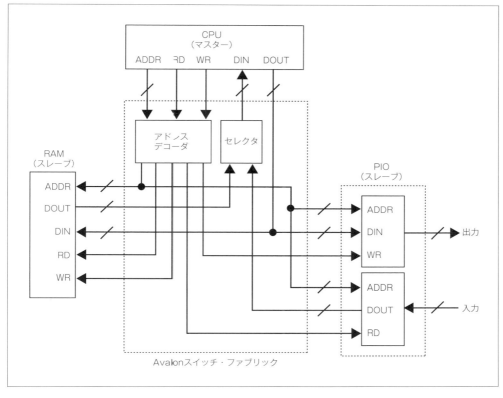

6-1-3 Avalonバスの主要信号とタイミング

　代表的なAvalonバスの信号を**表6-1**に示します。これはスレーブ側を設計する場合の信号です。Qsysの中で自作回路を読み込んだ後に、これらの信号との接続をGUIを使って行います。つまり、これらの信号の意味と動作を知っておけば、Nios IIシステムに組み込む周辺回路を設計できます。これらの信号の詳細は、次節での具体例で詳しく説明します。

　Avalonバスの基本タイミングチャートを**図6-3**に示します。読み出しは2クロック、書き込みは1クロックになっていますが、これはQsysで自作回路を組み込んだ場合のデフォルト値です。読み書きは最小1クロックで設定でき、また任意の長さのウエイトを入れられます。

　読み書きはシステムクロックに同期していますので、周辺回路をバス仕様にあわせて設計するのは難しくはありません。

▼ 図 6-3　Avalon バスの基本タイミングチャート

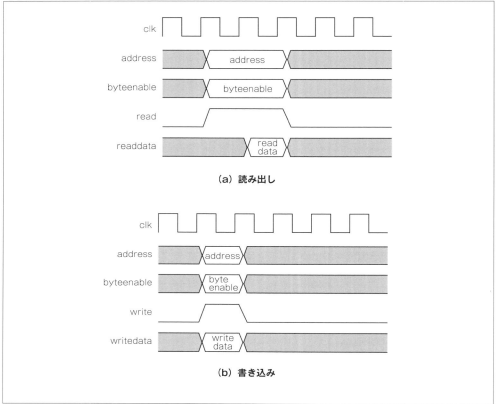

6-1-4　バス幅の違いを吸収するスイッチ・ファブリック

　スイッチ・ファブリックは単なるセレクタの塊ではありません。接続した回路に依存してバス幅の違いを吸収する機能も追加されます。

　16 ビットのレジスタを 4 本持ったスレーブ側の周辺回路を考えてみます。**表 6-1** のアドレス信号 address は、ワード単位で 1 増えます。**図 6-4**（a）に示すように 16 ビットのレジスタごとに 0 番地、1 番地とアドレスを振ります。address は 2 ビットの信号となり、読み書きは常に 16 ビット単位で行うよう設計したとします。

　一方マスターである Nios II プロセッサは、データバスが 32 ビットです。設計した周辺回路の各レジスタを 16 ビットとしてアクセスすると、**図 6-4**（b）のように 2 番地ごとにアドレスが割り振られ 16 ビット単位で読み書きできます。設計通りのアクセスであり特別なことはありません。

一方このレジスタに対し32ビットでアクセスすると[注6-2]、なんと図6-4（c）のように32ビット単位で読み書きができてしまいます[注6-3]。32ビットでアクセスできるようなハードウェア構成になっていなくても可能です。これは16ビット単位で2回アクセスして32ビットのデータとして読み書きできるような仕組みが、スイッチ・ファブリック内に作られたことを意味します。簡単なステートマシンを持った回路をスイッチ・ファブリック内に生成し、これらを行っています。

▼ 表6-1　代表的な Avalon バス信号

信号名	ビット幅	方向	動作
clk	1	I	クロック（CPUと同一）
reset	1	I	リセット（ハイアクティブ）
address	多ビット	I	アドレス（ワードごとに1増える）
byteenable	多ビット	I	・バイト単位のイネーブル信号 ・ビット0がLSB側の1バイトイネーブル
read	1	I	読み出し信号
readdata	多ビット	O	読み出しデータ
write	1	I	書き込み信号
writedata	多ビット	I	書き込みデータ
waitrequest	1	O	ウエイト信号

注　「方向」は周辺回路（スレーブ）から見た場合を示す

▼ 図6-4　アドレスとレジスタの対応

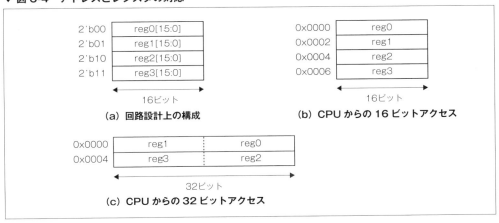

注6-2　16ビットや32ビット幅でアクセスするための専用関数に、IOWR_16DIRECT()、IOWR_32DIRECT() などがある。詳しくは次節で説明する。

注6-3　CPUから見た場合、対象がメモリならできて当たり前で不思議ではない。たとえレジスタであろうとも「メモリマップド」ならメモリと同じように読み書きできて当然であり、このような仕様は特別ではない。しかし自作周辺回路側で面倒を見なくてもスイッチ・ファブリックで対応してくれるところがありがたい。

第6章 自作周辺回路の接続とAPIの利用

6-2 自作周辺回路の設計と接続

ここでは自作の周辺回路をNios IIシステムに組み込んでみます。作成するのは第5章で用いたPIOと同じ動作をする回路です。制御プログラムの違いについても、確認してください。

6-2-1 自作PIOに7セグメントLEDとスイッチを接続

第5章で用いたPIOと同等の回路を作成して、以下のように接続します。

- 7ビットの出力ポートに7セグメントLEDを接続
- 4ビットの入力ポートに4個のスライドスイッチを接続

ブロック図を図6-5 (a) に示します。Avalonバスで定義された信号の中で、本回路に必要なものだけ接続しています[注6-4]。各データバス（writedata、readdata）の幅は8ビットとし、レジスタが2本しかないのでアドレス（address）は1ビットです。

読み書き信号read、writeは、このブロック専用の信号です。図6-2に示したように、アドレスの情報も含んで個々のブロック専用の読み書き信号が作られます。他のブロックと共通の信号ではありませんので、たとえばwrite=1なら、このブロックだけに対する書き込みになります。writeとアドレス信号から、出力レジスタであるFF（フリップフロップ）のイネーブル信号を作成しています。

レジスタ表を図6-5 (b) に示します。7ビットの出力レジスタnHEXは0番地、4ビットの入力レジスタSWは1番地で右詰めとしました。それぞれ上位ビットは常に0です。またnHEXは書いた値を読み出せますが、SWの方は読み出し専用です。

以上を反映した回路の記述をリスト6-1に示します。回路が単純なので記述も至ってシンプルです。

注6-4 Avalonバスに接続するポート名は表6-1に合わせたが、まったく異なる名称でもかまわない。Qsysで読み込んだ後、ポートごとに属性を設定できる。

6-2 自作周辺回路の設計と接続

▼図6-5 自作PIO

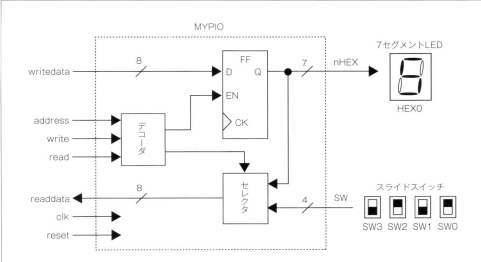

(a) ブロック図

アドレス	R/W	内容				
		7	6	4	3	0
0	R/W	0	nHEX (g, f, e, d, c, b, a)			
1	R	0			SW[3:0]	

(b) レジスタ表

read信号はいらない？

　Nios IIシステムのデータバスは片方向です。周辺回路へは書き込みと読み出しで異なるバスを使います。このため、読み出しのデータバス（readdata）には、常に何らかの値が出力されていてもかまいません。読み出しのタイミング以外では、無視されます。

　したがって**図6-5**（a）のセレクタはアドレスだけで切り替えればよく、read信号がなくてもこの回路は動作します。しかし、writeがあってreadがないのは収まりが悪いので、read=0のときはreaddataに0を出力するようにしています。

　なおAvalonバスでは、**表6-1**に示したものも含め多くの信号が定義されていますが、動作に影響しない信号は、多くの場合未接続でよいことになっています。

第6章 自作周辺回路の接続とAPIの利用

▼ リスト6-1　自作PIO (mypio.v)
```verilog
module mypio (
    /* Avalon バス */
    input           clk, reset,
    input           address,
    input           write, read,
    input   [7:0]   writedata,
    output  [7:0]   readdata,
    /* ポート */
    input       [3:0]   SW,
    output  reg [6:0]   nHEX
);

/* 出力レジスタ */
always @( posedge clk ) begin
    if ( reset )
        nHEX <= 7'h7f;                              ────── リセット時は全消灯
    else if ( write && address==1'b0 ) begin
        nHEX <= writedata[6:0];                     ────── 出力ポートへの書き込み
    end
end

/* 入力レジスタ */                                          ┌─ アドレスで読み出す
assign readdata = (read==1'b0)      ? 8'h00:         │  対象を切り替える
                  (address==1'b0) ? {1'b0, nHEX}: {4'h0, SW};

endmodule
```

6-2-2　自作周辺回路をQsysに組み込む

まず最初に表6-2の名称で最小限のNios IIシステムを作っておきます。第5章で説明した手順で、以下を行います。

▼ 表6-2　自作PIOのプロジェクト

ツール	項目	名称
-	作業フォルダ	nios2mypio
Quartus Prime	プロジェクト名	nios2mypio
	最上位階層名	nios2mypio
Qsys	Qsys階層名	nios2mypio_qsys
Component Editor	コンポーネント名	mypio

- Quartus Prime のプロジェクト「nios2mypio」を作成
- Qsys を起動し以下を配置（参考：図5-5）
  - Nios II プロセッサ（参考：図5-7）

- 8K バイトのオンチップメモリ（参考：図 5-8）
- JTAG UART（参考：図 5-10（a））
- System ID（参考：図 5-10（b））
● リセット、クロック、バスの配線（参考：図 5-12 ～図 5-14）
● IRQ の接続（参考：図 5-16）
● Nios II プロセッサの各種ベクタの設定（参考：図 5-17）
● アドレスの割り当て（参考：図 5-18）

自作の周辺回路は「IP Catalog」に登録しておき、それを配置するという手順で接続します。以下の手順で行います。

① Component Editor を起動（図 6-6（a））

IP Catalog タブの「New...」をクリックするか、「New Component...」をダブルクリックすると「Component Editor」が起動します。

▼ 図 6-6　自作周辺回路の読み込み

(a) Component Editor の起動

②名称や情報の設定（図 6-6（b））

作成するコンポーネント（周辺回路）の名称、バージョン番号、作成者などの情報を付加できます。ここでは「Name」「Display name」の 2 項目を、**表 6-2** の「コンポーネント名」に示した「mypio」に設定します。ここで付けた名称は、Nios II EDS で生成されるファイルにも反映しますので正しく付加する必要があります。

第6章　自作周辺回路の接続とAPIの利用

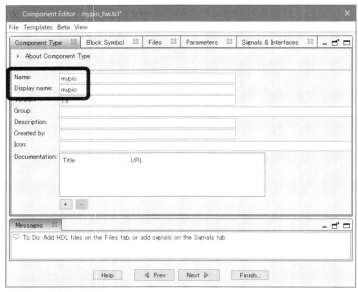

(b) 名称や情報の設定

③回路記述ファイルの読み込み（図6-6（c））

「Block Symbol」タブは設定項目がないので飛ばし「Files」タブをクリックします。「Add File...」をクリックして回路記述ファイル「mypio.v」を読み込みます。記述が複数のファイルで構成されている場合は、ここですべてを読み込みます。

(c) 回路記述の読み込み

④記述のチェック（図 6-6（d））

「Analyze Synthesis Files」をクリックして回路記述の文法チェックなどを行ないます[注6-5]。エラーがないことを確認し、表示されたウィンドウを「Close」で閉じます。ただしこれ以降で説明する設定が残っているので、Messages ペインにはいくつかのエラーが出ています。

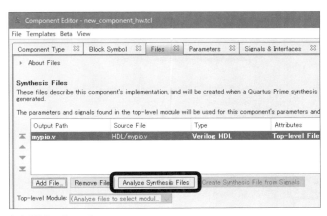

(d) 記述のチェック

⑤入出力信号の属性設定（図 6-7）

「Parameters」タブも設定項目がないので飛ばし「Signals & Interfaces」タブをクリックします。

読み込んだ回路の入出力信号に対し、Qsys で認識できるよう属性（Interface と Signal Type）を与えます。今回の入出力信号は**表 6-1** にしたがい Avalon バスに則した信号名にしたので、大半が正しく認識されています。しかし、SW と nHEX の非 Avalon バス信号に対しては設定が必要です。

外部への入出力には「Conduit」というインターフェースが必要です。ウィンドウ左側の Name ペインで <<add interface>> をクリックしてプルダウンメニューから「Conduit」を選択します（図 6-7（a））。

インターフェース「avalon_slave_0」内にある SW と nHEX を選択し、インターフェース「conduit_end」にドラッグして移動します（図 6-7（b））。そして移動した信号 SW を選択し、「Signal Type」を信号名と同一の「SW」にします（図 6-7（c））。nHEX の方も

注 6-5　この解析機能ではエラーがあってもその箇所を明示してくれない。不便ではあるが、事前にシミュレーションなどで確認してからコンポーネントとして登録すべきというのがこのツールの考え方なのかもしれない。

第6章 自作周辺回路の接続とAPIの利用

同様に「Signal Type」を「nHEX」にします[注6-6]。

▼図6-7 入出力信号の属性設定

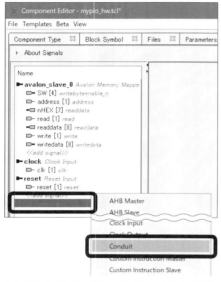

(a) 新たなインターフェース「Conduit」を追加

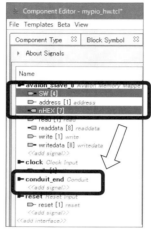

(b) SWとnHEXを「conduit_end」に移動

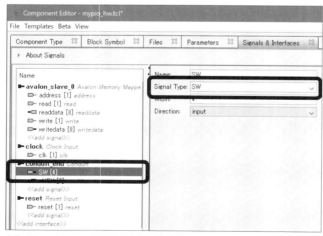

(c) Signal Typeを信号名と同一にする

注6-6 ここで修正した名称が、最終的にQsys階層の入出力端子名に反映される。したがってそれぞれの入出力信号を同じ名称にしてしまうと後の工程で重複エラーになる。だいぶ前のバージョンのQsysでは「Export」というSignal Typeがあり、すべてこの設定でよかったが、現状では固有の名称にする必要がある。なおSignal Typeに入力した名称は、勝手に小文字化される。どうやらそういう仕様らしい。

インターフェース (Interface) と信号タイプ (Signal Type)

自作周辺回路の入出力信号にも、インターフェースと信号タイプという2つの属性を付加する必要があります。たとえば「ACLK」という信号名をつけても、それがクロックであるという情報を付加しないと正しく認識されません。

<<add interface>> のプルダウンメニューに表示されるように、多種類のインターフェースがありますが、本書で使うのは以下の5種類です。

- Avalon Memory Mapped Master ····Avalon-MM のマスター
- Avalon Memory Mapped Slave ······Avalon-MM のスレーブ
- Clock Input ···································クロック入力
- Reset Input ··································リセット入力
- Conduit ··外部入出力

さらに Avalon などのバス関連インターフェースに属する信号には、信号タイプも重要な意味を持ちます。じつは表6-1 に記載した「信号名」の部分、たとえば address や byteenable などは、インタフェース「Avalon Memory Mapped Slave」で指定できる信号タイプでした。

入出力信号名を信号タイプと同一にしておくと、回路記述を読み込んだ時点でインターフェースや信号タイプを自動設定してくれますので手間が省けます。

⑥インターフェースの設定（図 6-8)

次にインターフェースの設定します。回路によっては細かい設定が必要になりますが、ここでは大半がデフォルトのまま使いますので設定はわずかです。

インターフェース「avalon_slave_0」を選択します。「Associated Reset」を「reset」に設定します（図 6-8 (a)）。インターフェース「conduit_end」でも同様に設定します（図 6-8 (b)）。

以上で Messages ペインに表示されたエラーは解消しました。Component Editor での設定は終了し、「Finish...」および「Yes, Save」をクリックして Qsys に戻ります。

▼図6-8　インタフェースの設定

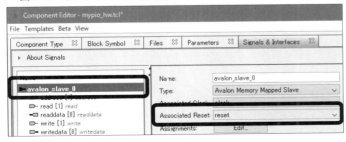

(a) Associated Reset の設定

第6章 自作周辺回路の接続とAPIの利用

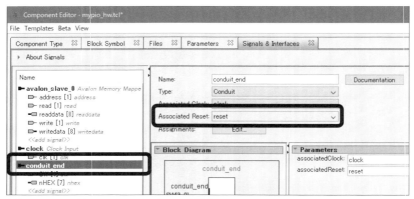

(b) Conduit でも Associated Reset を設定

⑦ mypio の配置（図 6-9）

IP Catalog に自作回路である mypio が登録されましたので、これを選択して「Add...」をクリックし、Nios II システムに追加します。これ以降は、通常の周辺回路と同様に以下を実施します。

- リセット、クロック、バスの配線（参考：図 5-12 〜図 5-14）
- 外部入出力端子の指定（参考：図 5-15）
- アドレスの割り当て（参考：図 5-18）

▼図 6-9 mypio の配置

インターフェースの詳細設定

　Avalon バスのようなインターフェースは、構築する周辺回路に合わせて細かい設定が可能です。たとえば Avalon-MM のスレーブである「avalon_slave_0」を選択すると**図 6-10** のような設定項目が表示されます。主要な項目について以下に説明します。

■ Parameters
・Address units……… アドレスの進みがワード単位かシンボル単位か選択
・Bits per symbol ……シンボルのビット幅（通常は 8 ビット）

　前節でアドレスの進みがワード単位であることを説明しましたが、設定次第ではバイト単位にすることも可能です。

■ Timing
・Setup ……………………アドレスや書き込みデータを、read/write に先行させるクロック数
・Read wait ……………読み出し時に追加するウエイトのクロック数
・Write wait ……………書き込み時に追加するウエイトのクロック数
・Hold ………………………書き込み後もアドレスや書き込みデータを保持させるクロック数

　図 6-3 で読み書きのタイミングチャートを示しましたが、これはデフォルト設定時の波形でした。ここの項目を設定すれば任意のタイミングに変更できます。なお、これらの値を変更すると表示されている波形も変化しますので、設定内容を即座に確認できます。

▼ 図 6-10　インターフェースの詳細設定

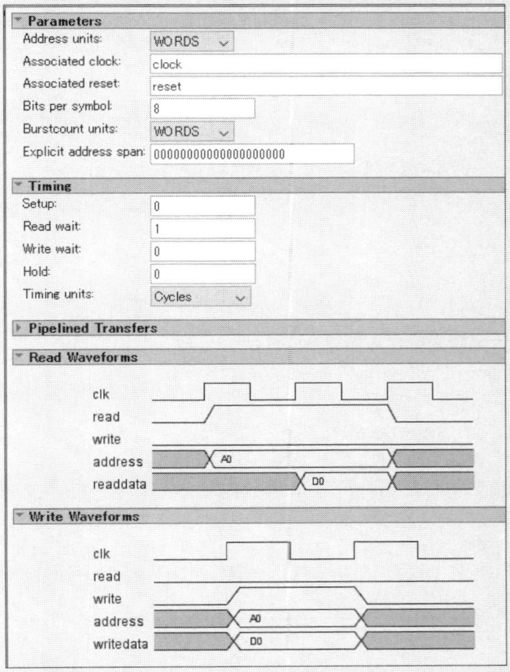

⑧ Qsys 階層の生成とコンパイル

以上で Qsys 階層の作成が終了しましたので、以下の手順で Qsys 階層を生成してプロジェクトを完成させます。

- Qsys 階層の生成と保存（参考：図 5-19）
  （名称は表 6-2 で示した「nios2mypio_qsys」）
- 最上位階層の作成（参考：5-2-3、リスト 5-1）
- 最上位階層、QIP ファイル、制約ファイルをプロジェクトに追加（参考：図 5-20）
- ピンアサイン
- コンパイル

自作周辺回路の修正

5-2 節で説明したように、Qsys で作成された階層は特定のフォルダに HDL が生成されます。これは自作周辺回路でも同じで、特定のフォルダにコピーが作られます。つまりオリジナルの回路記述を修正しただけでは、Quartus Prime のコンパイル対象に反映されません。

そこで修正の程度に応じて、以下のように対応します。

■周辺回路内部の論理だけを変更した場合
・Qsys を開いて、メニューから [File] → [Refresh System] を実行
・「Generate HDL...」を実行してファイルを生成

■ Qsys 階層の入出力に追加・削除がある場合
・IP Catalog 内の対象回路を選択して「Edit...」で Component Editor を起動
・「Analyze Synthesis Files」をクリックして記述のチェック（図 6-6 (d)）
・入出力信号の属性を修正（図 6-7）
・「Finish...」で Component Editor を終了
・「Generate HDL...」を実行

■回路記述ファイルの追加・削除があるなど大幅な変更がある場合
・Qsys を開き、すでに配置した周辺回路を選択して「Remove」により削除
・上記「Qsys 階層の入出力に追加・削除がある場合」を実施
・周辺回路を再び配置してバスなどの配線をして「Generate HDL...」を実行

大幅な変更がある場合、この方法で対応可能なはずですが完全とは言い切れません。IP Catalog に登録した周辺回路を削除し、最初から作り直した方がよいかもしれません。削除するコマンドが見当たらないので、プロジェクトのフォルダ直下に生成された「~_hw.tcl」という tcl ファイルを削除することで代用できます。

6-2-3 制御プログラムの作成と実行

次に、Nios II EDS で制御プログラムを作成します。仕様は全く同じなので、手順も第5章と同じです。

プログラムを**リスト 6-2** に示します。第5章と異なるのは、ポートの読み書きの部分です。**リスト 5-2** では、PIO 専用の読み書き関数を用いていました。今回は、I/O ポートを 8 ビット幅で読み書きする関数 IORD_8DIRECT() と IOWR_8DIRECT() を用いています。

これらは、ヘッダファイル「io.h」の中で以下のように定義されています[注6-7]。ビット幅に応じて呼び出す関数が異なることに注意してください。

```
#define IORD_32DIRECT(BASE, OFFSET) ～
#define IORD_16DIRECT(BASE, OFFSET) ～
#define IORD_8DIRECT(BASE, OFFSET) ～
#define IOWR_32DIRECT(BASE, OFFSET, DATA) ～
#define IOWR_16DIRECT(BASE, OFFSET, DATA) ～
#define IOWR_8DIRECT(BASE, OFFSET, DATA) ～
```

これら関数の引数の内容は、以下のとおりです。

- BASE ……周辺回路の先頭アドレス
- OFFSET ……バイト単位でのアドレスのオフセット値
  BASE+OFFSET がアクセスするアドレスになる
- DATA ……書き込む値

▼ **リスト 6-2　自作 PIO のテスト（nios2mypio_test.c）**

```c
#include "system.h"
#include "io.h"

int main()
{
    int in, out;

    while (1) {
        in = IORD_8DIRECT(MYPIO_0_BASE, 1);
        switch ( in ) {
            case 0x0: out = 0x40; break;
            case 0x1: out = 0x79; break;
            case 0x2: out = 0x24; break;
            case 0x3: out = 0x30; break;
            case 0x4: out = 0x19; break;
            case 0x5: out = 0x12; break;
```

読み出し用の関数

ポートのアドレスは定義されたものを使う

続く➡

注 6-7　このファイルは [nios2mypio_bsp] → [HAL] → [inc] の中にある。

第6章　自作周辺回路の接続とAPIの利用

```
            case 0x6: out = 0x02; break;
            case 0x7: out = 0x58; break;
            case 0x8: out = 0x00; break;
            case 0x9: out = 0x10; break;
            case 0xA: out = 0x08; break;
            case 0xB: out = 0x03; break;
            case 0xC: out = 0x46; break;
            case 0xD: out = 0x21; break;
            case 0xE: out = 0x06; break;
            case 0xF: out = 0x0e; break;
            default:  out = 0x7f; break;
        }
        IOWR_8DIRECT(MYPIO_0_BASE, 0, out);   ←ポートのアドレスは定義されたものを使う
    }
    return 0;                                 ←書き込み用の関数
}
```

　プログラムを理解できたら、**表6-3**の名称でNios II EDSのワークススペースおよび各プロジェクトを作成し、ビルドして実行してみてください。第5章を参考に以下の手順で実施してください。

▼表6-3　nios2mypioのNios II EDSプロジェクト

ツール	項目	名称
-	作業フォルダ	nios2mypio
Nios II EDS	ワークスペース	software
	BSPプロジェクト	nios2mypio_bsp
	アプリケーションプロジェクト	nios2mypio
	テンプレート	Hello World Small
	テストプログラム	nios2mypio_test.c

- ワークススペースの作成（参考：図5-21）
- アプリケーションおよびBSPプロジェクトの作成（参考：図5-22）
- ソースコードの作成
- プロジェクトのビルド（参考：図5-25）
- FPGAのコンフィグレーション
- デバッグ設定の作成とプログラムのダウンロード（参考：図5-27）
- 実行

　第5章と同じように動作することが確認できたでしょうか。

6-3 タイマー割り込みによるAPI活用例

前節までとは内容も変わり、Nios II プログラミングの応用について解説します。Nios II EDS では、接続した周辺回路にあわせて豊富なライブラリ（API）が提供されます。本節ではタイマー割り込みを例に API の活用例を紹介します。また HAL と呼ばれる上位の概念についても説明します。

6-3-1　作成システムの仕様とタイマーブロックの構造

ここで作成する Nios II システムを図 6-11 に示します。第 5 章で作成したシステムにタイマーブロックの「Interval Timer」を追加しただけです。タイマーで 1 秒を計時して、7 セグメント LED を 1 秒桁として表示します。このハードウェアの上で、ポーリングや割り込みなどを使った 3 種類のソフトウェアを走らせてみます。なおスライドスイッチは使用していませんが、応用できるよう残してあります。

▼図 6-11　タイマー利用例のシステム構成

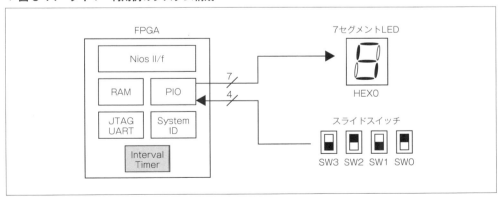

タイマーブロックの「Interval Timer」について説明します。図 6-12 に示すように内部は比較的単純な構造になっています。32 ビット（設定で 64 ビットも可）のカウンタが 1 つだけあり、period レジスタで設定した値からダウンカウントします。カウンタの値が

0になったら割り込みを発生します。コントロールレジスタで、カウントの開始/停止、割り込みの有無などを設定できます。

▼図6-12 Interval Timerの構造

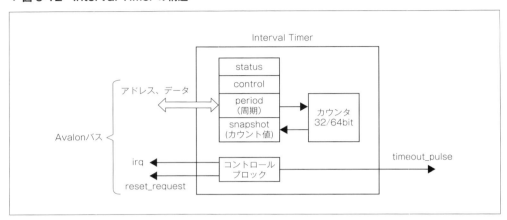

レジスタ構成を**表6-4**に示します。Interval Timerのレジスタは16ビット幅です。したがって32ビットの周期periodを与える際は、上位下位16ビットずつ2回に分けて設定する必要があります。32ビットCPUで読み書きするとデータの下位16ビットに割り当てられ、アドレスの割り当ては4バイトごとになります[注6-8]。

なお、カウンタを64ビットに設定した場合、periodとsnapshotのレジスタも64ビットになり、16ビットで分割され4つのレジスタになります。したがって**表6-4（a）** に対してレジスタが4個増えることになります。

▼表6-4 Interval Timerのレジスタ

オフセット	レジスタ名	内容					
		15	...	3	2	1	0
0	status	0				RUN	TO
1	control	0		STOP	START	CONT	ITO
2	periodl	周期-1（ビット15〜0）					
3	periodh	周期-1（ビット31〜16）					
4	snapl	カウント値（ビット15〜0）					
5	snaph	カウント値（ビット31〜16）					

(a) レジスタ全体

注6-8 この回路は作りが古いので、6-1節で説明したようなビット幅を吸収するような仕組みになっていない。このタイプを「ネイティブバス」と呼ぶ。ちなみに6-1節で説明した方式は「ダイナミックバス」。かつては自作周辺回路を組み込むときには、ネイティブかダイナミックかを選択できた。

ビット	R/W	機能
TO	R/W	カウンタが0に達したら1になる
RUN	R	カウンタが動作中は1

(b) status レジスタ

ビット	R/W	機能
ITO	R/W	カウンタが0に達したらIRQを発生
CONT	R/W	連続してカウント
START	W	カウント開始
STOP	W	カウント停止

(c) control レジスタ

　このタイマーは図6-13のように動作します。レジスタを初期設定した後、タイマーを起動するとperiod-1からダウンカウントを始めます。カウンタが0に達したら、TOビット（Time Out）が1になります。そして再度period-1からダウンカウントします。

　カウントするクロックは、Qsys上で接続されたクロックです。本書で使うFPGAボードの場合ではシステムクロックが50MHzですので、1周期はperiod × 20nsになります。TOビットを逐次観測（ポーリング）するか、TOビットで割り込みを発生させれば、一定時間間隔で処理を行えます。

▼ 図6-13 タイマーの動作

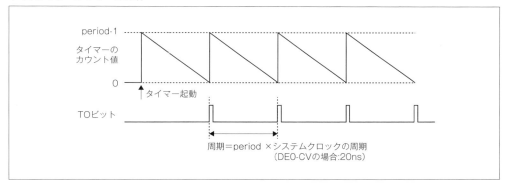

6-3-2 タイマー内蔵のNios IIシステムを構築

それではシステムを作成してみます。表6-5の名称で、とりあえず第5章の図5-4と同じシステムを作成しておいてください。このシステムにタイマーを追加することにします。

▼ 表6-5 タイマーのプロジェクト

ツール	項目	名称
-	作業フォルダ	timer
Quartus Prime	プロジェクト名	timer
	最上位階層名	timer
Qsys	Qsys階層名	timer_qsys
Nios II EDS	ワークスペース	software
	BSPプロジェクト	timer_bsp
	アプリケーションプロジェクト（ポーリング）	timer
	アプリケーションプロジェクト（割り込み）	timer_int
	アプリケーションプロジェクト（HAL）	timer_HAL
	テンプレート	Hello World Small
	テストプログラム	timer.c
		timer_int.c
		timer_HAL.c

> ### 「〜.qsys」ファイルを流用したQsys階層作成
>
> Qsysでの周辺回路追加やバス類の配線は、手間もかかりミスするリスクもあります。この手間を省くために、ちょっとした裏技を紹介します。公式な資料に載っていたわけではないので、あくまでも自己責任（「うまくいったら儲けものと思って使ってください」の意）でお願いします。
> Qsysで「Generate HDL」をクリックした際に「〜.qsys」ファイルを保存しました（図5-19 (c) (d)）。これはQsysでの設定を記録したxml形式のファイルです。テキストファイルですので中を見ることもできます。次回にQsysを立ち上げた際、このファイルを読み込むことで修正や追加が可能になります。これを他のシステムで読み込んで流用できます。
> 具体的には、第5章で作成した「nios2pio_qsys.qsys」を、タイマー内蔵システムに流用してみます。このファイルを作業フォルダにコピーし、「timer_qsys.qsys」に変更します。この名称がQsys階層名となりフォルダや生成したHDLのモジュール名にもなります。そしてタイマー内蔵システム構築においてQsys起動時に読み込めば、nios2pioを作成した状態から始められます。これにInterval Timerを付加すればシステムが完成できます。かなり手間が省けます。

IP Catalog 内の ［Processors and Peripherals］→［Peripherals］→［Interval Timer］を追加します（図6-14（a））。Interval Timerの設定はデフォルトのままとします。今までと同様に、リセット、クロック、バスの配線を行い、さらにアドレスの割り当て（参考：図5-18）も忘れずに実施しておきます。

6-3 タイマー割り込みによる API 活用例

さらにもう一つ、肝心の割り込みライン接続を行います。JTAG UART と同様に IRQ カラムの白丸をクリックします（**図 6-14 (b)**）。割り込み番号「1」が自動付加されました。

Nios II は、割り込みコントローラを標準で内蔵しており、最大 32 個の割り込みを扱えます。周辺回路の割り込み出力は、Qsys 上で Nios II に接続します。その際、0 から 31 の固有番号を付加できます。これが優先順位となり、

0 番＞ 1 番＞ 2 番＞　……　＞ 31 番

となります。

ここでは、JTAG URAT（0 番）＞ Interval Timer（1 番）の順位となりましたが修正も可能です。

▼ 図 6-14　Interval Timer の追加

(a) Interval Timer を追加

(b) 割り込みを接続

以上で Qsys 階層ができましたので、今までの手順通り、

- Qsys 階層の生成と保存（参考：図 5-19）
- 最上位階層の作成（参考：5-2-3、リスト 5-1）
- 最上位階層、QIP ファイル、制約ファイルをプロジェクトに追加（参考：図 5-20）
- ピンアサイン
- コンパイル

を行ってシステムを完成させてください。

6-3-3 ポーリングによるプログラム例

　割り込みは、その名が示すように通常の処理を中断して強制的に別の処理を行わせる手法です。一方ポーリング（polling）は、外部信号の変化を常に観測し、変化があればそれに対応した処理を行うという手法です。最初にポーリングの例から説明します。

　ポーリングによる1秒桁を**リスト6-3**に示します。最初にタイマーを初期化します。ここで呼び出している関数、

- IOWR_ALTERA_AVALON_TIMER_PERIODL(base, data)
- IOWR_ALTERA_AVALON_TIMER_CONTROL(base, data)

などは、BSP プロジェクト内の［drivers］→［inc］にある、「altera_avalon_timer_regs.h」の中で定義されています。**表6-4**の各レジスタごとに専用の関数が定義されています。引き数の base はタイマー回路の先頭アドレスで、マクロ「TIMER_0_BASE」が、やはりBSP プロジェクト内の「system.h」内で定義されています。引き数dataは、書き込む値です。

　コントロールレジスタの各ビットもマクロで定義されており、ここではCONTとSTART ビットをともに1を書き込んでいます。これによりタイムアウト後も連続して動作するよう設定した上で、タイマーのカウントダウンを開始しています。

　while 文による無限ループ内では、LED 表示を行った後、コントロールレジスタの TOビットを観測してタイムアウト待ちを行っています。このようにTO ビットの変化を常に観測するのがポーリングです。なおTOビットタイムアウトすると1になったままなので、検出後にクリアしています。

　それでは**表6-5**に示した名称でプロジェクトを作成して動作を確認してみてください。

▼ リスト 6-3　ポーリングによる 1 秒桁（timer.c）

```c
#include "system.h"
#include "altera_avalon_timer_regs.h"
#include "altera_avalon_pio_regs.h"

/* システムクロックは 50MHz なので、50,000,000 カウントで 1 秒になる */
#define PERIOD (50000000-1)

int main()
{
    int cnt = 0;
    int out;

    /* タイマー初期化 */
    IOWR_ALTERA_AVALON_TIMER_PERIODL(TIMER_0_BASE, PERIOD & 0xffff);
    IOWR_ALTERA_AVALON_TIMER_PERIODH(TIMER_0_BASE, PERIOD >> 16);
    IOWR_ALTERA_AVALON_TIMER_CONTROL(TIMER_0_BASE,
        ALTERA_AVALON_TIMER_CONTROL_CONT_MSK |
        ALTERA_AVALON_TIMER_CONTROL_START_MSK );

    while (1) {
        /* 表示 */
        switch ( cnt % 10 ) {
            case 0x0: out = 0x40; break;
            case 0x1: out = 0x79; break;
            case 0x2: out = 0x24; break;
            case 0x3: out = 0x30; break;
            case 0x4: out = 0x19; break;
            case 0x5: out = 0x12; break;
            case 0x6: out = 0x02; break;
            case 0x7: out = 0x58; break;
            case 0x8: out = 0x00; break;
            case 0x9: out = 0x10; break;
            default:  out = 0x7f; break;
        }
        IOWR_ALTERA_AVALON_PIO_DATA(PIO_0_BASE, out);

        /* タイムアウト待ち */
        while( (IORD_ALTERA_AVALON_TIMER_STATUS(TIMER_0_BASE) & 1)==0 );
        IOWR_ALTERA_AVALON_TIMER_STATUS(TIMER_0_BASE, 0);

        /* 秒のカウンタ＋ 1 */
        cnt++;
    }
    return 0;
}
```

- PERIOD を上位下位の 16 ビットに分けて書き込む
- CONT と START の各ビットを ON
- タイムアウトしたら TO ビットをクリアする

6-3-4 割り込みを使ったプログラム例

割り込み関連では以下のような関数が、ヘッダファイル「alt_irq.h」で定義されています。これはBSPプロジェクト内の［HAL］→［inc］→［sys］にあります。

```
/* 割り込み処理関数の登録 */
int alt_ic_isr_register (
    alt_u32 ic_id,         /* 割り込みコントローラのID */
    alt_u32 irq,           /* 割り込み番号 */
    alt_isr_func isr,      /* 割り込み処理関数 */
    void* isr_context,     /* 割り込み処理関数の引数 */
    void* flags );         /* 予約 */
/* 割り込みの受付開始と停止 */
int alt_ic_irq_enable (alt_u32 ic_id, alt_u32 irq);
int alt_ic_irq_disable (alt_u32 ic_id, alt_u32 irq);
```

このalt_ic_isr_register()で、割り込み処理関数を登録します。1～2番目の引き数は、BSPプロジェクト内の「system.h」内で、以下のように定義されています。

```
/* 割り込み番号 */
#define TIMER_0_IRQ 1
/* 割り込みコントローラのID */
#define TIMER_0_IRQ_INTERRUPT_CONTROLLER_ID 0
```

割り込み番号は、QsysでIRQを接続したときに付加された番号です。ちなみにJTAG UARTは0番です。割り込みコントローラは、Nios II 標準以外にも拡張版が用意されているのでその識別のためにIDを使います。

alt_ic_isr_register()の3番目の引き数には、割り込み処理関数名を与えます。これにより割り込み発生時には、この登録した関数にジャンプします。4番目の引き数は、割り込み処理関数に渡す引き数です。これは必要に応じて使います。

以上をもとに作成したプログラムを**リスト6-4**に示します。main関数内のタイマー初期化部分で、割り込み処理関数の登録を行っています。またタイマーのコントロールレジスタでは、ITOビットを1に設定して割り込み可にしています。

割り込み処理関数alarm_callback()では、秒桁の変数cntのインクリメントと、TOビットのクリアを行っています[注6-9]。

注6-9 この関数は、見かけ上どこからも呼び出されていないところがミソ。なおプログラムのデバッグ時にはこの関数内にブレークポイントを置くことで、割り込みが発生しているか否か、登録した関数にジャンプできたか否かを確認できる。

6-3 タイマー割り込みによる API 活用例

▼ リスト 6-4　割り込みによる 1 秒桁（timer_int.c）

```c
#include "system.h"
#include "altera_avalon_timer_regs.h"
#include "altera_avalon_pio_regs.h"
#include "sys/alt_irq.h"

#define PERIOD (50000000-1)

int cnt = 0;

/* 割り込み処理ルーチン */
void alarm_callback( void* context )
{
    cnt++;
    IOWR_ALTERA_AVALON_TIMER_STATUS(TIMER_0_BASE, 0);  /* TO ビットのクリア */
}

int main()
{
    int out;

    /* 割り込みとタイマーの初期化 */           /* 割り込みの各種 ID と
                                                  処理関数を登録 */
    alt_ic_isr_register( TIMER_0_IRQ_INTERRUPT_CONTROLLER_ID, TIMER_0_IRQ,
            alarm_callback, (void *)0, (void *)0 );
    IOWR_ALTERA_AVALON_TIMER_PERIODL(TIMER_0_BASE, PERIOD & 0xffff);
    IOWR_ALTERA_AVALON_TIMER_PERIODH(TIMER_0_BASE, PERIOD >> 16);
    IOWR_ALTERA_AVALON_TIMER_CONTROL(TIMER_0_BASE,
        ALTERA_AVALON_TIMER_CONTROL_ITO_MSK   |   /* 割り込み可に設定 */
        ALTERA_AVALON_TIMER_CONTROL_CONT_MSK  |
        ALTERA_AVALON_TIMER_CONTROL_START_MSK );

    while (1) {
        /* 表示 */
        switch ( cnt % 10 ) {
            case 0x0: out = 0x40; break;
            case 0x1: out = 0x79; break;
            case 0x2: out = 0x24; break;
            case 0x3: out = 0x30; break;
            case 0x4: out = 0x19; break;
            case 0x5: out = 0x12; break;
            case 0x6: out = 0x02; break;
            case 0x7: out = 0x58; break;
            case 0x8: out = 0x00; break;
            case 0x9: out = 0x10; break;
            default:  out = 0x7f; break;
        }
        IOWR_ALTERA_AVALON_PIO_DATA(PIO_0_BASE, out);
    }
    return 0;
}
```

第6章　自作周辺回路の接続とAPIの利用

それでは表6-5にしたがってアプリケーションプロジェクトtimer_intを作成します。今回はBSPプロジェクトを共有するため、図6-15 (a) のように、[File] → [New] → [Nios II Application] でアプリケーションプロジェクトのみを作成します。つづいてプロジェクト名を入力し、既存のBSPプロジェクトを選択します（図6-15 (b)）。この方法はテンプレートを使いませんのでソースファイルのない空の状態になっています。以下のいずれかの方法でソースファイルを追加できます。

- 「timer_int」を選択しマウス右ボタンから [New] → [Source File] で新規作成
- 「timer_int」に既存のソースファイルをドラッグしコピーを選択する

▼図6-15　アプリケーションプロジェクトの作成

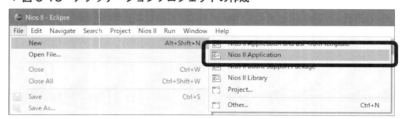

(a) アプリケーションプロジェクトだけ作成

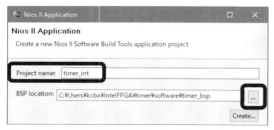

(b) プロジェクト名を入力しBSPプロジェクトを選択

準備ができたらプロジェクトをビルドしてください。プログラムをダウンロードする際にデバッグ設定を開きますが、このとき「Project name」のプルダウンメニューからダウンロードする対象を選択できます（図6-16）。ここでは「timer_int」を選択します。

ポーリングと同様に1秒桁が実現できたか確認してみてください。

▼図6-16 デバッグ設定でのプロジェクト選択

6-3-5　HAL APIを使ったプログラム例

　HAL（Hardware Abstraction Layer）システムライブラリの中には、HAL APIと呼ばれる上位概念の関数群が用意されています。タイマーなどの周辺回路において、レジスタを直接読み書きせずにタイマーの機能を活用できます。

　これを利用するために、以下のような関数が「alt_alarm.h」内で定義されています。これもBSPプロジェクト内の［HAL］→［inc］→［sys］にあります。

```
/* コールバック関数の登録とタイマー動作の開始 */
int alt_alarm_start (alt_alarm* the_alarm,
                     alt_u32    nticks,
                     alt_u32    (*callback) (void* context),
                     void*      context);
/* タイマー動作の停止 */
void alt_alarm_stop (alt_alarm* the_alarm);
/* 1秒あたりのtick数 */
alt_u32 alt_ticks_per_second (void);
```

　リスト6-5にこれを利用したプログラムを示します[注6-10]。alt_alarm_start()では、構造体であるalt_alarm型の変数を引き数とし、コールバック関数を登録してタイマー動作を開始します。

　この関数の2番目の引き数は、コールバック関数を最初に呼び出すまでの時間です。HAL APIでは時間をtickと呼ばれる単位で扱い、デフォルトで1tick=1msです。これは「system.h」の中で定義されています。alt_ticks_per_second()は1秒あたりのtick数を返します。デフォルトで1000になります。つまりタイマー開始の1秒後にコールバック関数alarm_callback()を呼び出すことになります。

　そのコールバック関数alarm_callback()では、秒のカウント変数cntをインクリメントし、戻り値として先ほどのalt_ticks_per_second()、つまり1000を返します。この値は再

注6-10　この中で呼び出しているalt_printf()は、機能を大幅に減らしてサイズを小さくした関数。フォーマット指定が、%s、%x、%cしかできないが、オンチップメモリのように容量が限られているシステムに向いている。「sys/alt_stdio.h」をインクルードして使う。

第6章　自作周辺回路の接続とAPIの利用

度コールバック関数が呼び出されるまでの時間となります。

結局、タイマー開始後1秒ごとに alarm_callback() が呼び出されることになります。

タイマーの HAL API を使用するためには、BSP プロジェクトの設定が必要です。選択したテンプレートに対応して BSP プロジェクトも設定されますが、hello_world や hello_world_small のテンプレートでは、タイマーの HAL API を使うための設定が不足しています。

BSP プロジェクトである「timer_bsp」を選択しマウス右ボタンから［Nios II］→［BSP Editor...］を実行すると（図 6-17(a)）、BSP エディタが起動します。［Settings］→［Common］を選択し、「sys_clk_timer」と「timestamp_timer」の各項目で「timer_0」を選択します（図 6-17 (b)）。「Generate」をクリックして BSP プロジェクトを更新します。BSP プロジェクトを参照している各アプリケーションプロジェクトも再ビルドする必要があるので、メニューから［Project］→［Build All］を実行します。

以上を行ったら、割り込みの例と同様に HAL API のアプリケーションプロジェクトを作成して実行してみてください。今までと同様に、秒桁を実現できたことと思います。

▼図6-17　タイマー HAL API 利用のための設定

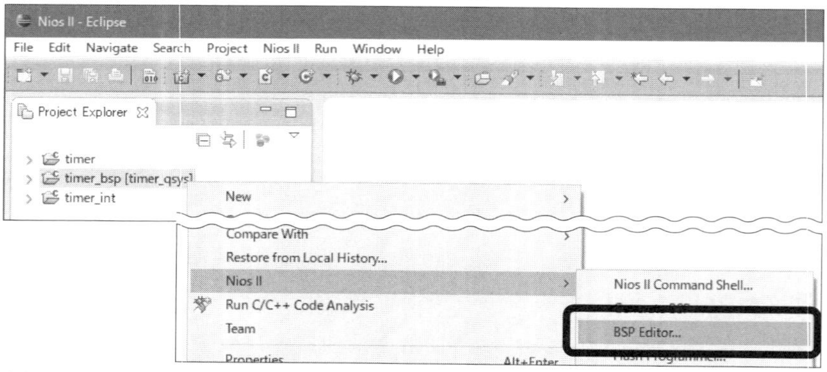

(a) BSP エディタの起動

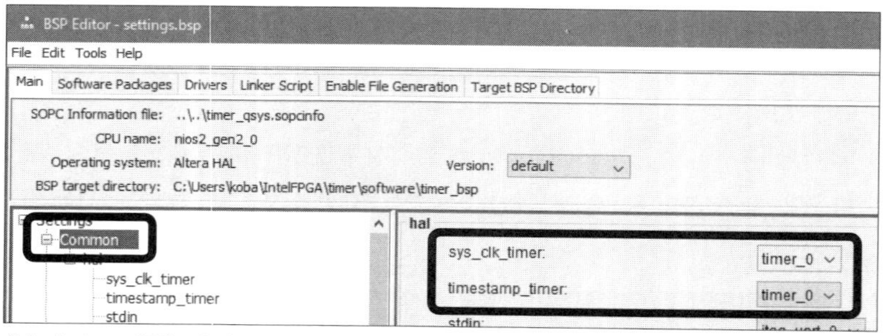

(b) タイマー関連の設定

▼リスト6-5　HAL APIによる1秒桁（timer_HAL.c）

```c
#include "stddef.h"
#include "sys/alt_stdio.h"
#include "system.h"
#include "altera_avalon_pio_regs.h"
#include "sys/alt_alarm.h"

int cnt;

/* 1秒ごとに呼び出される関数 */
alt_u32 alarm_callback( void* context )              ───── コールバック関数
{
    cnt++;
    return alt_ticks_per_second();                   ───── 次に呼び出されるまでの時間
}

int main()
{
    int out;
    alt_alarm alarm;
    cnt = 0;
                                                          ┌─ コールバック関数の登録と
    /* 一定時間ごとに呼び出す関数と時間などを登録 */         │  タイマー動作の開始
    if ( alt_alarm_start( &alarm, alt_ticks_per_second(),
                          alarm_callback, NULL ) <0 )
        alt_printf("Timer Error!!");
    else
        alt_printf("OK!");

    while (1) {                                      ───── このループ内で一定時間ごとに
        /* 表示 */                                          コールバック関数が呼び出される
        switch ( cnt % 10 ) {
            case 0x0: out = 0x40; break;
            case 0x1: out = 0x79; break;
            case 0x2: out = 0x24; break;
            case 0x3: out = 0x30; break;
            case 0x4: out = 0x19; break;
            case 0x5: out = 0x12; break;
            case 0x6: out = 0x02; break;
            case 0x7: out = 0x58; break;
            case 0x8: out = 0x00; break;
            case 0x9: out = 0x10; break;
            default:  out = 0x7f; break;
        }
        IOWR_ALTERA_AVALON_PIO_DATA(PIO_0_BASE, out);
    }
    return 0;
}
```

6-4 第6章のまとめ

6-4-1 まとめ

　この章では、自作回路を Nios II システムに接続するための Avalon バスについて説明しました。信号そのものは単純化されていますので、内容さえ理解してしまえば接続は簡単です。周辺回路側の HDL 記述もシンプルです。

　タイマー割り込みの例では、割り込みだけでなく API の使い方も紹介しました。Nios II EDS では、接続した周辺回路に合わせて豊富な API が自動生成されます。生成されたヘッダファイルなど追いかけて読んでみるのも API の理解につながります。

6-4-2 課題

　第3章で作成した1時間計を Nios II システムで実現してください。

- MYPIO 回路を以下のように変更する
  - 出力ポートを 32 ビットに拡張し 7 セグメント LED を 4 桁接続する
  - 入力ポートにはプッシュスイッチ 2 個を接続する
- 割り込みを使って正確な計時の1時間計を作成する
- チャタリング除去は省略し、代わりに以下のように対応する
  - 秒単位の割り込み処理の中で各プッシュスイッチを確認
  - それぞれ ON を検出したら、リセットや＋1分する
  - リセットや＋1分は1秒間隔で行うので、＋1秒機能は削除

コラム D　プログラムをダウンロードできない！？

　Nios II EDSでプログラムをダウンロードするために「Debug Configurations...」を実行しても、「Debug」がグレーアウトしていてクリックできない場合があります。これではプログラムを実行できません。
　ウィンドウの左上にエラーメッセージが表示されるのでヒントにはなりますが、少々わかりにく

いかもしれません。以下に示すように原因はいくつか考えられるので、それぞれ対策を示しておきます。なお原因が複数にわたる場合もあります。

①プロジェクトが選択されていない（図 D-1）

デバッグ設定を作成し直した場合によく発生しますが、「Project Name」のフィールドが空のままで、プロジェクトが選択されていない状態になることがあります。プルダウンメニューから、ダウンロード対象のアプリケーションプロジェクトを選択します。

▼図 D-1　プロジェクトが選択されていない

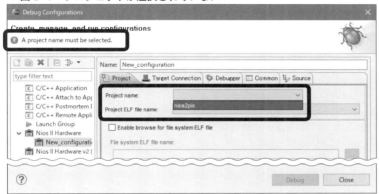

② FPGA をコンフィグレーションしていない（図 D-2）

Nios II との接続ができていないというエラーメッセージ出る原因はいくつかあります。一番単純なのが、FPGA のコンフィグレーション忘れです。

コンフィグレーションは Nios II EDS からも可能です。メニューから [Nios II] → [Quartus Prime Programmer] を起動します。[Add File...] からコンフィグレーション用ファイルの「~.sof」を選択し、[Start] によりコンフィグレーションできます。

▼図 D-2　FPGA をコンフィグレーションしていない

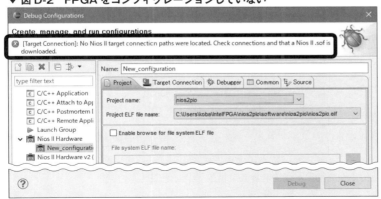

COLUMN

③ Nios II が認識されていない（図 D-3）

FPGA ボードの電源を入れた直後などは、コンフィグレーションできても Nios II と接続できていないことがあります。図 D-3 に示したように「Target Connection」タブで、「Reflesh Connections」をクリックすれば Nios II を認識するようになります。

▼ D-3　Nios II が認識できていない

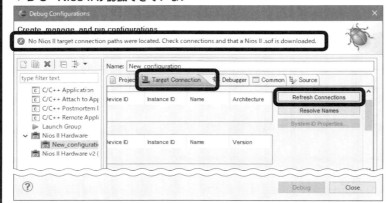

④ System ID のタイムスタンプ不一致（図 D-4）

Qsys で構築した Nios II システムには System ID ブロックが含まれており、コンパイルした時点のタイムスタンプを保持しています。この値は BSP プロジェクト内の「system.h」に伝えられ、ビルド後の elf ファイルにも含まれます。そしてコンフィグレーションした回路とダウンロードするプログラムのタイムスタンプが不一致の場合には、図 D-4 のようなエラーメッセージを表示し、ダウンロードができなくなります。

▼ 図 D-4　タイムスタンプの不一致

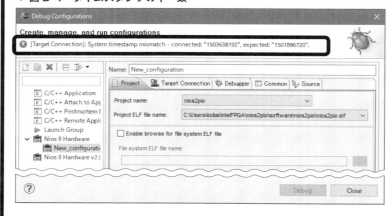

第6章のまとめ　　6-4

COLUMNCOLUMNCOLUMNCOLUMNCOLUMNCOLUMN

ハードウェアとソフトウェアのバージョンが一致していないのが根本的な原因ですが、この状態に陥った原因はいくつか考えられます。以下に例を示します。

・**ハードウェアを更新したが「Generate BSP」していない**
　図 5-29 を参考に「Generate BSP」コマンドを実行します。

・**「Generate BSP」したけど再ビルドしていない**
　「Generate BSP」では BSP プロジェクト内のソースコードが更新されただけなので、再ビルドする必要があります。一括してビルドする「Build All」が便利です。

・**別の「〜 .sopcinfo」ファイルでプロジェクトを作成してしまった**
　アプリケーションプロジェクトおよび BSP プロジェクトを作成する際に、「〜 .sopcinfo」ファイルを指定します（参考：図 5-22（b））。このとき、前回実施した際のフォルダを開くことがあり、誤って別の「〜 .sopcinfo」ファイルを指定してしまうことがあります。つまり別のハードウェアの情報でビルドしたことになるのでタイムスタンプは一致しなくなります。
　不一致の原因がこれであると判断するのは難しいですが、「system.h」の内容が現状の Nios II システムと適合しているか否かである程度の判断はつくかもしれません。またはもう一度プロジェクトを作成する振りをして「〜 .sopcinfo」ファイル選択のダイアログを開き、正しくないフォルダが開かれたら誤っていた可能性大です。
　対策としては、各プロジェクトを消去して作り直すしかありません。図 D-5（a）に示すように、両プロジェクトを選択しマウス右ボタンで「Delete」を実行します。ファイルごと消去するためにチェックを入れて「OK」をクリックすれば完全に消えます（図 D-5（b））。ソースファイルも消えてしまうので、別のフォルダに移すかコピーを取るなど対策を取っておいた方がよいでしょう。

▼ **図 D-5　両プロジェクトを削除**

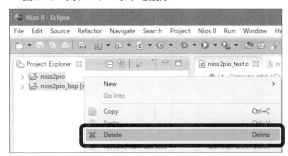

(a) マウス右ボタンで [Delete]

(b) チェックを入れてファイルごと消去

⑤ System ID 関連でのエラー（図 D-6）

System ID 関連では図 D-6 のようなエラーになることがあります。運が良ければ Nios II EDS を再起動するだけで解消しますが、多くの場合ピンアサインを忘れてコンパイルしてしまった場合に発生します。

ピンアサイン（参考：図 2-9）を忘れても、コンパイルでエラーになりません。しかしコンフィグレーションしてもクロックが入力されていないので System ID が機能しません。そもそもコンパイル時にピンアサインに関する Critical Warning が出ますし、コンフィグレーションすると 7 セグメント LED が怪しい表示になったりしますので、早めに気づくべきでした。

なお一度コンパイルした後では、ピンアサイン・ファイルを読み込んでも上書きできないことがあります。その場合、[View] → [Utility Windows] → [Tcl Console] コマンドで Tcl コンソールペインを開き、source コマンドの引数としてピンアサイン・ファイルを指定すれば、ピンアサインを上書きできます。

▼ 図 D-6 System ID 関連のエラー

第7章

いろいろな周辺回路を設計

　第6章で自作回路のNios IIシステムへの組込み方法を説明してきました。ここではより本格的な例としてPS/2インターフェース回路とVGA文字表示回路を作成し、Nios IIシステムに組み込んでみます。
　PS/2インターフェースでは、シリアルでの双方向通信を行っています。この制御にはステートマシンを使います。VGA文字表示回路では映像信号の基礎を説明した後、実際にディスプレイ装置に表示できる回路を設計します。
　それぞれ簡単なテストプログラムを作成し、動作を確認してみます。

第 7 章　いろいろな周辺回路を設計

7-1 キーボードとマウス接続回路

もはや過去のものになってしまった PS/2 インターフェースですが、仕様が単純なので設計の学習には適しています。FPGA ボードには PS/2 インターフェース用のコネクタが実装されていますので、インターフェース回路を設計して動作確認してみましょう。なお PS/2 のキーボードやマウスがなくても、USB-PS/2 変換アダプタ付きの USB キーボードやマウスなら動作可能です。

7-1-1　PS/2 インターフェースの仕様概要

PS/2 は、キーボードとマウスを接続するためのインターフェースです。USB が普及する前は主流でした。信号とクロックの 2 本で通信を行い、ホスト（パソコンや FPGA）とデバイス（キーボードやマウス）で双方向のやりとりを行えます。

PS/2 の仕様では、双方向の実現のため出力はプルアップしたオープンドレイン出力にすることになっていますが、FPGA ボードでは図 7-1 に示すような接続になっています。FPGA の端子には双方向のバッファを使い、デバイスからデータを受信するときには、出力をハイインピーダンスにすることで[注7-1]、双方向を実現しています。なお、FPGA は 3.3V 駆動、PS/2 のデバイスは 5V 駆動なので、レベル変換回路（FPGA ボード上では抵抗とダイオードだけの簡易回路）を通して接続しています[注7-2]。

次に送受信のタイミングについて説明します。基本はシリアル通信ですが、双方向の端子を用いて通信するため、送信と受信で若干異なります。まず最初に、デバイスが送信しホストが受信するタイミングについて説明します（図 7-2）。

注 7-1　出力を駆動しない状態。たとえば出力の信号線を切ってしまったような状態をハイインピーダンス（高抵抗）と呼んでいる。「Hi-Z」などと略して表現する。
注 7-2　近年の PS/2 機器は 3.3V で動作するものも多い。また DE10-Lite には PS/2 コネクタが実装されていないので本章の内容を試すには、Appendix II-1 に記載した方法で PS/2 コネクタを接続する必要がある。

7-1 キーボードとマウス接続回路

▼図 7-1 FPGA と PS/2 の接続

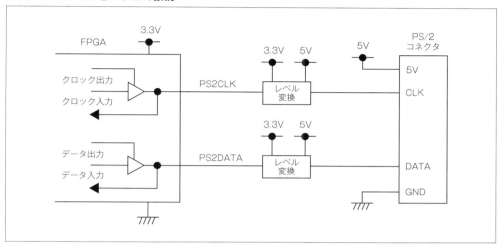

▼図 7-2 受信（ホスト←デバイス）タイミング

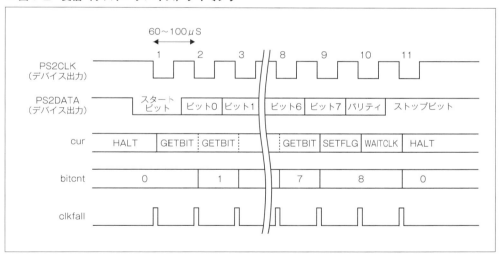

　デバイスは、0で始まるスタートビットに続き、8ビットのデータをLSB側から送ります。パリティ（奇数）とストップビットが続いて1データ送信の終了です。シリアルポートなどの調歩同期通信（非同期通信）と異なるのは、クロックの存在です。受信するホストは、デバイスから送られてくるクロックの立ち下がりで、スタートビットや個々のデータを取り込みます。なおクロックの周期は規格上60～100μSと範囲があり、転送速度も装置ごとに異なります。

第 7 章　いろいろな周辺回路を設計

　ホストからの送信タイミングは少々複雑です（図 7-3）。基本的にクロックはデバイスが作り、それにあわせてホストがデータを送出します。ただし、きっかけとなるクロックはホストが作成します。まずホストがクロックを 0 にします。その後データも 0 にします。これがスタートビットとなります。その後、ホストはクロック出力をハイインピーダンスにします。プルアップされているので、結果的にクロックは 1 になります。これを受けて、デバイスはクロックを 11 回変化しますので、これにあわせて（クロックの立ち下がりで）ホストはデータを送出します。ホストがストップビットを送出した後、最後にデバイスが 0 を送出して 1 データ送信の終了です。

▼ 図 7-3　送信（ホスト→デバイス）タイミング

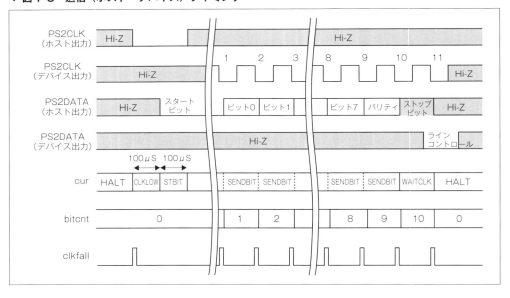

USB キーボードやマウスを使用する場合の注意点

　USB キーボードやマウスを購入すると、PS/2 への変換アダプタが付いてくることがあります。こういったタイプのキーボードやマウスなら、本書の回路を試せます。
　これらの USB キーボードやマウスは、USB-PS/2 変換アダプタの接続を検出し PS/2 モードで動作する仕組みが備わっています。変換アダプタが付属していなくても PS/2 モードで動作するものもありますが、外観からは判別ができません。できるだけ変換アダプタ付きのものを使ってください。
　当然ながら PS/2 モードのない USB キーボードやマウスに変換アダプタを接続しても、本書の回路は動作しません。

キーボードとマウス接続回路　7-1

　図 7-2、図 7-3 で示した PS/2 デバイスとの通信仕様は、いわば「物理層」です。キーボードやマウスにはこれより上の層、具体的にはコマンド入力とそれに対する応答があります。ホストからはデバイスに対するリセットや設定のコマンドを送り、デバイスからはキーやマウスのデータ、およびコマンドに対する応答を返します。
　これらについてはテストプログラムの作成時に説明します。

7-1-2　PS/2 インターフェース回路の設計

　PS/2 インターフェース回路は Avalon バスに接続して Nios II システムに組み込みます。ハードウェアが分担するのは、図 7-2、図 7-3 で示した送受信処理だけとします。キーボードなら受信した値（キーコード）から対応する文字コードへの変換が必要ですし、マウスの場合は連続して受信した 3 バイトのデータから X、Y 軸のデータを取り出す処理が必要です。これらはすべてソフトウェアで行うことにします。ハードウェアは、1 バイト 8 ビットのデータ送受信だけを行うことにします。
　表 7-1 に PS/2 インターフェース回路のレジスタ表を示します。それぞれ 8 ビットの、

- PS2STATUS（状態レジスタ）
- PS2RDATA（受信データ）
- PS2WDATA（送信データ）

の 3 つのレジスタがあります。

▼ 表 7-1　PS/2 インターフェース回路のレジスタ表
(a) レジスタ一覧

アドレス	R/W	レジスタ名			
		7		2	1	0
0	R/W	0			PS2STATUS（状態）
1	R	PS2RDATA（受信データ）			
2	W	PS2WDATA（送信データ）			

(b) PS2STATUS 詳細

ビット	ビット名	R/W	動作
7:2	−	R	常に 0
1	PS2EMPTY	R	送信レジスタが空のとき 1
0	PS2VALID	R/W	受信データが有効なら 1

　受信時に Nios II プロセッサは、

第7章　いろいろな周辺回路を設計

- PS2STATUS レジスタの PS2VALID ビットを観測し、1 になるのを待つ
- PS2RDATA レジスタを読み込んで受信データとする
- PS2VALID を 0 にする

を行います。一方送信時は、

- PS2STATUS レジスタの PS2EMPTY ビットを観測し、1 になるのを待つ
- PS2WDATA レジスタに送信データを書く

を行います。PS2WDATA レジスタに送信データを書き込めば送信が始まります。

　次に、PS/2 インターフェース回路の内部について説明します。送受信で中心となるのが 10 ビットのシフトレジスタ sft です（**図 7-4**）。受信時には MSB 側から受信データをシフトしていき、8 ビットたまったら受信データとして ps2rdata レジスタに保存します。送信時にはスタートビットとパリティビットを含めた 10 ビットを用意し、LSB 側から順次送出します。

　なおシフト動作では、PS2CLK をクロックとして直接使うことはしていません[注7-3]。図 7-5 に示した立ち下がり検出回路によって作成した信号 clkfall を元に、シフト動作のイネーブル信号を作っています。

▼ 図 7-4　シフトレジスタ周辺

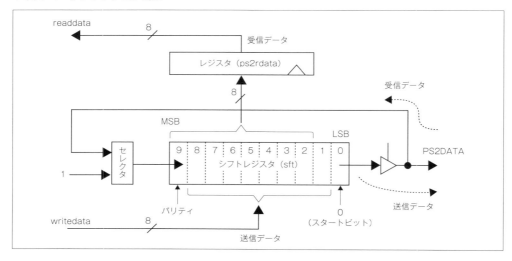

注 7-3　本書回路の FF は、すべて 50MHz のシステムクロック CLK をクロックとして動作する。書き込み動作やシフト動作などはすべてイネーブル信号で行う。この方式を同期設計と呼び、ハザードに強いなどメリットが多くあり現在主流の設計手法である。

▼ 図 7-5　PS2CLK の立ち下がり検出回路

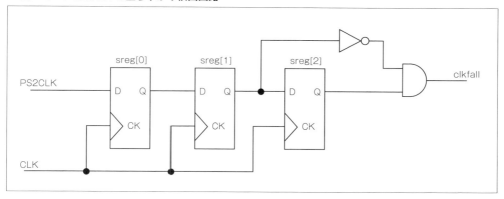

　本回路は、ステートマシンによって制御しています。状態遷移図を**図 7-6** に、各状態での動作を**表 7-2** に示します。まず最初に、PS2CLK の立ち下がり（clkfall）と送信レジスタへの書き込みを待ち、以下を行います。

- スタートビットを検出（clkfall=1 かつ PS2DATA=0）したら受信動作
- 送信レジスタ[注7-4]への書き込み（txregwr=1）があれば送信動作

　受信動作は、最初に GETBIT ステートで 8 ビット受信し、パリティおよびストップビット分の PS2CLK の立ち下がり待って終了します。本回路は簡易版[注7-5] としましたので、パリティやストップビットのチェックは行っておりません。

　送信動作では、最初に PS2CLK を 0 にして 100 μS 待ち、スタートビットを出力してまた 100 μS 待ちます。これらを行うために 100 μS をカウントするカウンタ（txcnt）を用意しています。その後は、PS2CLK の立ち下がりを待ち、パリティまでの 9 ビットを送出して終わります。

　以上をもとに設計した PS/2 インターフェース回路の記述を、**リスト 7-1** に示します。なお記述の最後に、Signal Tap II で波形観測するための回路が追加してありますが、詳細は後述します。

注 7-4　実際には「送信レジスタ」は存在せず、シフトレジスタに直接書き込んでいる。表 7-1 のレジスタ表で PS2WDATA が読み出し不可になっているのはそのためで、シフトしてしまって元の値が存在しないからである。
注 7-5　スタートビットの検出と送信レジスタへの書き込みが同時に発生したら挙動が怪しいとか、デバイスのクロックを検出できなくなると、ステートマシンがデッドロックしてしまうなど実用には乏しいところはあるが、簡易版と言うことでお許し願いたい。

第 7 章　いろいろな周辺回路を設計

▼ 図 7-6　状態遷移図

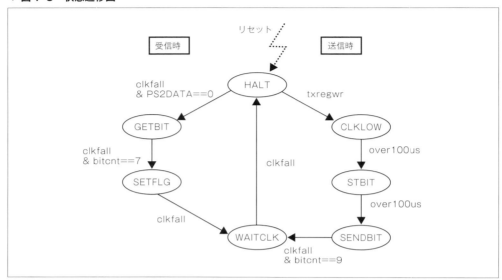

▼ 表 7-2　各状態の動作

送受信	状態名	動作
－	HALT	待機中
受信	GETBIT	受信データを 8 ビット取り込む
受信	SETFLG	PS2VALID フラグをセット
受信・送信	WAITCLK	PS2CLK の立ち下がりを待つ
送信	CLKLOW	PS2CLK を 0 にする
送信	STBIT	スタートビットを送信
送信	SENDBIT	データ 8 ビットとパリティを送信

▼ リスト 7-1　PS/2 インターフェース本体（ps2if_ip.v）

```verilog
module ps2if_ip (
    /* Avalon バス */
    input           clk, reset,
    input   [1:0]   address,
    input           write, read,
    input   [7:0]   writedata,
    output  [7:0]   readdata,
    /* 外部入出力 */
    inout           PS2CLK, PS2DATA,    // 双方向
    output reg      LOGCLK
);
```

続く➡

```verilog
/* シフトレジスタ、受信レジスタ、フラグ類（reg 宣言）*/
reg     [9:0]   sft;
reg     [7:0]   ps2rdata;
reg     empty, valid;

/* ステートマシン（パラメータおよび reg 宣言）*/
localparam HALT=3'h0, CLKLOW=3'h1, STBIT=3'h2, SENDBIT=3'h3,
           WAITCLK=3'h4, GETBIT=3'h5, SETFLG=3'h6;
reg     [2:0]   cur, nxt;

/* 送信時のシフトレジスタ書き込み信号 */
wire txregwr = (address==2'h2) & write;

/* レジスタ読み出し */
assign readdata =  (address==2'h0) ? {6'b0, empty, valid}: ps2rdata;

/* PS2CLK 出力のハザード防止 */
reg     ps2clken;

always @( posedge clk ) begin
    if ( reset )
        ps2clken <= 1'b0;
    else
        ps2clken <= (cur==CLKLOW || cur==STBIT);
end

/* PS2 出力 */
assign  PS2CLK  = (ps2clken) ? 1'b0  : 1'bz;
assign  PS2DATA = (cur==SENDBIT || cur==STBIT) ? sft[0]: 1'bz;

/* スタートビット送出用 100μs 計時用カウンタ */
reg [12:0]   txcnt;

localparam TXMAX=13'd5000;
wire over100us = (txcnt==TXMAX-1);

always @( posedge clk ) begin
    if ( reset )
        txcnt <= 13'h0000;
    else if ( cur==HALT )
        txcnt <= 13'h0000;
    else if ( over100us )
        txcnt <= 13'h0000;
    else
        txcnt <= txcnt + 13'h1;
end

/* 受信した PS2CLK の立ち下がり検出および同期化 */
reg     [2:0]   sreg;
```

続く➡

第 7 章　いろいろな周辺回路を設計

```verilog
wire            clkfall;

always @( posedge clk ) begin
    if ( reset )
        sreg <= 3'b000;
    else
        sreg <= {sreg[1:0], PS2CLK};
end

assign clkfall = sreg[2] & ~sreg[1];

/* 送受信ビット数カウンタ */
reg     [3:0]   bitcnt;

always @( posedge clk ) begin
    if ( reset )
        bitcnt <= 4'h0;
    else if ( cur==HALT )
        bitcnt <= 4'h0;
    else if ( (cur==SENDBIT || cur==GETBIT) & clkfall )
        bitcnt <= bitcnt + 4'h1;
end

/* ステートマシン */
always @( posedge clk ) begin
    if ( reset )
        cur <= HALT;
    else
        cur <= nxt;
end

always @* begin
    case ( cur )
        HALT:   if ( txregwr )
                    nxt <= CLKLOW;
                else if ( (PS2DATA==1'b0) & clkfall )
                    nxt <= GETBIT;
                else
                    nxt <= HALT;
        CLKLOW: if ( over100us )
                    nxt <= STBIT;
                else
                    nxt <= CLKLOW;
        STBIT:  if ( over100us )
                    nxt <= SENDBIT;
                else
                    nxt <= STBIT;
        SENDBIT:if ( (bitcnt==4'h9) & clkfall )
                    nxt <= WAITCLK;
```

続く➡

```verilog
                    else
                        nxt <= SENDBIT;
            WAITCLK:if ( clkfall )
                        nxt <= HALT;
                    else
                        nxt <= WAITCLK;
            GETBIT: if ( (bitcnt==4'h7) & clkfall )
                        nxt <= SETFLG;
                    else
                        nxt <= GETBIT;
            SETFLG: if ( clkfall )
                        nxt <= WAITCLK;
                    else
                        nxt <= SETFLG;
            default:nxt <= HALT;
        endcase
end

/* empty フラグ (受信中も非 empty) */
always @( posedge clk ) begin
    if ( reset )
        empty <= 1'b1;
    else
        empty <= (cur==HALT) ? 1'b1: 1'b0;
end

/* 受信データ有効フラグ */
always @( posedge clk ) begin
    if ( reset )
        valid <= 1'b0;
    else if ( (address==2'h0) & write )
        valid <= writedata[0];
    else if ( cur==SETFLG & clkfall )
        valid <= 1'b1;
end

/* シフトレジスタ */
always @( posedge clk ) begin
    if ( reset )
        sft <= 10'h000;
    else if ( txregwr )
        sft <= { ~(^writedata), writedata, 1'b0 };
    else if ( cur==SENDBIT & clkfall )
        sft <= {1'b1, sft[9:1]};
    else if ( cur==GETBIT & clkfall )
        sft <= {PS2DATA, sft[9:1]};
end

/* 受信データ */
```

```verilog
always @( posedge clk ) begin
    if ( reset )
        ps2rdata <= 8'h00;
    else if ( cur==SETFLG & clkfall )
        ps2rdata <= sft[9:2];
end

/* SignalTap II 用クロック (1MHz) */
reg [4:0]    logcnt;

localparam MAX=5'd25;
wire cntend = (logcnt==MAX-1);

always @( posedge clk ) begin
    if ( reset )
        logcnt <= 5'h00;
    else if ( cntend )
        logcnt <= 5'h00;
    else
        logcnt <= logcnt + 5'h1;
end

always @( posedge clk ) begin
    if ( reset )
        LOGCLK <= 1'b0;
    else if ( cntend )
        LOGCLK <= ~LOGCLK;
end

endmodule
```

7-1-3　Nios II システムへの組み込み

最初に、以下のような最小限の構成の Nios II システムを作成します。

- Nios II/f プロセッサ
- 8K バイトのオンチップメモリ
- JTAG UART
- System ID

続いて第 6 章で説明した方法で、PS/2 インターフェース回路を組み込みます。いくつか補足および注意する点がありますので列挙して説明します。

■プロジェクト名およびコンポーネント・エディタでの名称

表7-3の名称でプロジェクトおよびQsys階層を作成します。Qsysで組み込むPS/2インターフェースのコンポーネント名も表にしたがって正しく設定してください（参考：図6-6（b））。特にコンポーネント名は、BSPプロジェクト内の「system.h」の中で定義されている定数マクロの名称に反映されます。このマクロはPS/2インターフェースの先頭アドレスを示しています。

▼表7-3 PS/2インタフェース回路のプロジェクト

ツール	項目	名称
-	作業フォルダ	ps2if
Quartus Prime	プロジェクト名	ps2if
	最上位階層名	ps2if
Qsys	Qsys階層名	ps2if_qsys
Component Editor	コンポーネント名	ps2if_ip
Nios II EDS	ワークスペース	software
	BSPプロジェクト	ps2if_bsp
	アプリケーションプロジェクト	ps2key_test
		ps2mouse_test
	テンプレート	Hello World Small
	テストプログラム	ps2key_test.c
		ps2mouse_test.c

■32ビット出力のPIO接続

マウス出力の確認用に、32ビットの出力ポートを経由して単体LED4個と、7セグメントLEDを4個接続しておきます。このためQsysで32ビット出力のPIOを配置します。8ビットごとにMSBに単体LED、下位7ビットに7セグメントLEDを接続します。

そしてPIO出力の初期値に0x7f7f7f7fとすると（図7-7）、単体および7セグメントLEDともに初期状態で消灯します。

▼図7-7 PIO出力の初期値設定

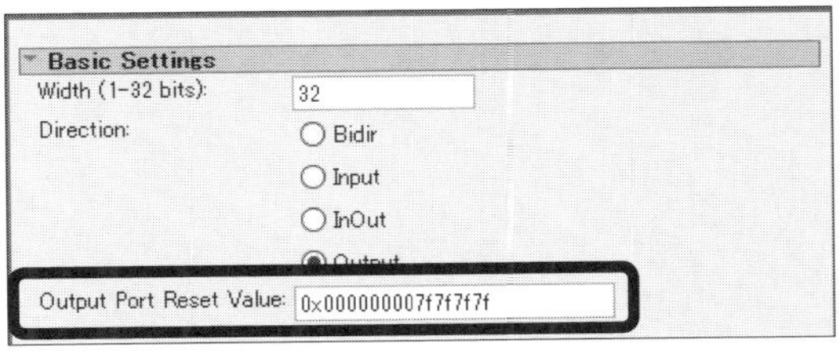

第7章　いろいろな周辺回路を設計

■最上位階層の記述

　本システムでのQsys階層の接続部分を**リスト7-2**に示します。PIO出力は32ビットなので8ビット単位で単体LEDと7セグメントLEDをまとめて接続しています。

　以上の注意点を確認できたら、

- Qsys階層の作成
- 最上位階層の作成
- 最上位階層、QIPファイル、制約ファイルをプロジェクトに追加
- ピンアサイン
- コンパイル

を実施してハードウェアを完成させてください。

▼ リスト7-2 PS/2システムの最上位階層抜粋（ps2if.v）

```
ps2if_qsys u0 (
    .clk_clk                         (CLK),
    .reset_reset_n                   (~RST),
    .ps2if_ip_0_conduit_end_ps2clk   (PS2_CLK),
    .ps2if_ip_0_conduit_end_ps2data  (PS2_DAT),
    .ps2if_ip_0_conduit_end_logclk   (),
    .pio_0_external_connection_export (
        {LEDR[3], HEX3,
         LEDR[2], HEX2,
         LEDR[1], HEX1,
         LEDR[0], HEX0} )
);
```

DE0-CVとDE1-SoCではマウスも同時接続できる

　本書で用いているTerasic社のDE0-CVとDE1-SoCには、PS/2コネクタが1個だけ実装されています。しかしピンアサイン・ファイル内には、PS2_CLK2、PS2_DAT2の2端子も定義されています。実際にPS/2コネクタに接続されていますので、かつてノートパソコンで用いた「Yケーブル」を使えば、キーボードとマウスを同時接続できます。

　QsysでPS/2ブロックを2つ配置し、2つめには最上位階層で先ほどのPS2_CLK2、PS2_DAT2を接続すればOKです。

　Nios II EDSによるプログラムでは、ベースアドレスがPS2_0_BASE、PS2_1_BASEと区別され、それぞれがキーボード用、マウス用になります（外部端子の接続によっては逆になります）。

　ちなみにPS/2コネクタを外付けする必要のあるDE10-Liteでは、Yケーブルを調達するより、PS/2コネクタをもう一つ接続した方が手っ取り早そうです。

7-1-4　キーボードのテストプログラム

　PS/2キーボードは、キーを押したときと離したときにデータを送ります。そのデータは、キートップに印刷された文字とは関連の薄いデータです。またシフトやコントロールキーも対応するコードを送信します。シフトと文字キーを同時に押した場合、特別なコードを送るのではなく、シフトキー、文字キーと順番にキーコードを送るだけです。したがってシフトの処理は受信したホスト側で行うことになります。

　キーとキーコードの対応を**表7-4**に示します[注7-6]。メイクコードはキーを押したときのコードで、ブレークコードはキーを離したときのコードです。複数バイトで構成されているコードは、連続的にデータを送ってきます。

▼ 表7-4　キーコード表

キー	メイクコード	ブレークコード	キー	メイクコード	ブレークコード	キー	メイクコード	ブレークコード
半角／全角	0E	F0 0E	U	3C	F0 3C	X	22	F0 22
1	16	F0 16	I	43	F0 43	C	21	F0 21
2	1E	F0 1E	O	44	F0 44	V	2A	F0 2A
3	26	F0 26	P	4D	F0 4D	B	32	F0 32
4	25	F0 25	@	54	F0 54	N	31	F0 31
5	2E	F0 2E	[	5B	F0 5B	M	3A	F0 3A
6	36	F0 36	CapsLock	58	F0 58	,	41	F0 41
7	3D	F0 3D	A	1C	F0 1C	.	49	F0 49
8	3E	F0 3E	S	1B	F0 1B	/	4A	F0 4A
9	46	F0 46	D	23	F0 23	¥	51	F0 51
0	45	F0 45	F	2B	F0 2B	右Shift	59	F0 59
−	4E	F0 4E	G	34	F0 34	左Ctrl	14	F0 14
^	55	F0 55	H	33	F0 33	左Windows	E0 1F	E0 F0 1F
¥	6A	F0 6A	J	3B	F0 3B	左Alt	11	F0 11
BS	66	F0 66	K	42	F0 42	無変換	67	F0 67
Tab	0D	F0 0D	L	4B	F0 4B	Space	29	F0 29
Q	15	F0 15	;	4C	F0 4C	前候補	64	F0 64
W	1D	F0 1D	:	52	F0 52	ひらがな	13	F0 13
E	24	F0 24	]	5D	F0 5D	右Alt	E0 11	E0 F0 11
R	2D	F0 2D	Enter	5A	F0 5A	右Windows	E0 27	E0 F0 27
T	2C	F0 2C	左Shift	12	F0 12	Application	E0 2F	E0 F0 2F
Y	35	F0 35	Z	1A	F0 1A	右Ctrl	E0 14	E0 F0 14

注7-6　ここで表に示したのは、テンキー、ファンクションキー、カーソルキーなどを除いた、「内側」のキーだけとした。

第7章　いろいろな周辺回路を設計

　テストプログラムでは、仕様を完全に実現するのではなく、最小限のテストを行うことにします。**表7-4**のうち画面表示可能な文字のキーだけにします。またコマンドを送ることはせず、キーボードから送られてくるデータだけを処理することにします。

　処理内容は以下のようになります。

- データを受信したら、コード変換してコンソールに対応する文字を表示する
- 表示可能でないキーの場合（シフトやコントロールキーなど）は何もしない
- キーが離されたときのデータ（ブレークコード）には反応しないようにする

　リスト7-3にキーボードのテストプログラムを示します。キーコードの対応表を定数配列で保持し、受信データと比較して一致していればその文字を表示します。出力はalt_printf()を用い、Nios II EDSのコンソールウインドウにキーに対応した文字で表示します。この表に該当するものがなければ、何も表示しません。

　また、キーを離したときのブレークコードに反応しないようにするため、postF0というフラグを用意して、ブレークコードに含まれる0xF0を受信したら、次に続くコードを無視するようにしています。

▼ **リスト 7-3 キーボードのテスト（ps2key_test.c）**

```c
#include "sys/alt_stdio.h"
#include "io.h"
#include "system.h"

unsigned char chgcode( unsigned char code );

/* キーコード変換用配列 */
const unsigned char keytbl[128][2] = {
    {0x16, '1'}, {0x1e, '2'}, {0x26, '3'}, {0x25, '4'},
    {0x2e, '5'}, {0x36, '6'}, {0x3d, '7'}, {0x3e, '8'},
    {0x46, '9'}, {0x45, '0'}, {0x4e, '-'}, {0x55, '^'},
    {0x6a, '¥'},{0x15, 'q'}, {0x1d, 'w'}, {0x24, 'e'},
    {0x2d, 'r'}, {0x2c, 't'}, {0x35, 'y'}, {0x3c, 'u'},
    {0x43, 'i'}, {0x44, 'o'}, {0x4d, 'p'}, {0x54, '@'},
    {0x5b, '['}, {0x1c, 'a'}, {0x1b, 's'}, {0x23, 'd'},
    {0x2b, 'f'}, {0x34, 'g'}, {0x33, 'h'}, {0x3b, 'j'},
    {0x42, 'k'}, {0x4b, 'l'}, {0x4c, ';'}, {0x52, ':'},
    {0x5d, ']'}, {0x1a, 'z'}, {0x22, 'x'}, {0x21, 'c'},
    {0x2a, 'v'}, {0x32, 'b'}, {0x31, 'n'}, {0x3a, 'm'},
    {0x41, ','}, {0x49, '.'}, {0x4a, '/'}, {0x51, '¥'},
    {0x29, ' ' } };

#define VALID    0x01
```

続く➡

```c
#define KYCDMAX 49    /* 配列に用意したキーコードの数 */

int main()
{
    int ps2in;
    int postF0=0;

    while(1) {
        while ( (IORD_8DIRECT(PS2IF_IP_0_BASE, 0) & VALID)==0 );
        IOWR_8DIRECT(PS2IF_IP_0_BASE, 0, 0);
        ps2in = IORD_8DIRECT(PS2IF_IP_0_BASE, 1) & 0xff;
        if ( ps2in==0xf0 )    /* F0とその直後は表示しない */
            postF0 = 1;
        else if ( postF0==1 )
            postF0 = 0;
        else
            alt_printf("%c", chgcode(ps2in));
    }
    return 0;
}

/* キーコードの変換 */
unsigned char chgcode( unsigned char code )
{
    int i;

    for ( i=0; i<KYCDMAX; i++ ) {
        if ( keytbl[i][0]==code )
            break;
    }

    if ( i>=KYCDMAX )
        return 0x00;
    else
        return keytbl[i][1];
}
```

7-1-5 サンプリングクロックを工夫して波形観測

　今回のように、ハードウェアとソフトウェアを両方新規に作成した場合、デバッグ時にどちらに問題があるのか判断が付かないことが多々あります。このようなときは、ロジックアナライザ機能のSignalTap IIで波形観測をすると原因箇所を見つけやすくなります。今回の場合、ステートマシンやシフトレジスタの動作を観測すれば、およその見当が付きます。

　その際問題となるのが、SignalTap IIでのクロックの指定です。PS2CLKを使えばよさ

そうですが、キーを押していないときは PS2CLK は 1 のままです。そもそも PS2CLK 自身が観測できません。

ではシステムクロック CLK を使ったらどうでしょうか。図 7-8（a）が、CLK でサンプリングした例です。サンプリング数を 32K 個に設定して内蔵メモリの容量を目一杯使ってみたのですが、1 回の転送分すべては取り込めませんでした[注7-7]。

そこで観測用のクロックとして、1MHz の信号（リスト 7-1 の LOGCLK[注7-8]）を作成し、取り込んだのが図 7-8（b）です。サンプリング数としては 1000 個程度で 1 受信データを観測できます。このキーボードの速度は 1 ビット当たり 80 μS、1MHz クロックで 80 サンプル程度ですので、観測用のクロックをさらに遅くすることで、内蔵メモリの使用量を大幅に減らすこともできます。

▼図 7-8　クロックの違いによる観測波形

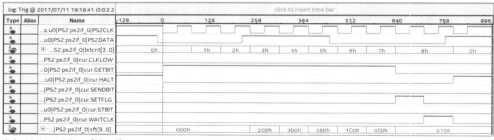

(a) システムクロック（50MHz）でサンプリング

(b) 1MHz でサンプリング

今回の観測方法は、第 4 章の図 4-4 で示した「内部クロック」に相当します。ロジック

注 7-7　これは MAX 10 搭載の DE10-Lite の場合。DE0-CV と DE1-SoC では、64K サンプルまで可能なのでかろうじて 1 転送分取り込める。

注 7-8　使っていない信号は Quartus Prime でのコンパイル時に最適化によって抹消される可能性がある。そこで LOGCLK が Qsys 階層の出力となるように PS/2 インターフェース回路から出力させた。その代わり最上位階層ではどこにも接続していない（リスト 7-2）。とりあえずこの方法で抹消されずに済んでいる。

アナライザの内部で作成し、観測データと同期しないクロックでサンプリングしています。その内部クロックは、速くても遅くても確実な観測ができず、適切な周波数が存在することになります。

7-1-6　マウスのテストプログラム

キーボードは一方的にデータを受信するだけでよかったのですが、マウスではコマンドで初期設定をしないと動作しません。**表 7-5** に主要コマンドを示します。この中で重要なのが、イネーブルコマンドです。これをマウスに送信することで、マウスが機能し移動量を送ってきます。なお**表 7-5** の「マウス応答」とは、コマンドに対するマウスの応答データです。イネーブルコマンドに対して、最初にマウスが返すデータは移動量ではなくこの応答データです。

▼ 表 7-5　主要コマンドとマウスの応答

内容	コマンドコード	マウス応答
リセット	FF	FA
		AA
		<マウス ID>
イネーブル	F4	FA
ディセーブル	F5	FA
サンプルレート設定	F3 <DATA>	FA

初期化された後、マウスからは**表 7-6** のように 3 バイト連続したデータを送ってきます。X、Y の移動量は、符号と 8 ビットをあわせて 2 の補数表現された 9 ビットの値として表現されます。したがって −255 〜 +255 の範囲になります。数学的な座標と同じく、右側が X 軸のプラス、上側が Y 軸のプラスになります。マウスのボタンが押されたときは、対応するビットが 1 になります。

▼ 表 7-6　マウス出力のフォーマット

	7	6	5	4	3	2	1	0
1 バイト目	Y オーバーフロー	X オーバーフロー	Y 符号ビット	X 符号ビット	1	中ボタン	右ボタン	左ボタン
2 バイト目	X 移動量							
3 バイト目	Y 移動量							

第7章　いろいろな周辺回路を設計

　テストプログラムの仕様は次のとおりです。マウスの値は図7-9のように7セグメントLED4桁を使って表示します。初期状態ではX、Yとも0x00とし、移動量を積算して16進数で表示します。各軸とも0x00 ～ 0xFFの範囲でしか表示できませんので、すぐに範囲を超えてしまいます。左右ボタンを同時押しすると0x00にリセットします。左右のボタンの状態は、単体LEDのLEDR1とLEDR0を使って表示し、クリックすれば点灯します。

▼ 図7-9　マウステストの仕様

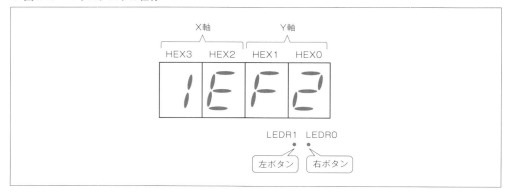

　テストプログラムをリスト7-4に示します。送信はputdata()、受信はgetdata()の各関数で行います。コマンドに対するマウスからの応答は無視しています。リセット（0xFF）と、イネーブル（0xF4）のコマンドを送った後は、3データずつ受信し移動量から積算量を算出し、16進数に変換して表示しています。

　所々に、コンソール出力のalt_printf()がコメントアウトしていますが、これを外すと動作が怪しくなります。alt_printf()は、Nios IIシステムの周辺回路であるJTAG UARTを通じてデータを送る関数ですが、転送速度がかなり遅いようです。このため、これを使うとマウスからのデータを取りこぼしてしまい、3データの整合が取れなくなってしまいます。マウスのデータには何バイト目かを確定するビットなどないので、一度ずれると収拾が付かなくなります。PIOを経由して7セグメントLEDに値を表示するだけなら、マウスのデータを取りこぼすほど処理時間はかかりません。

▼ リスト7-4　マウスのテスト（ps2mouse_test.c）

```
#include "sys/alt_stdio.h"
#include "io.h"
#include "system.h"

#define DVALID   0x01
```

続く➡

```c
#define EMPTY    0x02

void putdata( int data );
int getdata(void);
int seg7dec( int indata );

int main()
{
    int data1, data2, data3, L, R;
    int posx=0, posy=0, dx, dy;
    int piodata=0x40404040;
    IOWR_32DIRECT(PIO_0_BASE, 0, piodata);    /* 7セグ表示をすべて0に初期化 */

    putdata(0xFF);         /* リセットコマンド送信 */
    data1 = getdata();  /* マウス応答を受信(チェックしない) */
    data2 = getdata();
    data3 = getdata();
    // alt_printf("res1=%x %x %x¥n", data1, data2, data3);

    putdata(0xF4);         /* イネーブルコマンド送信 */
    data1 = getdata();   /* マウス応答を受信(チェックしない) */
    // alt_printf("res2=%x¥n", data1);

    while(1) {
        /* マウスから3データ受信 */
        data1 = getdata();
        data2 = getdata();
        data3 = getdata();

        /* X、Yの符号ビットを取り出し、9ビットの移動量とする */
        if ( (data1 & 0x10) != 0)
            dx = data2 | 0xffffff00;
        else
            dx = data2;
        if ( (data1 & 0x20) != 0)
            dy = data3 | 0xffffff00;
        else
            dy = data3;

        /* 移動量を現在位置に加算 */
        posx = posx + dx;
        posy = posy + dy;

        /* 左右ボタンの検出 */
        L = ( (data1 & 0x01) != 0) ? 1: 0;
        R = ( (data1 & 0x02) != 0) ? 1: 0;
        // alt_printf("dx=%x dy=%x L=%x R=%x¥n", dx, dy, L, R);

        /* 表示用のデータ作り(現在位置) */
```

続く➡

第7章 いろいろな周辺回路を設計

```c
            piodata = seg7dec((posx >> 4) & 0x0f);
            piodata = (piodata <<8) | (seg7dec(posx & 0x0f)          & 0xff);
            piodata = (piodata <<8) | (seg7dec((posy >> 4) & 0x0f) & 0xff);
            piodata = (piodata <<8) | (seg7dec(posy & 0x0f)          & 0xff);

            /* 表示用のデータ作り（左右ボタン） */
            if ( L==1 )
                piodata |= 0x00008000;
            if ( R==1 )
                piodata |= 0x00000080;
            if ( L==1 && R==1 )
                posx = posy = 0;       /* 両方押されたら現在位置をリセット */

            /* PIOに書き込んで表示 */
            IOWR_32DIRECT(PIO_0_BASE, 0, piodata);
        }
        return 0;
    }

/* マウスへ1バイト送出 */
void putdata( int data )
{
    while ( (IORD_8DIRECT(PS2IF_IP_0_BASE, 0) & EMPTY)==0 );
    IOWR_8DIRECT(PS2IF_IP_0_BASE, 2, data);
}

/* マウスから1バイト受信 */
int getdata(void)
{
    int ps2in = 0;
    while ( (ps2in & DVALID)==0 ) {
        ps2in=IORD_8DIRECT(PS2IF_IP_0_BASE, 0);
    }
    ps2in &= ~DVALID;
    IOWR_8DIRECT(PS2IF_IP_0_BASE, 0, ps2in);
    return IORD_8DIRECT(PS2IF_IP_0_BASE, 1);
}

/* 7セグメント・デコーダ */
int seg7dec( int indata )
{
    int temp;
    switch ( indata ) {
        case 0x0: temp = 0x40; break;
        case 0x1: temp = 0x79; break;
        case 0x2: temp = 0x24; break;
        case 0x3: temp = 0x30; break;
        case 0x4: temp = 0x19; break;
        case 0x5: temp = 0x12; break;
```

続く➡

```
            case 0x6:  temp = 0x02; break;
            case 0x7:  temp = 0x58; break;
            case 0x8:  temp = 0x00; break;
            case 0x9:  temp = 0x10; break;
            case 0xA:  temp = 0x08; break;
            case 0xB:  temp = 0x03; break;
            case 0xC:  temp = 0x46; break;
            case 0xD:  temp = 0x21; break;
            case 0xE:  temp = 0x06; break;
            case 0xF:  temp = 0x0e; break;
            default:   temp = 0x7f; break;
        }

        return temp;
}
```

7-1-7　スクロールホイールへの対応

つぎにスクロールホイールに対応させてみます。スクロールホイールの回転量は、**表7-7（a）** に示すように4バイト目のデータとして送られてきます。Zは符号付数値であり、手前方向の回転がプラスとなります。

スクロールホイール機能を使うためには、これを有効にするための初期化コマンドが必要でやや複雑です。マウスのリセットコマンドに続き、**表7-7（b）** のコマンドを連続的に送出します。この後、イネーブルコマンドを送出すれば、4バイトのデータを送ってきます。なおマウスがスクロールホイール非対応の場合は、初期化コマンド最後の「ID読み出し」で、0x03の代わりに0x00を応答します。

本機能を実現する制御プログラムは本章の課題としますので、みなさんで作成してみてください。

▼ 表7-7　スクロールホイール対応

(a) マウス出力

	7	6	5	4	3	2	1	0
1バイト目	Yオーバーフロー	Xオーバーフロー	Y符号ビット	X符号ビット	1	中ボタン	右ボタン	左ボタン
2バイト目	X移動量							
3バイト目	Y移動量							
4バイト目	Z移動量（ホイール）							

(b) 初期化コマンド

内容	コマンドコード	マウス応答
サンプルレート：200	F3	FA
	C8	FA
サンプルレート：100	F3	FA
	64	FA
サンプルレート：80	F3	FA
	50	FA
ID 読み出し	F2	FA 03

7-2 VGA 文字表示回路

本書で取り扱うFPGAボードには、VGAのコネクタが付いています。PS/2と同様にインターフェースを作成することで、画面表示が可能になります。グラフィックスの表示には大量のメモリが必要になるので、ここでは文字だけを表示する回路を作成してみます。

7-2-1　VGAインターフェースの仕様概要

　設計に先立ち、映像信号の基本を簡単に説明します。パソコンのディスプレイ・インターフェースは、DVIやHDMIなどデジタル接続が主流になりましたが、これらの信号も基本はアナログテレビです。

　ブラウン管を用いたアナログテレビでは、電子ビームを左から右へ、かつ上から下へ高速で移動させることで映像を表示しています（図7-10）。ブラウン管の根本に巨大な電磁石があり、水平および垂直の走査信号を電磁石に与えることで、電子ビームの移動を実現しています。

　これらの走査信号は、

- 直線的に変化する
- 最大値から0へは瞬時に戻る

のが理想ですが、現実には信号の変化点付近では直線性が損なわれてしまいます。このため各走査信号の「両端」に近い部分は使わず、中央部分だけに映像をのせています。

　また映像信号に水平と垂直の同期信号を含めることで、映像信号にあわせて電子ビームを移動させることができ、撮影した画像を再現できます。

第 7 章　いろいろな周辺回路を設計

▼図 7-10　映像信号の基本はアナログテレビ

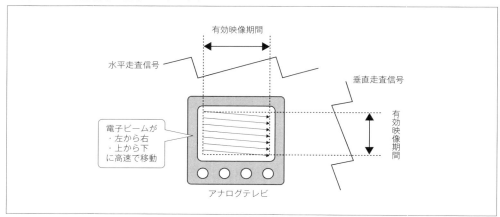

　パソコンのディスプレイ装置もブラウン管を使っていたため、アナログテレビと同様の手法で表示を行います。水平と垂直の同期信号を持ち、電子ビームを走査させるのに適した信号方式になっています。その後、画面の高解像度化にあわせて周波数が高くなり、表示装置は LCD に、接続は DVI などのデジタルになってきましたが、基本的な方式は変わりません注7-9。

　本節では VGA インターフェース規格に基づいた文字表示回路を作成します。図 7-11 に示すように、800 ドット × 525 ラインの映像信号範囲があり、この中の 640 ドット × 480 ラインを表示領域とします。また非表示領域のタイミングには水平と垂直の同期信号があり、映像の開始点を伝えるために使っています。

▼図 7-11　VGA タイミングの概略

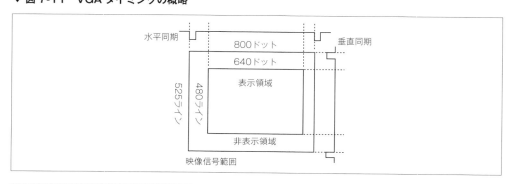

注 7-9　DisplayPort になってようやくアナログテレビ規格の呪縛から解き放された。データ転送において走査線単位で行っていた DVI/HDMI に対し、パケット単位で行うようになった。このため非表示領域のようなムダなタイミングも解消された。

7-2 VGA文字表示回路

　同期信号の詳細を**図7-12**に示します[注7-10]。同期信号はローアクティブです。これもアナログテレビ信号から受け継いだものです。それぞれの同期信号前後には、フロントポーチおよびバックポーチ部分があり、同期信号を含めて非表示領域（ブランキング）になっています。表示領域との境目にボーダ部分がありますが、これも実質的に非表示領域です。

▼ 図7-12　同期信号の詳細

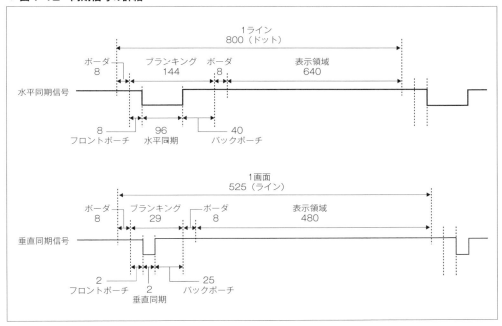

　以上をまとめたものが、**表7-8**です。FPGAボードのシステムクロックは50MHzですので、これを2分周して25MHzを作りピクセルクロックとしました。各同期信号も映像出力も、このクロックで作成します。

▼ 表7-8　動作タイミング詳細

(a) 全体タイミング

ピクセルクロック周波数	25	MHz
水平同期周波数	31.25	kHz
垂直同期周波数	59.5	Hz

注　31.25kHz = 25MHz ÷ 800
　　59.5Hz = 31.25kHz ÷ 525

注7-10　ディスプレイ関連の標準化団体「VESA」の定めた値に基づいている。ただし映像装置はある程度の変動にも対応できるよう動作の許容範囲が広めになっているので、正確にこの値通りでなくても動作する。

(b) 水平タイミング

水平同期間隔		800	ドット
ボーダ		8	ドット
ブランキング	フロントポーチ	8	ドット
	水平同期パルス幅	96	ドット
	バックポーチ	40	ドット
ボーダ		8	ドット
水平表示期間		640	ドット

(c) 垂直タイミング

垂直同期間隔		525	ライン
ボーダ		8	ライン
ブランキング	フロントポーチ	2	ライン
	垂直同期パルス幅	2	ライン
	バックポーチ	25	ライン
ボーダ		8	ライン
垂直表示期間		480	ライン

7-2-2　VGA文字表示回路の設計仕様

　それでは実際に作成するVGA文字表示回路の仕様を説明します。そもそも文字表示だけにしたのはFPGA内蔵のメモリ容量がさほど大きくはないのが理由です。FPGAボードのVGA出力は、RGB各色4ビットです。したがって、

640ドット×480ライン×4ビット×3色＝約3.69Mビット＝約460Kバイト

必要です。FPGAの内蔵メモリは、これほど大容量ではありません[注7-11]。そこで文字だけを表示する回路にしました。

　図7-13に表示の仕様を示します。1文字は縦横8ドットで構成し（図7-13（a））、これを横80文字、縦50文字並べて表示します。VRAM（Video RAM：画像用メモリ）と呼ばれるメモリに文字コードや色の情報を記憶し（図7-13（b））、これを読み出して画面に文字パターンを表示します。文字パターンはCGROM（Character Generator ROM）と呼ばれるROMに格納しています。なお表示できる文字は、英数字だけとします。

　縦方向を50文字としたのは、表示文字数を2の累乗値である4096を超えないようにしたかったからです。第1章の図1-5で示したように、FPGA内蔵メモリは連続的ではなく段階的に容量が増えるので、その境界値以内にしておけば使用効率が高くなります。そのかわり縦方向全体で400ラインになりますので、VGA規格の480ライン中、上下40ラインは非表示になります（図7-13（c））。

　必要なメモリは、

- 文字コード……8ビット
- 色情報　　……RGB各4ビットで合計12ビット

となり、1文字当たり20ビット必要です。ここでは設計を簡単にするために、少々贅沢

注7-11　外付けのSDRAMは64Mバイトもあるので、これを使った例を次章で説明する。Avalonバスのマスター側を設計し、表示タイミングを保証するためFIFOを利用するなど難易度は高い。

7-2 VGA文字表示回路

ですが32ビットに割り当て、VRAMを32ビット×4096ワードの構成にしました（**図7-14**）。さらにソフトウェア作成の負担を減らすよう、文字コードは下位16ビット側に、色情報は上位16ビット側に割り当てました注7-12。

▼ **図7-13 表示仕様**

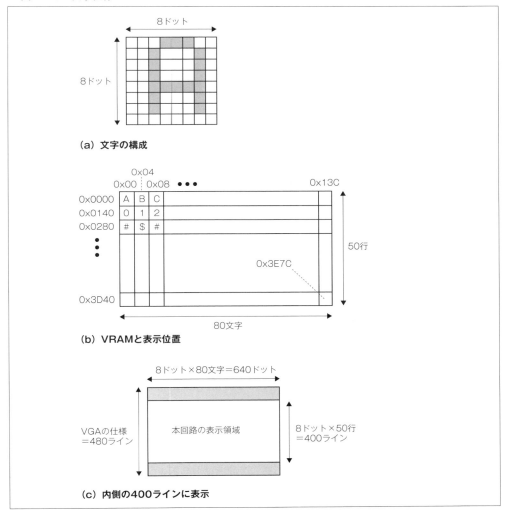

(a) 文字の構成

(b) VRAMと表示位置

(c) 内側の400ラインに表示

注7-12　20ビット構成の内蔵メモリを構築することは可能だが、バイト単位での書き換えが想定通りに行えない。つまり上位12ビットに色情報を、下位8ビットに文字コードを割り当てた場合、色だけもしくは文字だけの書き換えができない。20ビット構成でバイトイネーブルを有効にすると、5ビットもしくは10ビット単位でのイネーブルになってしまうからである。

第 7 章　いろいろな周辺回路を設計

▼図 7-14　VRAM の構成

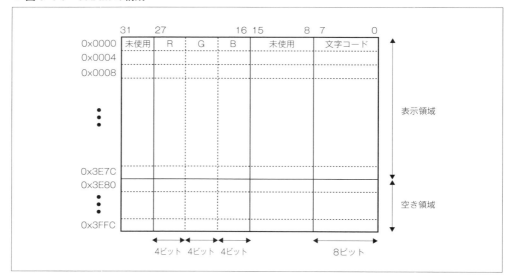

7-2-3　ブロック図とタイミングチャート

　以上をもとに作成した VGA 文字表示回路のブロック図を**図 7-15** に示します。要点を中心に説明します。

■ 大半は PCK で動作

　システムクロック CLK を 2 分周した PCK（ピクセルクロック）を作成し、これを使って大半を動作させています。CLK を使っているのは VRAM のアクセスと PCK の作成部だけです。なお Avalon バスの clk は CLK に接続しているので、同一信号です。

■ syncgen ブロックの水平と垂直のカウンタを基本にすべてを制御

　syncgen ブロックには、800 進の HCNT（水平カウンタ）と 525 進の VCNT（垂直カウンタ）があり、表示領域の左上でそれぞれ 0 に戻します。これらのカウンタの値をもとに同期信号や、VRAM の読み出しアドレス vramaddr、さらに CGROM のアドレスも作成しています。
　実際には HCNT や VCNT から一定値を引いた値（iHCNT や iVCNT）を使っています。これにより表示データを用意する地点を 0 から始まるようにしました。syncgen ブロックは次章のグラフィック表示回路でも利用しますので、このような構成にしました。

7-2 VGA文字表示回路

■ **シフトレジスタで1ドットずつ出力**

VRAMからの文字コードと垂直カウンタをアドレスとして、CGROMから文字パターン1ライン分を取り出します。これをシフトレジスタに格納し、PCKでシフトして1ドットずつ出力します。色情報は、シフトレジスタへの格納と同時にFFに取り込み、1文字の送出中は色情報を固定して出力し続けます。

■ **表示範囲外では出力は0**

水平・垂直のカウント値から表示範囲を判別し、範囲外の場合にはR、G、Bの出力をすべて0にします。R、G、Bの出力は最後にFFに取り込んで、ハザードのないきれいな信号で出力します。

▼ 図7-15 VGA文字表示回路のブロック図

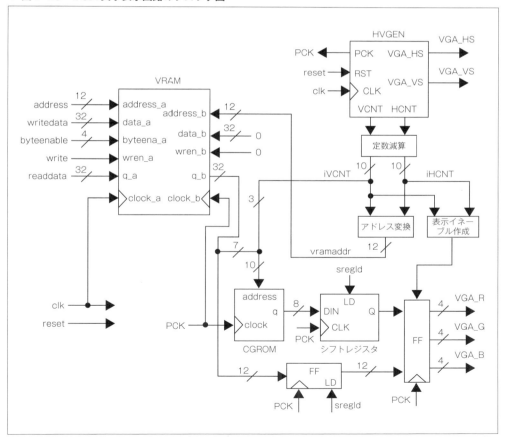

第7章　いろいろな周辺回路を設計

■ VRAM は独立して 2 系統の読み書きができるデュアルポート構成

　VRAM は Avalon バス側からの読み書きと、表示側からの読み出しが同時に行えるデュアルポート RAM を使用します。それぞれ独立したアドレス、データ入力、データ出力、クロックを持ちます。読み書きにはそれぞれ 1 クロックを必要とします。

　IP Catalog でメモリブロックを作成でき、この中でデュアルポートを指定できます。なお表示側からの書き込みは使いませんので、データ入力や書き込み信号は 0 を与えて固定しています。

■ CGROM の初期値は別途ファイルで与える

　CGROM の作成も IP Catalog で行い、この中で初期値用のファイルを指定できます。回路をコンパイルすると、初期値データはコンフィグレーション用のファイルの中に含まれます。

　各ブロックの動作を示したタイミングチャートを図 7-16、図 7-17 に示します。それぞれ画像の始まりと終了時点の波形を中心に掲載しました。かなり省略していますが、類推で読み取ってください注7-13。

注 7-13　1 画面は 42 万ピクセルクロック（800 × 525）にも達するので、画像関係のタイミングチャートは、大幅に省略したものになるのが通例。慣れれば、これだけで十分と言える。

7-2 VGA文字表示回路

▼図7-16 水平方向タイミング

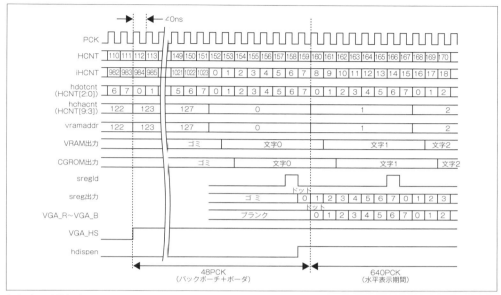

（a）表示開始部分

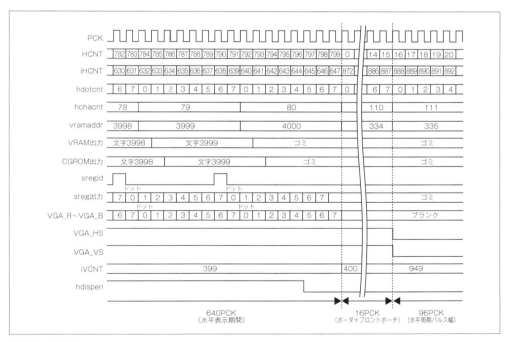

（b）表示終了部分

第7章　いろいろな周辺回路を設計

▼ 図 7-17　垂直方向タイミング

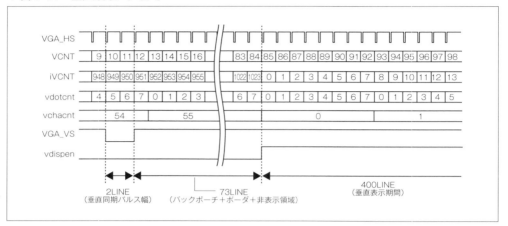

(a) 表示開始部分

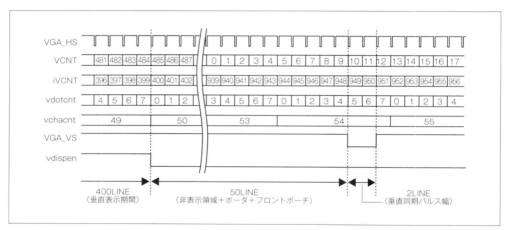

(b) 表示終了部分

　回路記述をリスト 7-5 〜 リスト 7-7 に示します．二つの階層（vgaif_ip、syncgen）から構成されています．

▼ リスト 7-5　VGA 文字表示回路（vgaif_ip.v）

```
module vgaif_ip (
    /* Avalon バス */
    input           clk, reset,
    input   [11:0]  address,
    input   [3:0]   byteenable,
    input           write, read,
```

続く➡

```verilog
    input      [31:0]  writedata,
    output     [31:0]  readdata,
    /* VGA出力 */
    output     [3:0]   VGA_R,
    output     [3:0]   VGA_G,
    output     [3:0]   VGA_B,
    output             VGA_HS, VGA_VS
);

/* VGA(640×480)用パラメータ読み込み */
`include "vga_param.vh"

wire    [9:0]   HCNT;
wire    [9:0]   VCNT;
wire            PCK;

/* syncgen接続 */
syncgen syncgen (
    .CLK    (clk),
    .RST    (reset),
    .PCK    (PCK),
    .VGA_HS (VGA_HS),
    .VGA_VS (VGA_VS),
    .HCNT   (HCNT),
    .VCNT   (VCNT)
);

/* 内部での参照用にカウント値を変換 */
wire [9:0] iHCNT = HCNT - HFRONT - HWIDTH - HBACK + 10'd8;
wire [9:0] iVCNT = VCNT - VFRONT - VWIDTH - VBACK - 10'd40;

/* VRAM接続信号 */
wire [31:0] vramout;
wire [11:0] vramaddr;

/* VRAM接続 */
VRAM VRAM (
    .data_a    ( writedata ),
    .address_a ( address ),
    .wren_a    ( write ),
    .byteena_a ( byteenable ),
    .clock_a   ( clk ),
    .q_a       ( readdata ),
    .data_b    ( 32'h0 ),
    .address_b ( vramaddr ),
    .wren_b    ( 1'b0 ),
    .clock_b   ( PCK ),
    .q_b       ( vramout )
);
```

続く➡

第7章　いろいろな周辺回路を設計

```verilog
    wire [2:0] vdotcnt;
    wire [7:0] cgout;

    /* CGROM 接続 */
    CGROM CGROM (
        .address({vramout[6:0], vdotcnt}),
        .q       (cgout),
        .clock   (PCK)
    );

    /* HCNT と VCNT を文字とドットのカウンタとして分けて考える */
    wire [6:0] hchacnt = iHCNT[9:3];   /* 水平文字カウンタ   */
    wire [2:0] hdotcnt = iHCNT[2:0];   /* 水平ドットカウンタ */
    wire [5:0] vchacnt = iVCNT[8:3];   /* 垂直文字カウンタ   */
    assign     vdotcnt = iVCNT[2:0];   /* 垂直ドットカウンタ */

    /* VRAM のアドレス生成　vramaddr ← vchacnt * 80 + hchacnt */
    assign vramaddr = (vchacnt<<6) + (vchacnt<<4) + hchacnt;

    /* シフトレジスタ */
    reg [7:0] sreg;
    wire sregld = (hdotcnt==3'h6 && iHCNT<10'd640);

    always @( posedge PCK ) begin
        if ( reset )
            sreg <= 8'h00;
        else if ( sregld )
            sreg <= cgout;
        else
            sreg <= {sreg[6:0], 1'b0};
    end

    /* 色情報を sreg の LD と同時に取り込む */
    reg [11:0] color;

    always @( posedge PCK ) begin
        if ( reset )
            color <= 12'h000;
        else if ( sregld )
            color <= vramout[27:16];
    end

    /* 水平、垂直表示イネーブル信号 */
    wire hdispen = (10'd7<=iHCNT && iHCNT<10'd647);
    wire vdispen = (iVCNT<9'd400);

    /* RGB 出力信号作成 */
    reg [11:0] vga_rgb;
```

続く➡

```
always @( posedge PCK ) begin
    if ( reset )
        vga_rgb <= 12'h000;
    else
        vga_rgb <= color & {12{hdispen & vdispen & sreg[7]}};
end

assign VGA_R = vga_rgb[11:8];
assign VGA_G = vga_rgb[ 7:4];
assign VGA_B = vga_rgb[ 3:0];

endmodule
```

▼ リスト7-6 同期信号生成回路（syncgen.v）

```
module syncgen (
    input              CLK,
    input              RST,
    output reg         PCK,
    output reg         VGA_HS,
    output reg         VGA_VS,
    output reg [9:0]   HCNT,
    output reg [9:0]   VCNT
);

/* VGA(640 × 480) 用パラメータ読み込み */
`include "vga_param.vh"

/* システムクロックを2分周してPCKを生成 */
initial PCK = 1'b0;

always @( posedge CLK ) begin
    PCK <= ~PCK;
end

/* 水平カウンタ */
wire hcntend = (HCNT==HPERIOD-10'h001);

always @( posedge PCK ) begin
    if ( RST )
        HCNT <= 10'h000;
    else if ( hcntend )
        HCNT <= 10'h000;
    else
        HCNT <= HCNT + 10'h001;
end
```

続く➡

```verilog
/* 垂直カウンタ */
always @( posedge PCK ) begin
    if ( RST )
        VCNT <= 10'h000;
    else if ( hcntend ) begin
        if ( VCNT == VPERIOD - 10'h001 )
            VCNT <= 10'h000;
        else
            VCNT <= VCNT + 10'h001;
    end
end

/* 同期信号 */
wire [9:0] hsstart = HFRONT - 10'h001;
wire [9:0] hsend   = HFRONT + HWIDTH - 10'h001;
wire [9:0] vsstart = VFRONT;
wire [9:0] vsend   = VFRONT + VWIDTH;

always @( posedge PCK ) begin
    if ( RST )
        VGA_HS <= 1'b1;
    else if ( HCNT==hsstart )
        VGA_HS <= 1'b0;
    else if ( HCNT==hsend )
        VGA_HS <= 1'b1;
end

always @( posedge PCK ) begin
    if ( RST )
        VGA_VS <= 1'b1;
    else if ( HCNT==hsstart ) begin
        if ( VCNT==vsstart )
            VGA_VS <= 1'b0;
        else if ( VCNT==vsend )
            VGA_VS <= 1'b1;
    end
end

endmodule
```

▼ リスト7-7　VGAタイミング作成用インクルードファイル（vga_param.vh）

```verilog
/* VGA(640 × 480) パラメータ */
localparam HPERIOD = 10'd800;
localparam HFRONT  = 10'd16;
localparam HWIDTH  = 10'd96;
localparam HBACK   = 10'd48;
```

続く➡

```
localparam VPERIOD = 10'd525;
localparam VFRONT  = 10'd10;
localparam VWIDTH  = 10'd2;
localparam VBACK   = 10'd33;
```

> **DE1-SoC は RGB 各色 8 ビット可能なビデオ DAC を搭載**
>
> 本書で取り扱っている 3 種類の FPGA ボードの中で一番高性能な DE1-SoC は、VGA 出力の性能も 1 ランク上です。RGB 各色 8 ビット可能なビデオ DAC を搭載しており、文字色も 1600 万色が可能です。
> その代わり、ビデオ DAC に必要な出力信号を追加する必要があります。詳しくは Appendix II-2 を参照してください。

7-2-4 IP Catalog によるメモリの生成

それでは Quartus Prime でシステムを作成してみましょう。まずは**表 7-9** の名称でプロジェクトを作成します。その後、以下の手順でメモリ類を生成します[注7-14]。その際、**表 7-9** に示した「ROMRAM」フォルダを作業フォルダ直下に作成し、生成したメモリをこちらに保存することにします。

▼ **表 7-9 VGA 文字表示回路のプロジェクト**

ツール	項目	名称
-	作業フォルダ	vgaif
Quartus Prime	プロジェクト名	vgaif
	最上位階層名	vgaif
IP Catalog	VRAM および CGROM 保存フォルダ	ROMRAM
Qsys	Qsys 階層名	vgaif_qsys
Component Editor	コンポーネント名	vgaif_ip
	回路記述	vgaif_ip.v syncgen.v vga_param.vh
Nios II EDS	ワークスペース	software
	BSP プロジェクト	vgaif_test_bsp
	アプリケーションプロジェクト	vgaif_test
	テンプレート	Hello World Small
	テストプログラム	vgaif_test.c

注 7-14 　内蔵メモリの仕様は FPGA ごとに細かい点が異なる。したがってこの設定項目も FPGA に依存する。ここで示したのは DE0-CV や DE1-SoC に搭載している Cyclone V の場合であり、DE10-Lite 搭載の MAX 10 では若干異なる。類推して設定してもらいたい。

① IP Catalog からデュアルポートの RAM を選択（図 7-18（a））

画面右側の IP Catalog から、[Basic Functions] → [On Chip Memory] → [RAM: 2-PORT] をダブルクリックします。

▼図 7-18　IP Catalog による VRAM の生成

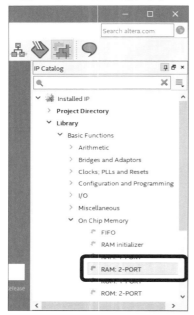

(a) IP Catalog から「RAM: 2-PORT」を選択

②作成するメモリの名称と保存先を指定（図 7-18（b））

保存先の「ROMRAM フォルダ」とファイル名「VRAM.v」を指定します。出力するファイル形式はデフォルトの「Verilog」とします。

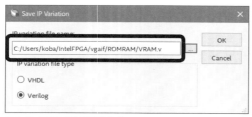

(b) 生成する IP 名称を入力

③独立して2系統の読み書きができるタイプを選択（図7-18（c））

「With two read/write ports」を選びます。もう一つの方は、書き込みと読み出しが独立しているだけの簡易版デュアルポートです。

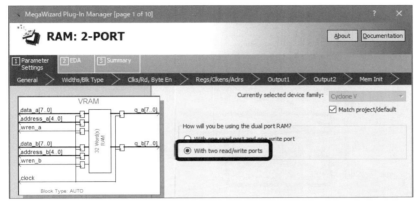

(c) 2つの読み書きポートのあるタイプを指定

④ワード数とビット幅を選択（図7-18（d））

プルダウンメニューから、ワード数「4096」とビット幅「32」を選択します。

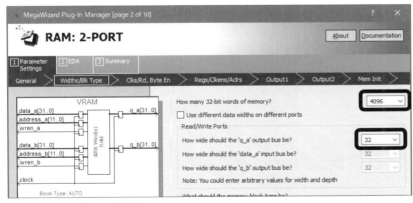

(d) ワード数とビット幅を入力

⑤クロックとバイトイネーブルの設定（図7-18（e））

Aポート（CPU側）とBポート（表示側）で別のクロックを使いますので「Dual clock: use separate clocks for A and B ports」を選びます。バイトイネーブル信号はA

ポート側だけ使いますので「Create byte enable for port A」だけをチェックしておきます。

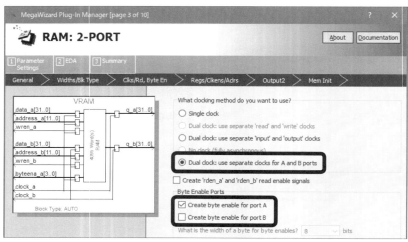

(e) クロックとバイトイネーブルの設定

⑥出力レジスタなしを選択（図7-18（f））

読み出し時にレジスタを経由しないで出力したいので、レジスタありのチェックを外しておきます。なお、アドレスや書き込みデータなどのレジスタは外すことはできません。したがって、書き込みも読み出しも1クロック必要になります。

これ以降はデフォルト設定でかまいませんので「Next」をクリックし続けて最終画面まで進めます。

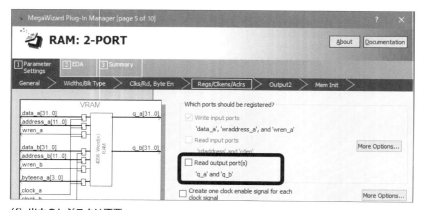

(f) 出力のレジスタは不要

⑦生成内容の確認（図7-18（g））

設定の過程で左上のブロック図が変化していきます。また左下にはメモリブロック「M10K」の使用量（ここでは16個）も表示されます。最終確認して「Finish」をクリックします。

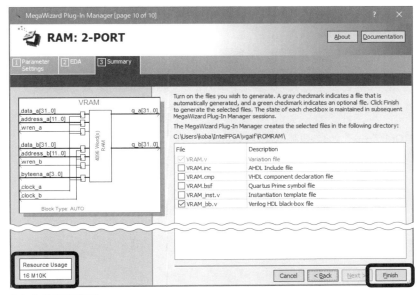

(g) 生成内容の確認

終了すると、QIPファイルをプロジェクトに追加するか確認があるので「Yes」をクリックして一連の手順が終了です（**図7-18（h）**）。

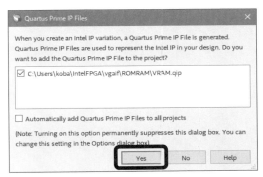

(h) QIPファイルをプロジェクトに追加

第7章　いろいろな周辺回路を設計

次に、CGROM の生成を行います。最初に ROM のデータファイルを用意しておく必要があります。インテル HEX 形式か、Intel FPGA オリジナルの mif 形式（Memory Initialization File）で表現します。ここでは、文字パターンを目視で確認できる mif 形式にしました（**リスト7-8**）。ヘッダ部分で ROM のサイズ（DEPTH）とビット幅（WIDTH）、アドレスとデータの基数（RADIX）を指定してます。各データは、

アドレス：データ：

の並びを繰り返しているだけです。2進数で表現すると、「A」「B」のように文字のパターンがうっすらと見えて確認できます。なおハイフン2つで始めると行末までコメントです。このファイルは「ROMRAM フォルダ」に配置しておきます。

▼ **リスト7-8 CGROM データファイル抜粋（CGDATA.mif）**

```
DEPTH = 1024;
WIDTH = 8;

ADDRESS_RADIX = HEX;
DATA_RADIX    = BIN;

CONTENT
BEGIN

-- 00H
000: 00111110;
001: 00100010;
002: 00100010;
003: 00100010;
004: 00100010;
005: 00100010;
006: 00111110;
007: 00000000;

<中略>

-- 41H A
208: 00011100;
209: 00100010;
20a: 00100010;
20b: 00100010;
20c: 00111110;
20d: 00100010;
20e: 00100010;
20f: 00000000;
```

続く➡

```
--  42H  B
210: 00111100;
211: 00100010;
212: 00100010;
213: 00111100;
214: 00100010;
215: 00100010;
216: 00111100;
217: 00000000;

<中略>

3fe: 11111111;
3ff: 11111111;

END;
```

ROM も IP Catalog で作成します。順を追って説明します。

⑧ IP Catalog からシングルポートの ROM を選択（図7-19（a））

CGROM では、「ROM: 1PORT」を選びます。

▼図7-19　IP Catalog による CGROM の生成

(a) IP Catalog から「ROM: 1-PORT」を選択

⑨作成するメモリの名称と保存先を指定（図 7-19（b））

保存先は VRAM 同様「ROMRAM フォルダ」、ファイル名は「CGROM.v」です。

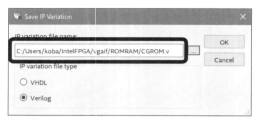

(b) 生成する IP 名称を入力

⑩ビット幅とワード数を選択（図 7-19（c））

プルダウンメニューから、ビット幅「8」とワード数「1024」を選択します。

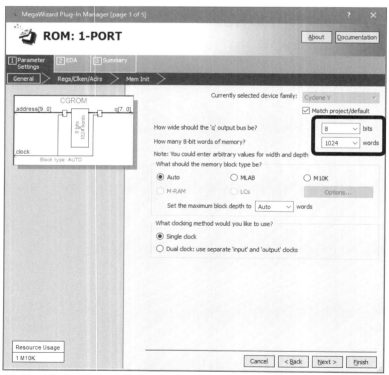

(c) ビット幅「8」とワード数「1024」を設定

⑪ 出力レジスタなしを選択（図 7-19（d））

出力のレジスタは不要ですのでチェックを外しておきます。VRAM と同様にアドレスのレジスタは外せませんので、読み出しには 1 クロック必要になります。

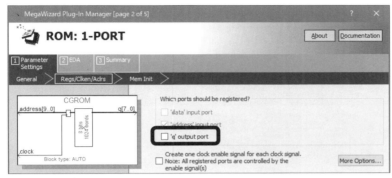

(d) 出力のレジスタは不要

⑫ ROM のデータファイルを指定（図 7-19（e））

先ほど用意した mif 形式のファイルを「Browse...」から指定します。

これ以降はデフォルト設定のまま「Next」をクリックし続けて最終画面まで進めます。

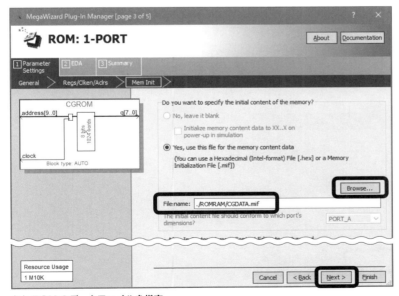

(e) ROM のデータファイルを指定

第7章 いろいろな周辺回路を設計

⑬生成内容の確認（図7-19（f））

内容を確認して「Finish」をクリックし終了します。ちなみにM10Kの使用量は1個です。先ほどと同様にQIPファイルをプロジェクトに追加する確認があるので「Yes」をクリックして終了です（図7-19（g））。

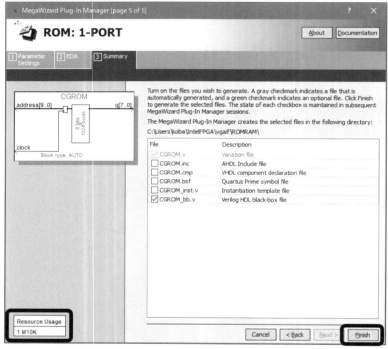

（f）生成内容の確認

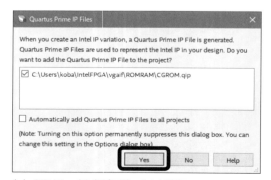

（g）QIPファイルをプロジェクトに追加

なお、一度生成してプロジェクトに追加した IP は、Project Navigator から「IP Components」にリストされます（**図 7-20**）。これをダブルクリック（もしくはマウス右ボタンから「Edit in parameter Editor」を実行）すると、先ほどの設定画面が開きますので修正が可能です。

▼ 図 7-20　IP の修正方法

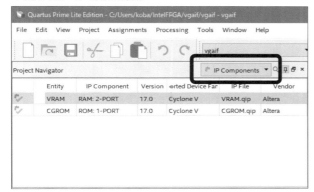

7-2-5　Qsys 階層の作成とシステムの完成

まず最初に、以下のような最小限の構成の Nios II システムを作成します。

- Nios II/f プロセッサ
- 8K バイトのオンチップメモリ
- JTAG UART
- System ID

VGA 文字表示回路の読み込みと設定は、第 6 章 6-2 節を参考に、以下の手順で実施します。

■ コンポーネント・エディタを起動（参考：図 6-6（a））

■ 名称や情報の設定（参考：図 6-6（b））

作成するコンポーネントの名称は**表 7-9** に示したように「vgaif_ip」とします。

■ HDL ファイルの読み込み（参考：図 6-6（c））

ここではインクルードファイル「vga_param.vh」を含むすべての回路記述を読み込みます。

第 7 章　いろいろな周辺回路を設計

■ 最上位階層の指定（図 7-21）

最上位階層のポートに対しては各種属性の設定が必要です。しかしコンポーネント・エディタの解析機能は貧弱なようで、階層構造を自動判別してくれません。そこで最上位階層を含むファイルを手動で指定します。

図 7-21（a）に示すように、「syncgen.v」が最上位階層（Top-level）になっていますので、「vgaif_ip.v」の行の「Attributes」カラムをクリックします。表示されたダイアログで（図 7-21（b））、「Top-level File」にチェックを入れて「OK」をクリックすればこの階層が最上位となります[注7-15]。

▼ 図 7-21　最上位階層の指定

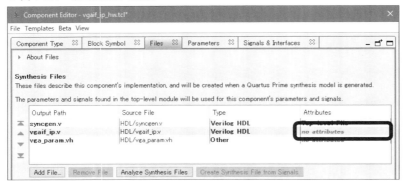

(a) Attributes のカラムをクリック

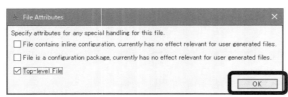

(b) 最上位階層に指定

■ 記述のチェック（参考：図 6-6（d））

「Analyze Synthesis Files」をクリックします[注7-16]。

注 7-15　どうやら最初に読み込んだファイルが最上位階層に指定されるらしい。そこで読み込み順を工夫すればこの手順は不要になる。

注 7-16　第 6 章でも指摘したが、この解析機能は貧弱である。ここで OK でもコンパイル時にエラーになることもある。後工程の属性設定のためだけの解析機能だと割り切った方がよい。

■ 入出力信号の属性設定（図7-22、参考：図6-7）

6-2節と同様に「Conduit」というインターフェースを作成し、VGA_HSやVGA_Rなどの非Avalonバス系の信号をドラッグします。さらに「Signal Type」を各信号名と同一にしておきます。コピー＆ペーストすることで少しは手間が省けます。

▼ 図7-22 入出力信号の属性設定

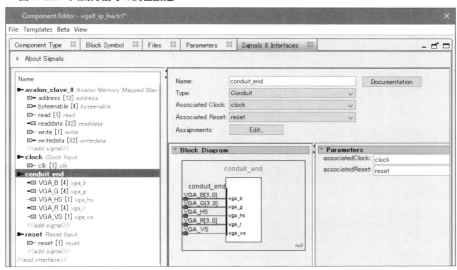

■ インターフェースの設定（参考：図6-8）

「Associated Reset」の設定を行います。

以上を実施してMessagesペインにエラーがなければ「Finish...」で終了し、IP Catalog内から「vgaif_ip」を選択して配置し、リセットやクロックなど配線してQsys階層を完成させます。

Qsysが終了したら、

- 最上位階層の作成
- 最上位階層、QIPファイル、制約ファイルをプロジェクトに追加
- ピンアサイン
- コンパイル

を実施してハードウェアを完成させてください。

7-2-6 Nios II EDS により動作確認

画面表示のテストプログラムを**リスト 7-9** に示します。以下の 3 つを確認しています。

- 全文字と全色を表示（全体確認）
- 1 行上にスクロール（読み出し機能の確認）
- 文字色のみ白に変更（バイトイネーブル動作の確認）

このプログラムでも IOWR_32DIRECT() などの専用関数を用いています。この関数の 1 番目の引き数「ベースアドレス」に 2 番目の引き数「オフセット」を加えた値が、アクセスするアドレスとなります。したがって 32 ビットでアクセスする関数では、ループ変数から算出した値を 4 倍することでオフセットを算出しています。

文字色のみ変更する 3 番目の処理では、16 ビット書き込みの IOWR_16DIRECT() を用いています。色情報は上位側の 16 ビットに配置していますので、オフセットには常に 2 を加えて上位側のアドレスとなるようにしています。

それでは**表 7-9** に示した名称でワークススペースや各プロジェクトを作成してください。3 つの処理ごとにブレークポイントを配置して各動作を確認します。

実行した例を**写真 7-1** に示します。プログラムの最初の処理を実行し、ブレークポイントで停止させています。画面には 4000 文字を表示し、すべて異なる色になっています。誌面では濃淡の違いとして判別できると思います。

▼ 写真 7-1　VGA 文字表示回路の動作例

▼ リスト 7-9 文字表示のテスト（vgaif_test.c）
```c
#include "system.h"
#include "io.h"

/* X, Yサイズ */
#define XSIZE 80
#define YSIZE 50

int main()
{
    int x, y;

    /* 全文字と全色を表示 */
    for ( x=0; x<XSIZE*YSIZE; x++ ) {
        IOWR_32DIRECT(VGAIF_IP_0_BASE, x*4, (x<<16)+x);
    }

    /* 1行上にスクロール */
    for ( y=0; y<YSIZE; y++ ) {       /*  この行にブレークポイントを置く  */
        for ( x=0; x<XSIZE; x++ ){
            if ( y != YSIZE-1 ) {
                IOWR_32DIRECT(VGAIF_IP_0_BASE, (x+y*XSIZE)*4,
                    IORD_32DIRECT(VGAIF_IP_0_BASE, (x+(y+1)*XSIZE)*4));
            }
            else
                IOWR_32DIRECT(VGAIF_IP_0_BASE, (x+y*XSIZE)*4, 0x0fff0020);
        }
    }

    /* 色だけ白に変更 */
    for ( y=0; y<YSIZE; y++ ) {       /*  この行にブレークポイントを置く  */
        for ( x=0; x<XSIZE; x++ ){
            IOWR_16DIRECT(VGAIF_IP_0_BASE, (x+y*XSIZE)*4+2, 0x0fff);
        }
    }

    return 0;
}
```

第7章 いろいろな周辺回路を設計

「キャッシュバイパス」という手法もあるけど……

　VRAMにアクセスする際、専用関数を使わずに直接アドレスを指定して読み書きすることも可能です。ただしメモリには直接書き込まれずキャッシュに一旦書き込まれるため、キャッシュをフラッシュするなどの処理が必要になります。

　Nios II では32ビットアドレスの最上位を1にすると、キャッシュを経由せず、直接メモリ（メモリ空間上に配置されたI/Oも含む）にアクセスできます。これを「キャッシュバイパス」と呼んでいます。これを用いて**リスト7-9**の最初の処理（全文字と全色を表示）を以下のように書き換えてみました。ベースアドレスに0x80000000をOR演算することで実現しています。VRAMを配列で表現できるので可読性が高まります。

```
#define VRAM ((volatile unsigned int *) (VGAIF_IP_0_BASE | 0x80000000))
...
for ( x=0; x<XSIZE*YSIZE; x++ ) {
    VRAM[x] = (x<<16)+x;
}
```

　キャッシュバイパスにはデメリットもあります。32ビットのアドレス幅があっても、アドレス空間が2Gバイトに制限されてしまいます。そこで、

・アドレスによるキャッシュバイパスをオフにする
・特定のアドレス領域だけキャッシュをバイパスする

などの設定がQsys上で可能になっています。

　なお今後リリースされる Nios II ではアドレスによるキャッシュバイパス機能が廃止されるとアナウンスされていますので、この機能に依存しない方が無難です。

7-3 第7章のまとめ

7-3-1 まとめ

　本格的な回路を設計するためには、仕様を理解するところから始めなければなりません。設計経験が少ないうちは仕様を理解するだけでエネルギーを使い切ってしまい、とても設計どころではないかもしれません。

　本章のような回路を学ぶことで、同様の回路は設計できるようになるでしょう。そのためにもいろいろな回路に触れることは大事だと思います。PS/2 インターフェースではステートマシンの実際を、VGA 文字表示回路では画像信号の基本とその実現方法を学べました。さらに FPGA 内蔵の RAM や ROM の構築方法も学ぶことができました。

　次章では SDRAM のコントローラを用い、Avalon バスのマスター側を作成することで本格的なグラフィック表示回路を設計します。難易度も一段高まります。

7-3-2 課題

①スクロールホイールに対応

　マウスのスクロールホイールに対応した制御プログラムを作成してください。制御仕様は 7-1 節の最後で説明したとおりです。以下のように段階的に進めるとよいでしょう。

- X 軸もしくは Y 軸のどちらかの代わりに Z 軸を表示させる
  （制御プログラムの修正だけで対応できる）
- 7 セグメント LED の HEX5、HEX4 を Z 軸表示に割り当てる
  （もう一つ PIO を接続するなどハードウェアの修正が必要）

②キーボードから入力した文字を画面に表示するシステムの設計

　PS/2 インターフェースと VGA 文字表示回路を組み合わせてキーボードから入力した文字を画面に表示するシステムを設計してください。

第 7 章　いろいろな周辺回路を設計

- ハードウェア仕様
  - PS/2 インターフェースと VGA 文字表示回路の両方を Nios II システムに組み込む
  - それぞれ独立したコンポーネントして扱うので回路記述の修正は不要
- キーボード入力のソフトウェア仕様
  - シフトキーを判別し、大文字も入力できるようにする
  - Enter キーと ESC キーに対しては、それぞれ CR コード、ESC コードに変換する
- VGA 文字表示回路のソフトウェア仕様
  - キーボード入力からの文字コードを左から右、上から下へ順次表示する
  - CR コードなら復帰（左端に移動）と改行（1 行下に移動）をする
  - 最下行に達したら 1 行上にスクロールし、最下行をクリアする
  - ESC コードなら画面クリアする

第8章
外部メモリを用いたグラフィック表示回路

　本書で取り扱っている各FPGAボードには、それぞれ64MバイトのSDRAMを搭載しています。画像メモリとしては十分な容量がありますので、これを用いてグラフィック表示回路を作成してみます。
　最初にIntel FPGAで提供しているSDRAMコントローラを使いこなしてから、Avalonバスのマスターとなるグラフィック表示回路を構築します。難易度は高くなりますが、より高度なシステム作りに挑戦できます。

第8章　外部メモリを用いたグラフィック表示回路

8-1　外部 SDRAM の制御

FPGA ボードに搭載している SDRAM は、今となってはかなり古い世代のメモリですが、制御も比較的簡単です。IP Catalog 内には無償で使える SDRAM コントローラがあり、本節ではこれを使ったシステムを試作してみます。PLL を使ったクロックを活用するなどより高度な内容になっています。

8-1-1　SDRAM の概略

　本書で扱っている各 FPGA ボードには、64M バイトの SDRAM（Synchronous DRAM）が搭載されています。SDRAM とは、クロック同期で読み書きする DRAM です。それ以前の DRAM が RAS や CAS 信号を用いた非同期制御だったのに対し、バースト転送やコマンド制御を備え、より高速にアクセスできるように改善されました[注8-1]。

　FPGA ボードに搭載している SDRAM の信号線を**表 8-1** に示します[注8-2]。データ信号 DQ は 16 ビットで双方向です。CS_N や RAS_N など 4 信号でコマンドを形成し、読み書きの他にモード設定やプリチャージなどを行います。

　アドレス ADDR およびバンクアドレス BA で 32M ワード分のアドレスを作成します。この仕組みを**図 8-1** に示します。アドレス ADDR は、時分割して ROW アドレスと COL アドレスを指定します。バンクアドレス BA は、これらのアドレスの上位に位置し、全部で 25 ビットのアドレスを形成しています（**図 8-1**（a））。バンクは独立したメモリと考えることができ、バンクアドレス BA で 4 つのメモリを選択して制御することになります（**図 8-1**（b））。

注 8-1　その後、クロックの両エッジを用いる DDR やこれを発展させた DDR2 ～ DDR4 が登場し、SDRAM はこれらの総称にもなった。
注 8-2　IP Catalog 内の SDRAM コントローラを利用する際には、**表 8-1** や**図 8-1** の情報をもとに設定を行う。

8-1 外部SDRAMの制御

▼表8-1　SDRAMの信号線

信号	入出力	動作
CLK	I	クロック
CKE	I	クロックイネーブル（1で動作）
ADDR[12:0]	I	・アドレス入力 ・ROWアドレスとCOLアドレスに分けて指定
BA[1:0]	I	バンクアドレス
DQ[15:0]	I/O	データ入出力（双方向）
CS_N	I	・4本の信号でコマンドを形成 ・読み書きのほかに、 　－モード設定 　－プリチャージ 　－リフレッシュ　などが可能
RAS_N	I	
CAS_N	I	
WE_N	I	
UDQM、LDQM	I	バイト単位で読み書きをマスク

▼図8-1　アドレスとバンク

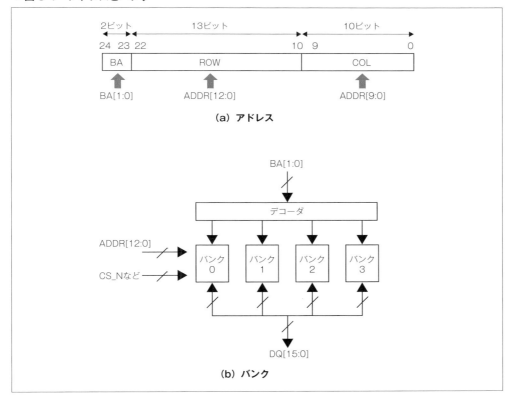

(a) アドレス

(b) バンク

第 8 章　外部メモリを用いたグラフィック表示回路

8-1-2　SDRAM のテストシステムを構築

従来と同様に、以下のような最小限の構成の Nios II システムを作成します。

- Nios II/f プロセッサ
- 8K バイトのオンチップメモリ
- JTAG UART
- System ID

このシステムに、IP Catalog 内の SDRAM コントローラを接続します。SDRAM は単なるデータ用のメモリとし、プログラムはオンチップメモリに置くことにします。メモリテストのプログラムで、SDRAM の全領域の読み書きを行うからです。

まず最初に、**表 8-2** で示した名称で先ほど示したシステムを作成してください。なおクロックについては特別な配線を行いますので、未配線のままとしておいてください。

▼表 8-2　SDRAM テストシステムのプロジェクト

ツール	項目	名称
-	作業フォルダ	sdram
Quartus Prime	プロジェクト名	sdram
	最上位階層名	sdram
Qsys	Qsys 階層名	sdram_qsys
Nios II EDS	ワークスペース	software
	BSP プロジェクト	sdram_test_bsp
	アプリケーションプロジェクト	sdram_test
	テンプレート	Hello World Small
	テストプログラム	sdram_test.c

8-1-3　SDRAM コントローラと PLL の接続

Qsys で基本のシステムができあがったら、SDRAM コントローラを接続します。IP Catalog から [Memory Interfaces and Controllers] → [SDRAM] → [SDRAM Controller] を選択します（**図 8-2 (a)**）。

ボード上に実装されている SDRAM チップの諸元に合わせて、ビット幅やタイミングを設定します（**図 8-2 (b) (c)**）[注8-3]。Presets ペインには、あらかじめ数種類の SDRAM

注 8-3　**図 8-2 (b)** の Info ペインを見ると何やら気になることが書かれている。将来的に SDRAM コントローラは「Quartus Prime Standard Edition」でのみサポートされると。つまり無償の Lite Edition では使用できなくなるのか？ Altera 時代からずっと無償で使えていたのに。嘘だと言ってよ Intel さん。

チップが登録されているので、この中に該当するものがあればワンクリックですみます。残念ながら本書のFPGAボード搭載のチップは見当たりませんので、図に示した各項目を誤りなく入力する必要があります。画面では一部隠れている項目がありますので、**表8-3**に詳細をまとめておきました[注8-4]。

▼ 図8-2 SDRAMコントローラの接続

(a) SDRAMコントローラの選択

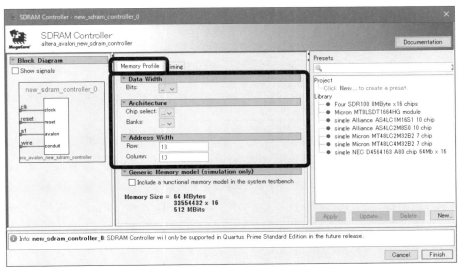

(b) 各種ビット幅の設定

注8-4　本で扱っている3種類のFPGAボードとも同一シリーズのSDRAM（ISS社のIS42S16320Dなど）を搭載しており、ビット幅やタイミングの定数は同一。この値は、Terasic社のWebサイトで公開されているデモ回路から拝借した。

第8章 外部メモリを用いたグラフィック表示回路

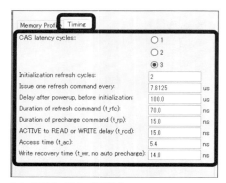

（c）各種タイミングの設定

▼表8-3 SDRAMコントローラの設定値詳細

タブ	項目		設定値
Memory Profile	Data Width	Bits	16
	Architecture	Chip select	1
		Banks	4
	Address Width	Row	13
		Column	10
Timing	CAS latency cycles		3
	Initialization refresh cycles		2
	Issue one refresh command every		7.8125
	Delay after power up, before initialization		100.0
	Duration of refresh command (t_rfc)		70.0
	Duration of precharge command (t_rp)		15.0
	ACTIVE to READ or WRITE delay (t_rcd)		15.0
	Access time (t_ac)		5.4
	Write recovery time (t_wr, no auto precharge)		14.0

　SDRAMコントローラの配線は後ほど行うことにして、次にPLLを接続します。SDRAMコントローラはシステムクロックで制御されますが、これと同じクロックをSDRAMに与えると、各入出力のセットアップタイムやホールドタイムなどを満たすのが厳しくなります。そこで、SDRAMに与えるクロックに位相差を設けることでこの問題を解消します。クロックの位相差を作成するのがPLLです。

　図8-3にこの様子を示します。システムクロックSYSCLKに対し、SDRAMのクロックSDCLKを3nsだけ前倒しています[注8-5]。これによりコマンド取り込みやデータ取り込

注8-5　必要な位相差を正確に求めるには、SDRAMの諸元だけでなく接続するFPGAやボード上の配線に基づく遅延なども考慮する必要がある。そこで、この値もまたデモ回路から拝借した。

8-1 外部SDRAMの制御

みが確実に行えます。

PLLにより生成したクロックの接続を図8-4に示します。FPGAボードに供給されている50MHzのクロックから、Nios IIシステム用の100MHzのクロックSYSCLKを作成し、これと位相差が-3nsのSDRAMクロックSDCLKを作成しています。位相差は遅れる方向をプラスで表現しますので、今回は前倒しなのでマイナスになります。

▼図8-3　PLLによる位相差の作成

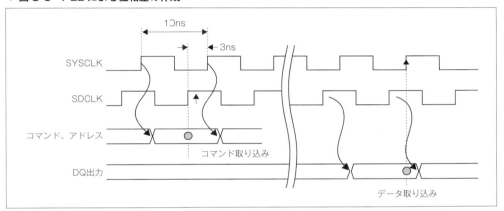

▼図8-4　PLL生成クロックの接続

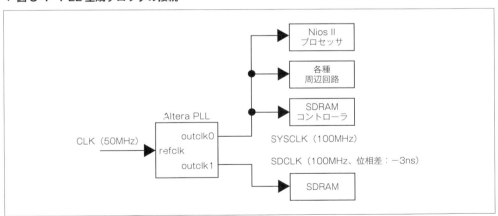

なお、今回PLLを使ったことでNios IIシステムのクロックを100MHzに引き上げています。本書で扱っている各FPGAボードは100MHzで動作させるに十分な性能のFPGAが搭載されていますので、今後PLLを用いる回路例は、すべて100MHzで動作させることにします。

第8章 外部メモリを用いたグラフィック表示回路

> ### PLL では周波数の逓倍も可能
>
> PLL 内部には発振回路があり、基準信号である入力クロックに対し、位相差を制御した出力を作り出せます。さらに位相差だけでなく周波数も制御でき、入力クロックより高い周波数のクロックを作り出せます。また、デューティ比（周期に対して 1 の期間の割合）も任意の値に設定できます。
> PLL を利用すれば、外部に特別な発振回路を持たなくても任意の周波数を得られるので、各種解像度に対応した表示回路や、各種サンプリング周波数に対応した音声回路などを構築できます。
> ただし任意の周波数とはいっても、与える外部クロックの周波数によっては近似値にならざるを得ない場合もあります。

PLL を Nios II システムに組み込んでみます。Qsys の IP Catalog から［Basic Functions］→［Clocks, PLLs and Resets］→［PLL］→［Altera PLL］を選択します（**図 8-5（a）**）注8-6。

▼図 8-5 PLL の接続

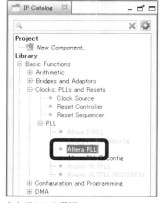

(a) PLL の選択

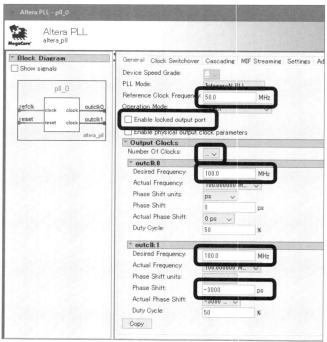

(b) PLL の設定

注 8-6　DE10-Lite に搭載されている MAX 10 では使用できる PLL が異なり「Avalon ALTPLL」を使う。設定方法は Appendix II-1 に示した。

270

8-1 外部SDRAMの制御

　PLLの設定は以下のように行います。これ以外にもさまざまな設定が可能ですが、今回はデフォルトのままとします。

```
Reference Clock Frequency: 50MHz
Enable locked output port: チェックをOFF
Number OF Clocks: 2
[outclk0]
  Desired Frequency: 100MHz
[outclk1]
  Desired Frequency: 100MHz
  Phase Shift: -3000ps
```

　SDRAMコントローラとPLLを配置したら配線を行います。図8-6に示した5か所については以下の説明を参考に配線してください。これ以外のリセットやアドレスの割り当ては従来通りです。

① clk_0ブロックからのクロック配線はPLLのみ
② PLLのoutclk0を各ブロックのクロックに接続
③ PLLのoutclk1はExportカラムをダブルクリックして外部に出力し、名称は「sdclk」とする
④ SDRAMコントローラのバス配線は、オンチップメモリと同様に命令とデータの両方
⑤ SDRAMコントローラのExportカラムをダブルクリックして外部出力し、名称はデフォルトのままとする

　クロックの配線に関しては細心の注意が必要です。図8-4で示したPLL生成クロックの配線や、図8-6の「Clock」カラムで示された名称など参考に、配線の意図を理解して実施してください。

　Qsys階層ができあがったら、

- 最上位階層の作成（リスト8-1）
- 最上位階層、QIPファイル、制約ファイルをプロジェクトに追加
- ピンアサイン
- コンパイル

を実施してハードウェアを完成させてください。

第8章 外部メモリを用いたグラフィック表示回路

▼図8-6 各ブロックの配線

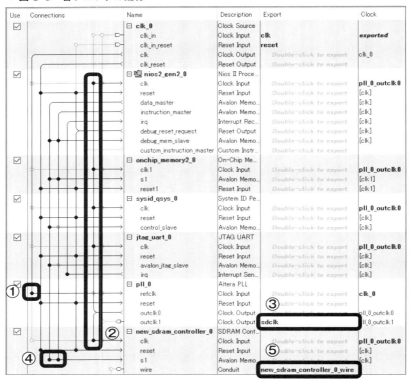

▼リスト8-1 SDRAMテストシステムの最上位階層抜粋 (sdram.v)

```
sdram_qsys u0 (
    .clk_clk                          (CLK),
    .reset_reset_n                    (~RST),
    .sdclk_clk                        (DRAM_CLK),
    .new_sdram_controller_0_wire_addr (DRAM_ADDR),
    .new_sdram_controller_0_wire_ba   (DRAM_BA),
    .new_sdram_controller_0_wire_cas_n (DRAM_CAS_N),
    .new_sdram_controller_0_wire_cke  (DRAM_CKE),
    .new_sdram_controller_0_wire_cs_n (DRAM_CS_N),
    .new_sdram_controller_0_wire_dq   (DRAM_DQ),
    .new_sdram_controller_0_wire_dqm  ({DRAM_UDQM, DRAM_LDQM}),
    .new_sdram_controller_0_wire_ras_n (DRAM_RAS_N),
    .new_sdram_controller_0_wire_we_n (DRAM_WE_N)
);
```

8-1-4　SDRAMテストプログラムによる動作確認

　メモリテストには「マーチング」「ウォーキング」などのアルゴリズムがありますが、これらはメモリセルそのものを調べる場合に適しています。今回はSDRAMコントローラが正しく機能していることを確認するだけですので、**リスト8-2**に示した単純なプログラムにしました。

　アドレスは2の累乗値を持ちますので、互いに素である3個単位でデータを書き、読み出してチェックすることにします。これを8ビット、16ビット、32ビット単位で行います。Nios II/fにはキャッシュがありますので、一通り書き込んだ後、キャッシュにたまった内容をメモリに書き出す関数alt_dcache_flush_all()を呼び出しています。

　プロジェクトをビルドする前に、メモリ配置に関する設定が必要です。SDRAMをメインメモリとしてプログラムやスタックなどを配置することが可能ですが、今回のメモリテストでは全領域に書き込みを行いますので、プログラムやスタックを破壊してしまいます。そこで、オンチップメモリだけにこれらを配置して、SDRAMを使用しないよう設定が必要です。

　プログラムの配置を決めているのがリンカスクリプトです。BSPプロジェクト内の「linker.x」がこれです。プロジェクトをビルドする際に、このファイルにしたがってリンカが配置先を決めます。リンカスクリプトはBSPエディタを用いて修正します。

　Nios II EDSを起動したら、**表8-2**の名称で各プロジェクトを作成します。BPSプロジェクトを選択し、マウス右ボタンから［Nios II］→［BSP Editor...］を実行します（参考：**図6-17**）。BSPエディタが起動しますので「Linker Script」タブを選択します。

　.bssや.heapなどの各領域（詳細を**表8-4**に示す）が、SDRAMコントローラの名称になっていたら、すべて「onchip_memory2_0」に修正します（**図8-7**）。これによりプログラム、変数領域、スタックなどの配置をすべてオンチップメモリに割り当てます[注8-7]。「Generate」をクリックして先ほどのリンカスクリプト・ファイルに反映させます。

　「Exit」でBSPエディタを終了したら、プロジェクトをビルドし、実行してみてください。エラーが出ないことが前提のテストプログラムですので、OKの場合もNGの場合も表示されるメッセージはわずかです。

注8-7　「.entry」と「.exceptions」は、QsysのNios II設定時に「Reset Vector」「Exception Vector」としてハードウェアで設定したものが反映されている。したがってBSPエディタでは修正できない。

第8章　外部メモリを用いたグラフィック表示回路

▼ 表 8-4　メモリ領域の詳細

領域名	内容
.bss	通常の変数
.entry	リセット後のジャンプ先
.exceptions	割り込みや例外発生時のジャンプ先
.heap	ヒープ（malloc などで確保した領域）
.rodata	定数（const を付加した変数）
.rwdata	初期値のある変数
.stack	スタック
.text	プログラム

▼ 図 8-7　リンカスクリプトの修正

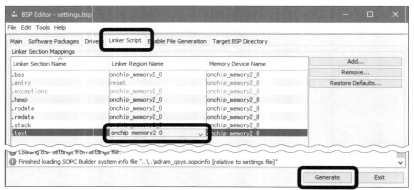

▼ リスト 8-2　SDRAM のテスト（sdram_test.c）

```c
#include "sys/alt_stdio.h"
#include "sys/alt_cache.h"
#include "system.h"

/* アドレスを直接指定しマクロを配列のように扱えるよう定義 */
#define SDRAM_C ((volatile unsigned char  *) NEW_SDRAM_CONTROLLER_0_BASE)
#define SDRAM_S ((volatile unsigned short *) NEW_SDRAM_CONTROLLER_0_BASE)
#define SDRAM_I ((volatile unsigned int   *) NEW_SDRAM_CONTROLLER_0_BASE)

#define MEMSIZE 0x04000000

int main()
{
    int i, err=0;
    unsigned int i1, i2, i3;
    unsigned int ary[3];
```

続く➡

```
/* SDRAM に書き込む値 */
ary[0] = 0x47bd9f6a;
ary[1] = 0x1e806c95;
ary[2] = 0x2fdc3a5c;

/* BYTE 書き込み */
alt_printf("BYTE Checking...¥n");

for ( i=0; i<MEMSIZE-3; i=i+3 ) {
    SDRAM_C[i]   = ary[0];
    SDRAM_C[i+1] = ary[1];
    SDRAM_C[i+2] = ary[2];
}
alt_dcache_flush_all();

/* BYTE 読み出し */
for ( i=0; i<MEMSIZE-3; i=i+3 ) {
    i1 = SDRAM_C[i];
    i2 = SDRAM_C[i+1];
    i3 = SDRAM_C[i+2];
    if ( i1 != (ary[0] & 0xff) ) err=1;
    if ( i2 != (ary[1] & 0xff) ) err=1;
    if ( i3 != (ary[2] & 0xff) ) err=1;
}

/* SHORT 書き込み */
alt_printf("SHORT Checking...¥n");

for ( i=0; i<MEMSIZE/2-3; i=i+3 ) {
    SDRAM_S[i]   = ary[0];
    SDRAM_S[i+1] = ary[1];
    SDRAM_S[i+2] = ary[2];
}
alt_dcache_flush_all();

/* SHORT 読み出し */
for ( i=0; i<MEMSIZE/2-3; i=i+3 ) {
    i1 = SDRAM_S[i];
    i2 = SDRAM_S[i+1];
    i3 = SDRAM_S[i+2];
    if ( i1 != (ary[0] & 0xffff) ) err=1;
    if ( i2 != (ary[1] & 0xffff) ) err=1;
    if ( i3 != (ary[2] & 0xffff) ) err=1;
}

/* INT 書き込み */
alt_printf("INT Checking...¥n");

for ( i=0; i<MEMSIZE/4-3; i=i+3 ) {
```

続く➡

```
        SDRAM_I[i]   = ary[0];
        SDRAM_I[i+1] = ary[1];
        SDRAM_I[i+2] = ary[2];
    }
    alt_dcache_flush_all();

    /* INT 読み出し */
    for ( i=0; i<MEMSIZE/4-3; i=i+3 ) {
        i1 = SDRAM_I[i];
        i2 = SDRAM_I[i+1];
        i3 = SDRAM_I[i+2];
        if ( i1 != ary[0] ) err=1;
        if ( i2 != ary[1] ) err=1;
        if ( i3 != ary[2] ) err=1;
    }

    /* 結果表示 */
    if ( err==1 )
        alt_printf("NG!¥n");
    else
        alt_printf("OK! Checking End.¥n");

    return 0;
}
```

デモ回路のメモリテストを試す

　Terasic 社がサイトで公開しているデモ回路には Nios II で SDRAM をテストするシステムもあります（所在は後述）。しかしこれを作成した開発ソフトウェアのバージョンが古いのか、Upgrade 機能を使ってもなかなかうまく動きません。そこでハードウェアは一から作り、テストプログラムだけ拝借して動作させてみることにして、概略手順を紹介します。

・本節の SDRAM 接続システムに Inteval Timer（参考：図 6-14）を追加
・さらに PIO を追加してプッシュスイッチを接続、PIO の設定は以下のとおり
　　- Width　　　　　　　　　：4（DE10-Lite では 2）
　　- Direction　　　　　　　 ：Input
　　- Synchronously capture：ON
　　- Edge Type　　　　　　　：FALLING
　　- Generate IRQ　　　　　 ：ON……さらに Qsys 上で IRQ 出力を接続する
　　- IRQ Type　　　　　　　　：EDGE
・オンチップメモリのサイズを 131,072 バイトに増やす（参考：図 5-8（b））
・Qsys で配置した各ブロックを以下の名称に変更（図 8-8（a））
　　- SDRAM コントローラ　　→　sdram
　　- タイマー　　　　　　　　→　timer
　　- PIO　　　　　　　　　　 →　key

8-1 外部 SDRAM の制御

・Nios II EDS では、以下のサンプルプログラムをプロジェクトに追加
 - main.c, mem_verify.c, mem_verify.h, terasic_includes.h
・BSP エディタでタイマーに関する HAL API を有効化（参考：図 6-17）
・リンカスクリプトタブでメモリ領域をすべてオンチップ RAM にする（参考：図 8-7）

▼ 図 8-8 デモ回路のメモリテストを試す

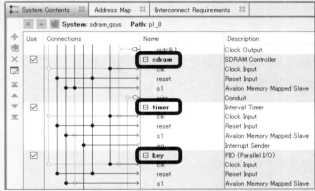

(a) 各ブロックの名称変更

プログラムを実行したらスイッチ入力待ちになります。KEY0 を押すと繰り返しテストし、それ以外では 1 回だけテストします。**図 8-8（b）** のようなメッセージがコンソールに出力されます。

SDRAM テストのデモ回路は各 FPGA ボード用の CD-ROM データ内にあり、所在は以下のとおりです。CD-ROM データのダウンロード先は Appendix I の末尾に示してあります。

・DE0-CV　　：Demonstrations¥DE0_CV_SDRAM_Nios_Test
・DE10-Lite　：Demonstrations¥SDRAM_Nios_Test
・DE1-SoC　　：Demonstrations¥FPGA¥DE1-SoC_SDRAM_Nios_Test

(b) 実行結果

8-2 グラフィック表示回路の作成

ここでは SDRAM を VRAM として利用するグラフィック表示回路を作成してみます。Avalon バスのマスター側を作ることで、表示回路のタイミングで SDRAM を読み出せるようにします。第 6 章で作成したスレーブ側に比べ、若干信号が増えタイミングもやや複雑になります。

8-2-1 Avalon-MM のマスター

これまでに IP Catalog から接続した周辺回路や第 6 章や第 7 章で作成した自作周辺回路は、すべて Avalon-MM のスレーブでした。システムで唯一のマスターが Nios II でした。ここではグラフィック表示回路が Avalon-MM のマスターとなり、Nios II を介さずに直接 SDRAM の読み出しを行うシステムを作成します。

本システムの Avalon バスの構成は図 8-9 のようになります。各マスターやスレーブは、インターコネクトに接続します。複数のマスター間での調停はインターコネクトが行いますので、個々のマスターはインターコネクトとの間の一対一の関係を満たせばよいことになります。

Qsys でシステムを構築する際、クロックやバスを黒丸にして接続した部分がインターコネクトに相当し、「Generate HDL」をクリックすると回路記述ファイルが自動生成されていました。

Avalon-MM のマスターに関する信号は、第 6 章の表 6-1 に加え表 8-5 が必要となります。さらにいくつか補足があります。

- 表 6-1 に示した信号の方向が、マスター側では逆になる
- 表 8-5 で追加した信号は、連続的なデータ転送の「バースト転送」で必要になる

8-2 グラフィック表示回路の作成

▼ 図 8-9　グラフィック表示回路システムの Avalon バス構成

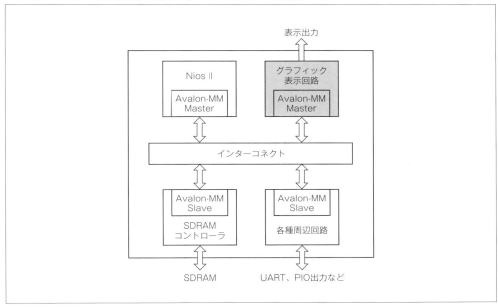

▼ 表 8-5　Avalon-MM マスターで追加が必要な信号

信号名	ビット幅	方向	動作
readdatavalid	1	Slave → Master	読み出しデータ有効
burstcount	多ビット	Master → Slave	バースト長

　Avalon-MM マスターでは、1 データごとにアドレスや制御信号を設定する「シングル転送」も可能ですが、SDRAM のように連続データの読み書きに適した対象では、バースト転送の方が転送効率が高くなります。

　バースト転送のタイミングチャートを図 8-10 に示します。網掛けの信号はスレーブの出力で、それ以外はマスターの出力です。最初に本節のグラフィック表示回路で用いるバースト読み出しから説明します（図 8-10 (a)）。最初にマスターが転送開始のアドレスとバースト長（転送回数）の burstcount を設定し、read をアサート[注8-8]します。スレーブは、準備ができたら waitrequest をデアサートし（時点①）、アドレス A0 番地からの 4 ワードのバースト読み出しを受け付けます。読み出したデータは、readvalid 信号とともに最

注 8-8　制御信号を有効にすることを「アサート」と言う。通常は論理値 1 で有効なので、「read を 1 にする」と同じ意味である。逆に無効（論理値 0）にすることを「デアサート」「ネゲート」などと言うが、本書では「デアサート」を用いることにする。

速1クロック1データで出力します。データ出力の最中にも次のバースト転送要求（A4番地から2ワード）を受け付け（時点②）、①の出力に続いて②に対するデータを出力します。

マスターがバースト転送要求を設定したら、waitrequest がデアサートされるまでアドレスやバースト長などの設定値を保持する必要があります。その後は次の設定値を用意しても良いし、前の値を保持したままでもかまいません。

バースト転送では、読み書き問わず常にデータが連続的に用意できるとは限りませんので、FIFO（First In First Out）を経由するのが一般的です。バースト読み出しにおいては、readdata を FIFO のデータ入力に、readdatavalid を FIFO の書き込み信号に直結すると、特別な制御が不要になり回路が簡潔になります。

▼図8-10　Avalon-MMバースト転送のタイミング
（Intel FPGA 資料「Avalon Interface Specifications 2017.05.08」Fig.14, 15 を引用し一部変更）

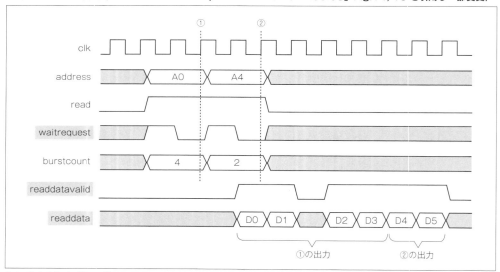

（a）読み出しタイミング

次に、第9章のキャプチャ回路で用いるバースト書き込みについて説明します（図8-10（b））。読み出しと同様に、マスターはアドレスとバースト長を設定し、write をアサートします。同時に、最初に書き込むデータとバイトイネーブルも用意します。スレーブが waitrequest をデアサートし（時点③）、アドレス A0 番地からの4ワードのバースト書き込み要求を受け付け、同時に最初のデータが書き込まれました。マスターが writeをアサートし、スレーブの waitrequest がデアサートされていれば、1 データの書き込み

が成立します。マスターは burstcount 数の書き込みを確認してバースト書き込みを終了します。address と burstcount は、時点③の最初の書き込み時に確定していれば良いことになります。したがって、時点③以降も同じ値を与え続けることになったとしても問題ありません。

なお、byteenable 信号はオプションであり、使用していなければ全バイトに対して書き込みが有効となります。

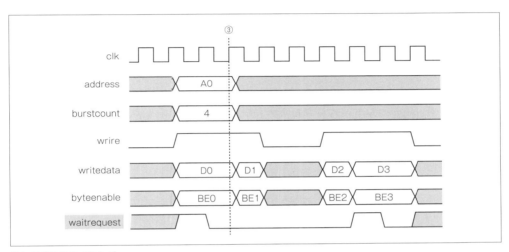

(b) 書き込みタイミング

スレーブとマスターでのアドレスの違い

第 7 章 7-1 節の PS/2 インターフェース回路ではデータ幅が 8 ビットでした（**図7-4**）。一方 7-2 節の VGA 文字表示回路では 32 ビットでした（**図7-15**）。それぞれの回路記述において、アドレスはバイト単位、または 4 バイト単位で 1 ずつ変化しました。スレーブではデータバス幅の単位でアドレスが 1 ずつ増減します。これを「ワードアドレッシング」と呼びます。

一方マスターでは、データバスのビット幅に関係なく、バイト単位でアドレスを増減します。CPU などのマスターにとっては考えやすい方式です。これを「バイトアドレッシング」と呼びます。

スレーブやマスターの回路を作る際にこの方が都合が良いと考えられます。そのためデフォルトでこのように設定されていますが、コンポーネント・エディタ（参考：**図6-10**）によりそれぞれ別の設定にすることも可能です。なおインターコネクトは、データバス幅の違いだけでなくアドレッシングの違いにも対応しています。

8-2-2　グラフィック表示回路の仕様

Avalon-MMのマスターを作成してグラフィック表示回路を作成してみます。仕様の概略は以下のとおりです。

- 解像度は VGA（640 × 480 ドット）
- 各画素 12 ビット（RGB 各色 4 ビット）
- SDRAM の前半を Nios II のプログラム／データ用とし、後半を表示用に割り当てる
- 表示アドレスの設定や表示の ON/OFF 制御は PIO で行う

図 8-11（a）に示すように、SDRAM の前半をプログラム領域、後半を表示用の領域に割り当てます。これはリンカスクリプトを変更することで可能になります。1 画素は 12 ビットですので[注8-9]、図 8-11（b）のように上位 4 ビットを未使用にして 2 バイトで 1 画素を記憶します。画面の左上から右方向にアドレスが進み、各画素を配置します。各画面間は隙間なくメモリを使いますので、32M バイトの表示用領域で 54 枚の VGA 画像を記憶できます。

▼図 8-11　メモリ配置とビット位置

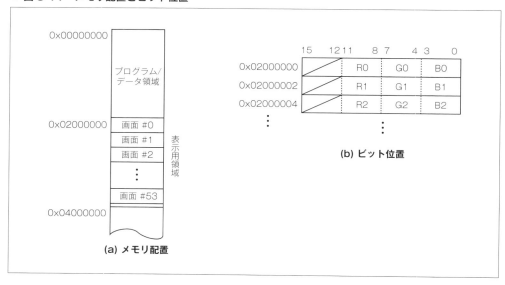

注 8-9　DE1-SoC なら各画素 24 ビットのフルカラー表示も可能。詳細は Appendix II-2 に示した。

表示開始アドレスなどの設定はPIOで行います。**表8-6（a）** に示したようにPIOを3個使います。個々の詳細を**表8-6（b）** に示します。DISPADDRで表示の先頭アドレスを設定し、DISPONで表示のON/OFFを行います。OFFの時には、AvalonバスでのVRAMのアクセスを停止します。

VBLANKは、垂直同期信号VGA_VSから作り出した信号で、Nios IIが垂直の非表示期間を検出するために使います。表示のON/OFFや表示アドレスの切り替えは、表示が行われていない期間、さらにVRAMのアクセスが一切ない期間に行います。VBLANKは垂直同期を検出したら1を保持しますので、リセットするのがCLRVBLNKです。

今回の仕様ではPIOを用いましたが、第6章のMYPIOのようにAvalon-MMのスレーブを用いて各種レジスタを構築することも可能です。

▼ 表8-6　レジスタ表

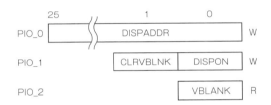

(a) レジスタ配置

各ビット	動作内容
DISPADDR	・表示開始アドレス（画面左上のメモリアドレスを指定） ・設定可能なのは2の倍数のみ
DISPON	・1で表示ON ・OFFの時はVRAMのアクセスをしない
VBLANK	・垂直ブランキング ・垂直同期を検出したら1を保持する ・表示CN/OFFや表示アドレスの切り替え可能期間を示す
CLRVBLNK	・1でVBLANKのクリア ・VBLANKを検出したら、次の検出のためにクリアする

(b) 各ビットの動作内容

8-2-3　グラフィック表示回路の構成と回路記述

概略ブロック図を**図8-12**に示します。VRAMから画像データを読み出しFIFOを経由してVGA信号として出力します。FIFOを中心にAvalonバス系のクロックclkで動作する部分と、表示系クロックPCKで動作する部分に別れます。各ブロックの概略は以下のとおりです。

第8章　外部メモリを用いたグラフィック表示回路

▼図8-12　グラフィック表示回路の概略ブロック図

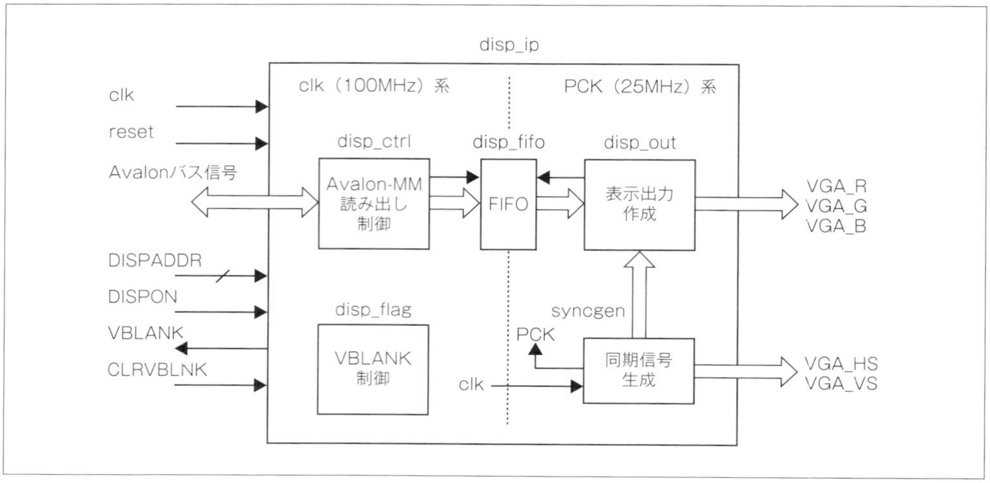

■ disp_ctrl

Avalon-MMマスターの読み出し制御を行います。VRAMに格納されている画像データを読み出してFIFOに書き込みます。

- 読み出しデータのビット幅は16
- バースト長（burstcount）は16ワードで固定

とし、1回のバースト転送で、16ワード×2バイト=32バイトの読み出しを行います。

■ disp_fifo

16ビット入力、16ビット出力、1024段のFIFOです。12ビット幅のFIFOは作成できないので、上位4ビットは使用していません。段数は一般的に画像の1ライン分以上あればよいので1024としました。FIFOは、内蔵メモリと同様にIP Catalogを使って作成します。

■ syncgen

水平と垂直のカウンタをもとに各同期信号を作成しています。第7章と内容はほぼ同じです。

■ disp_out

syncgenで作成したVGAのタイミングで、FIFOの読み出し制御を行います。同期信

8-2 グラフィック表示回路の作成

号に合わせて、RGB 各信号を出力します。

■ disp_flag

Nios II に垂直同期期間の開始を伝える VBLANK 信号を作成します。VGA_VS の立ち下がりをもとに clk で同期化して VBLANK 信号を作成し、CLRVBLNK でクリアします。

■ disp_ip

上記の 5 ブロックを接続している階層です。

disp_ctrl での読み出し制御は、図 8-13 に示すステートマシンで行います。4 状態だけの単純な構成です。1 画面開始の信号 dispst は、syncgen からの VCNT 信号をもとに作成します。表示開始の 1 ライン前を示す信号で、VRAM 読み出しの遅れを考慮して先読みしておきます。

SETADDR でバースト転送の開始アドレスを設定し、READING で FIFO への書き込みを行います。1 回のバースト転送が終わった時点で、FIFO に余裕があるか、1 画面終了したかを確認します。FIFO の残りが 1/4 以上あれば余裕ありとします。FIFO の段数は 1024 としましたので、FIFO に関してはゆとりを持った設計になっています。

▼ 図 8-13 読み出し制御のステートマシン

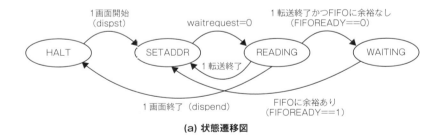

(a) 状態遷移図

(b) 各状態での処理内容

状態名	処理内容
HALT	1 画面が始まるのを待つ
SETADDR	転送開始アドレス設定
READING	・VRAM 出力を FIFO に書く ・1 回のバースト転送が終了したら遷移する
WAITING	FIFO に余裕ができるのを待つ

第8章 外部メモリを用いたグラフィック表示回路

読み出し制御のタイミングチャートを**図8-14**に示します。点線で囲った信号はAvalonマスターの信号であり、網掛けはスレーブからの信号です。ここでは1画面の開始時点の最初の読み出しバースト転送を示しています。

1画面開始のdispstで状態遷移が始まります。SETADDRステートでreadをアサートして転送開始アドレスやバースト長を設定し、READINGステートではreaddatavalid信号でFIFOに書き込みます。読み出した個数をカウントするrdcntで1バースト転送の終了を判断し状態が遷移します。1画面がまだ終了せず、かつFIFOに余裕があればSETADDRステートに戻り次のバースト転送を行います。1回のバースト転送で32バイト転送しますので、設定するアドレスは0x20ずつ増えていきます。

▼ 図8-14　Avalon-MM 読み出し制御のタイミングチャート

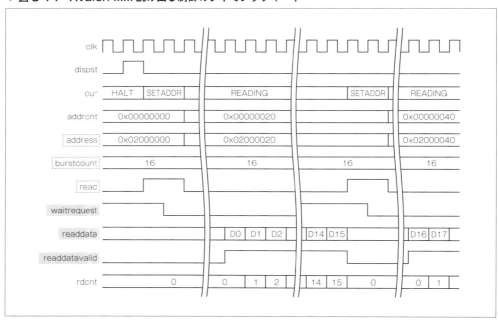

次に表示出力のタイミングチャートを**図8-15**に示します。表示クロックのPCKで動作し、syncgenからのHCNTとVCNTで、FIFOの読み出しやRGB出力の制御を行います。FIFOの読み出しに1クロック、RGB出力作成に1クロック要しますので表示開始の2クロック前、HCNT=158からFIFOを読み出しています。

8-2 グラフィック表示回路の作成

▼ 図8-15 表示出力のタイミングチャート

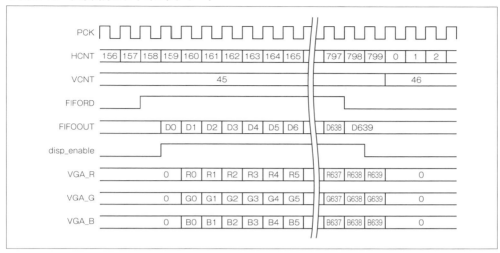

以上をもとに作成したグラフィック表示回路の回路記述を**リスト8-3〜リスト8-6**に示します。なお同期信号生成のsyncgenブロックは、PCKの作成でCLKを4分周していること以外は、第7章の**リスト7-6**と同一です。よって掲載を省略しました。

▼ リスト8-3 グラフィック表示回路IPの最上位階層（disp_ip.v）

```verilog
module disp_ip (
    // Avalon MM Master
    input           clk, reset,
    input           avm_waitrequest,
    input   [15:0]  avm_readdata,
    input           avm_readdatavalid,
    output  [25:0]  avm_address,
    output          avm_read,
    output  [4:0]   avm_burstcount,

    /* 画像出力 */
    output  [3:0]   coe_VGA_R,
    output  [3:0]   coe_VGA_G,
    output  [3:0]   coe_VGA_B,
    output          coe_VGA_HS, coe_VGA_VS,

    /* GPIOに接続 */
    input   [25:0]  coe_DISPADDR,
    input           coe_DISPON,
    input           coe_CLRVBLNK,
    output          coe_VBLANK
    );
```

続く➡

```verilog
/* 固定信号 */
assign avm_burstcount = 5'd16;   /* バースト長：16 */

/* ブロック間接続信号 */
wire            PCK;
wire            DISPSTART;
wire            FIFORD;
wire    [15:0]  FIFOOUT;
wire    [9:0]   HCNT;
wire    [9:0]   VCNT;
wire    [9:0]   wrcnt;

wire FIFOREADY = (wrcnt<10'd768);

/* 各ブロックの接続 */
disp_ctrl disp_ctrl (
    .CLK            (clk),
    .RST            (reset),
    .waitrequest    (avm_waitrequest),
    .address        (avm_address),
    .read           (avm_read),
    .readdatavalid  (avm_readdatavalid),
    .DISPSTART      (DISPSTART),
    .DISPON         (coe_DISPON),
    .DISPADDR       (coe_DISPADDR),
    .FIFOREADY      (FIFOREADY)
);

disp_fifo disp_fifo (
    .aclr       (~coe_VGA_VS),
    .data       (avm_readdata),
    .rdclk      (PCK),
    .rdreq      (FIFORD),
    .wrclk      (clk),
    .wrreq      (avm_readdatavalid),
    .q          (FIFOOUT),
    .wrusedw    (wrcnt)
);

disp_out disp_out (
    .PCK        (PCK),
    .RST        (reset),
    .DISPON     (coe_DISPON),
    .FIFORD     (FIFORD),
    .FIFOOUT    (FIFOOUT),
    .HCNT       (HCNT),
    .VCNT       (VCNT),
    .DISPSTART  (DISPSTART),
```

続く➡

```
        .VGA_R      (coe_VGA_R),
        .VGA_G      (coe_VGA_G),
        .VGA_B      (coe_VGA_B)
    );

    disp_flag disp_flag (
        .CLK        (clk),
        .RST        (reset),
        .VGA_VS     (coe_VGA_VS),
        .CLRVBLNK   (coe_CLRVBLNK),
        .VBLANK     (coe_VBLANK)
    );

    syncgen syncgen (
        .CLK        (clk),
        .RST        (reset),
        .PCK        (PCK),
        .VGA_HS     (coe_VGA_HS),
        .VGA_VS     (coe_VGA_VS),
        .HCNT       (HCNT),
        .VCNT       (VCNT)
    );

endmodule
```

▼ リスト8-4 Avalon-MM マスター読み出し制御 (disp_ctrl.v)

```
module disp_ctrl (
    input           CLK,
    input           RST,
    input           waitrequest,
    output  [25:0]  address,
    output          read,
    input           readdatavalid,
    input           DISPSTART,
    input           DISPCN,
    input   [25:0]  DISPADDR,
    input           FIFOREADY
    );

/* 内部信号の宣言 */
reg [25:0]  addrcnt;
wire        dispend;

/* ステートマシン (宣言部) */
localparam HALT = 2'b00, SETADDR = 2'b01,
           READING = 2'b10, WAITING = 2'b11;
reg [1:0]   cur, nxt;
```

続く➡

```verilog
/* バースト長 */
localparam BURSTSIZE = 5'd16;

/* アドレスおよび読み出し信号 */
assign address = addrcnt + DISPADDR;
assign read    = (cur == SETADDR);

/* VRAM 読み出し開始（DISPSTART を CLK で同期化し立ち上がりを検出）*/
reg [2:0]   dispstart_ff;

always @( posedge CLK ) begin
    if ( RST )
        dispstart_ff <= 3'b000;
    else begin
        dispstart_ff[0] <= DISPSTART;
        dispstart_ff[1] <= dispstart_ff[0];
        dispstart_ff[2] <= dispstart_ff[1];
    end
end

wire dispst = DISPON & (dispstart_ff[2:1] == 2'b01);

/* アドレスカウンタ */
always @( posedge CLK ) begin
    if ( RST )
        addrcnt <= 26'b0;
    else if ( cur==HALT && dispst )
        addrcnt <= 26'b0;
    else if ( cur == SETADDR && waitrequest==1'b0 )
        addrcnt <= addrcnt + 26'h0020;
end

/* 表示終了 */
localparam VGA_MAX = 26'd640 * 26'd480 * 26'd2;
assign dispend = (addrcnt == VGA_MAX);

/* バーストカウンタ */
reg [3:0] rdcnt;

always @( posedge CLK ) begin
    if ( RST )
        rdcnt <= 4'h0;
    else if ( cur==SETADDR )
        rdcnt <= 4'h0;
    else if ( readdatavalid )
        rdcnt <= rdcnt+ 4'h1;
end

/* ステートマシン */
```

```verilog
always @( posedge CLK ) begin
    if ( RST )
        cur <= HALT;
    else
        cur <= nxt;
end

always @* begin
    case ( cur )
        HALT:       if ( dispst )
                        nxt = SETADDR;
                    else
                        nxt = HALT;
        SETADDR:    if ( waitrequest==1'b0 )
                        nxt = READING;
                    else
                        nxt = SETADDR;
        READING:    if ( rdcnt==BURSTSIZE-5'd1 && readdatavalid ) begin
                        if ( dispend )
                            nxt = HALT;
                        else if ( !FIFOREADY )
                            nxt = WAITING;
                        else
                            nxt = SETADDR;
                    end
                    else
                        nxt = READING;
        WAITING:    if ( FIFOREADY )
                        nxt = SETADDR;
                    else
                        nxt = WAITING;
        default:    nxt = HALT;
    endcase
end

endmodule
```

▼ リスト 8-5 表示出力作成 (disp_out.v)

```verilog
module disp_out (
    input               PCK,
    input               RST,
    input               DISPON,
    output  reg         FIFORD,
    input       [15:0]  FIFOOUT,

    input       [9:0]   HCNT,
    input       [9:0]   VCNT,
```

続く➡

```verilog
        output   reg             DISPSTART,

        output   reg [3:0]       VGA_R,
        output   reg [3:0]       VGA_G,
        output   reg [3:0]       VGA_B
        );
/* VGA(640 × 480) 用パラメータ読み込み */
`include "vga_param.vh"

/* FIFO 読み出し信号 */
wire [9:0] rdstart = HFRONT + HWIDTH + HBACK - 10'd3;
wire [9:0] rdend   = HPERIOD - 10'd3;

always @( posedge PCK ) begin
    if ( RST )
        FIFORD <= 1'b0;
    else if ( VCNT < VFRONT + VWIDTH + VBACK )
        FIFORD <= 1'b0;
    else if ( (HCNT==rdstart) & DISPON )
        FIFORD <= 1'b1;
    else if ( HCNT==rdend )
        FIFORD <= 1'b0;
end

/* FIFORD を 1 クロック遅らせて表示の最終イネーブルを作る */
reg disp_enable;

always @( posedge PCK ) begin
    if ( RST )
        disp_enable  <= 1'b0;
    else
        disp_enable  <= FIFORD;
end

/* VGA_R 〜 VGA_B 出力 */
always @( posedge PCK ) begin
    if ( RST )
        {VGA_R, VGA_G, VGA_B} <= 12'h0;
    else if ( disp_enable )
        {VGA_R, VGA_G, VGA_B} <= FIFOOUT[11:0];
    else
        {VGA_R, VGA_G, VGA_B} <= 12'h0;
end

/* VRAM 読み出し開始 */
always @( posedge PCK ) begin
    if ( RST )
        DISPSTART <= 1'b0;
```

続く➡

8-2 グラフィック表示回路の作成

```
        else
            DISPSTART <= (VCNT == VFRONT + VWIDTH + VBACK -10'd1);
end

endmodule
```

▼ リスト 8-6 VBLANK 作成（disp_flag.v）

```verilog
module disp_flag (
    input       CLK,
    input       RST,
    input       VGA_VS,
    input       CLRVBLNK,
    output  reg VBLANK
    );

/* VBLANK セット信号・・・VGA_VS を CLK で同期化 */
reg [2:0]   vblank_ff;

always @( posedge CLK ) begin
    if ( RST )
        vblank_ff <= 3'b111;
    else begin
        vblank_ff[0] <= VGA_VS;
        vblank_ff[1] <= vblank_ff[0];
        vblank_ff[2] <= vblank_ff[1];
    end
end

wire set_vblank = (vblank_ff[2:1] == 2'b10);

/* VBLANK フラグ */
always @( posedge CLK ) begin
    if ( RST )
        VBLANK <= 1'b0;
    else if ( CLRVBLNK )
        VBLANK <= 1'b0;
    else if ( set_vblank )
        VBLANK <= 1'b1;
end

endmodule
```

第8章 外部メモリを用いたグラフィック表示回路

ポート名によるインターフェース自動認識

グラフィック表示回路最上位階層の記述「disp_ip.v」（**リスト 8-3**）では、ポート名に特定の文字列を付加しています。これらは「Interface Type Prefix」と呼ばれ、コンポーネント・エディタで読み込んだときに、インターフェースを自動認識させるためのものです。Avalon-MM スレーブでは付加しなくても認識してくれていたので、第 7 章までの記述では信号タイプ名だけで済ませていました。

しかし Avalon-MM マスターの信号ではそうも行かず、結果的にコンポーネント・エディタでの手作業が増えてしまいます。

自動認識させるためには、以下のようなフォーマットでポート名を記述します。

```
＜プリフィックス＞_＜インターフェース名＞_＜信号タイプ＞
```

プリフィックスには以下のようなものがあります。

- avs：Avalon-MM スレーブ
- avm：Avalon-MM マスター
- coe：Conduit（外部入出力）

インターフェース名には特別な書式はなく、また同一のインタフェースを使用していなければ省略できます。省略しない場合には、avm では m0、m1、avs では s0, s1 などを使う例をよく見かけ、以下のような記述になります。

```
avm_m0_address
avs_s0_writedata
coe_c0_VGA_R
```

8-2-4 FIFO の作成

システムの構築に先立って**表 8-7** の名称でプロジェクトを作成しておきます。最初に以下の手順で FIFO を作成します。その際「FIFO」フォルダを作業フォルダ直下に作成し、生成物をここに保存することにします。

▼ 表 8-7　グラフィック表示回路のプロジェクト

ツール	項目	名称
-	作業フォルダ	display
Quartus Prime	プロジェクト名	display
	最上位階層名	display
IP Catalog	FIFO 保存フォルダ	FIFO
Qsys	Qsys 階層名	display_qsys

続く➡

8-2 グラフィック表示回路の作成

	コンポーネント名	disp_ip
Component Editor	回路記述保存フォルダ	DISP_HDL
	回路記述	disp_ip.v disp_ctrl.v disp_out.v disp_flag.v syncgen.v vga_param.vh
	ワークスペース	software
Nios II EDS	BSPプロジェクト	disp_test_bsp
	アプリケーションプロジェクト	disp_test
	テンプレート	Hello World
	テストプログラム	disp_test.c

① IP Catalog から FIFO を選択（図 8-16（a））

画面右側の IP Catalog から、［Basic Functions］→［On Chip Memory］→［FIFO］をダブルクリックします。

②作成する FIFO の名称と保存先を指定（図 8-16（b））

保存先のフォルダ「FIFO」とファイル名「disp_fifo.v」を指定します。

▼ 図 8-16　IP Catalog による FIFO の作成

(a) IP Catalog から「FIFO」を選択

(b) 生成する IP 名称を入力

③ビット幅、ワード数、クロックなど設定（図 8-16（c））

以下のように設定します。

- ビット幅：16
- ワード数：1024
- 読み書きで共通のクロックとするか：No（独立したクロックとする）

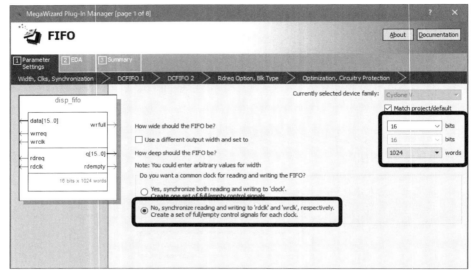

(c) ビット幅、ワード数、クロックなど設定

なお読み書きで独立したクロックを選択すると、empty や full などのフラグ類もクロックごとに2系統存在させることが可能になります。

④各種性能に関する設定（図 8-16（d））

レイテンシ、メタステーブル対策、動作速度、回路規模などの各種性能は、相反する条件なので、すべてを満たすことはできません。優先する対象をここで選択します。

- レイテンシが最小、メタステーブル対策なし、サイズ小、動作速度はそこそこ
- メタステーブル対策万全、動作速度最良、レイテンシは3以上、サイズ大
- 上記2条件の中間

の3条件の中から、今回はデフォルトでもある中間条件にします。

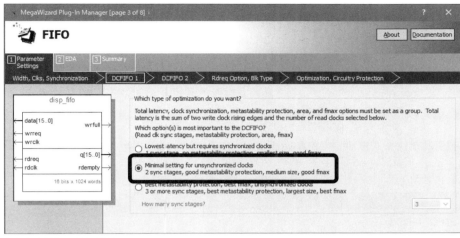

(d) 各種性能に関する設定

⑤フラグ類の設定（図 8-16（e））

次は full や empty などフラグ類の設定です。書き込み側（Write-side）における FIFO の使用量「usedw[]」のみチェックを入れ、その他は不要なので外します。

そして新たに読み出しクロックに同期したリセットを追加します。垂直同期信号でリセットすることにします。

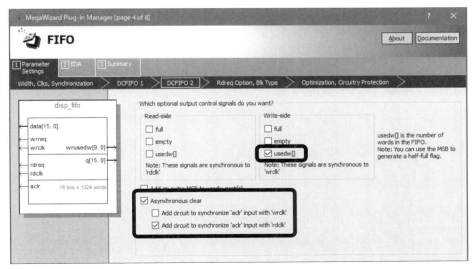

(e) フラグ類の設定

⑥読み出しに関する設定（通常か先読みか）（図 8-16 (f)）

以下のいずれかを選択できますが、ここでは通常タイプとします。

- 通常タイプ：rdreq 信号をアサートして 1 クロック後に出力が得られる
- 先読み（Show-Ahead）タイプ：書き込んだ時点で最初のデータを出力し、rdreq アサートではその次のデータを読み出す

これ以降はデフォルト設定でかまいませんので「Next」をクリックし続けて最終画面まで進めます。

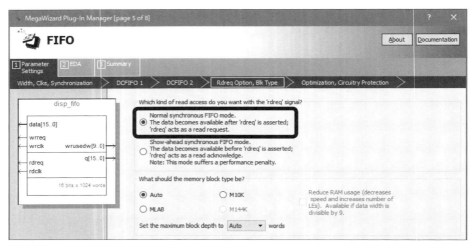

(f) 読み出しに関する設定

⑦生成内容の確認（図 8-16 (g)）

2 個の M10K メモリと多数の LUT や FF を使用することを確認して「Finish」をクリックします。QIP ファイル追加の確認が表示されたら「Yes」をクリックして終了です。

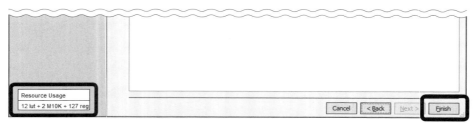

(g) 生成内容の確認

8-2-5　グラフィック表示回路システムの構築

Qsysでは以下のNios IIシステムを作成します。前節のシステムからオンチップメモリを省いた構成になります。SDRAMをプログラム/データ用のメモリとして使いますので、オンチップメモリは不要です。SDRAMコントローラなどの設定は前節と同じです。

- Nios II/f プロセッサ
- JTAG UART
- System ID
- SDRAM コントローラ
- Altera PLL

これに PIO を 3 個追加します。それぞれ以下のように設定します。

- PIO_0……26 ビット、出力
- PIO_1……2 ビット、出力、ビット単位で ON/OFF 可能に設定（図 8-17）
  　　　　　この設定により、ビット単位で ON/OFF する専用関数が使えるようになります。
- PIO_2……1 ビット、入力

▼ 図 8-17　PIO をビット単位で ON/OFF 可能に設定

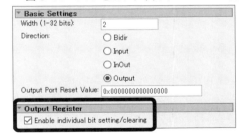

Nios II では、各ベクタを図 8-18 のように SDRAM に設定します。これにより SDRAM がプログラムメモリとして機能します。

▼ 図 8-18　Nios II のベクタ設定

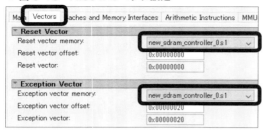

つづいてコンポーネント・エディタでグラフィック表示回路を読み込みます。いくつか注意点があります。

● 最上位階層の指定（参考：図 7-21）

「disp_ip.v」を最上位階層に指定します。

● インターフェース類の確認と信号タイプの入力（図 8-19）

ポート名に avm や coe を付加したので、正しく認識されているか確認します。まれにインタフェースは正しくても信号タイプを誤認識することがありましたので、一通り確認が必要です。Conduit の方は、すべての信号に対し信号タイプの入力が必要ですので忘れずに入力してください（参考：図 6-7(c)）。ちょっと手間ですが、ポート名に付加した「coe_」を含まないようにします。

各ブロックを配置したら、前節を参考に注意深く配線を行ってください（参考：図 8-6）。

▼ 図 8-19　インターフェース類の確認と信号タイプの入力

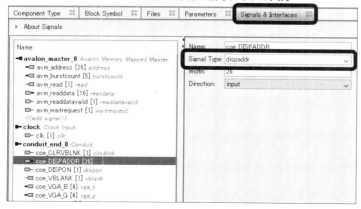

Qsys が終了したら、

- 最上位階層の作成
- 最上位階層、QIP ファイル、制約ファイルをプロジェクトに追加
- ピンアサイン
- コンパイル

を実施してハードウェアを完成させてください。

> **アドレスの自動割り当てでエラーが発生!?**
>
> 「Assign Base Address」コマンドによるアドレスの割り当てを実施後（参考：図5-18）、SDRAM の領域が Avalon-MM マスターのアドレス範囲を超えたというエラーが出ることがあります。SDRAM のアドレスが、0 番地始まりでなく 0x04000000 番地以降に配置されてしまったことが原因です。
> この場合、System Contents タブか Address Map タブで、SDRAM の先頭アドレスを 0 番地に戻せば OK です。Avalon-MM マスターであるグラフィック表示回路のアドレスが 26 ビットなので、0x00000000 ～ 0x03ffffff の範囲しかアクセスできないのが根本的な原因です。
> Avalon-MM マスターのアドレスは、オフセットではなく絶対アドレスだと考えておいて間違いはないでしょう。ちなみに Avalon-MM マスターのアドレス出力を 32 ビットにすれば、この問題は解消します。

8-2-6 リンカスクリプトを修正してビルドし動作確認

Nios II EDS を起動して表8-7 の名称で各プロジェクトを作成します。メモリ容量が潤沢にありますので、テンプレートは「Hello World」を選びます。

図8-11 (a) に示したメモリ配置を実現するためには、リンカスクリプトの修正が必要です。BPS プロジェクトを選択し、マウス右ボタンから［Nios II］→［BSP Editor...］を実行します。BSP エディタが起動しますので「Linker Script」タブを選択します（図8-20）。

「Linker Memory Regions」の「new_sdram ～」行の「Size」列をダブルクリックして、サイズを「33554400」に設定します。この値は、プログラム / データ領域の 0x02000000 から、リセット領域の 0x20 を引いた値です。

この設定により、「Address Range」の値が 0x00000020 - 0x01FFFFFF となっていれば OK です。これにより、0x02000000 番地以降は表示用の領域として自由に使えます。「Generate」をクリックしてリンカスクリプトを修正したら BSP エディタは終了します。

第8章　外部メモリを用いたグラフィック表示回路

▼ 図8-20　リンカスクリプトの修正

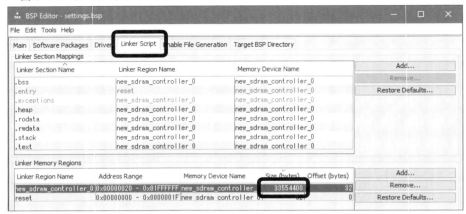

グラフィック表示回路のテストプログラムを**リスト8-7**に示します。この中で、PIOに関する以下の2つの関数を呼び出しています。

- IOWR_ALTERA_AVALON_PIO_SET_BITS(base, data)
- IOWR_ALTERA_AVALON_PIO_CLEAR_BITS(base, data)

PIO_1ではビット単位でON/OFFできるように設定しました（**図8-17**）。この設定により、これらの関数が使えるようになります。data内の1のビットに対し、それぞれON/OFFできます。他のビットには影響与えず、特定のビットだけON/OFFできるので便利です。

リスト8-7のプログラムではいくつかの画像表示を行っています[注8-10]。それぞれの指定箇所にブレークポイントを置いて実行してみてください。

▼ リスト8-7　グラフィック表示回路のテスト（disp_test.c）

```
#include "system.h"
#include "altera_avalon_pio_regs.h"
#include "sys/alt_cache.h"

#define DISPADDR PIO_0_BASE
#define CLRV_DON PIO_1_BASE
#define VBLANK   PIO_2_BASE
#define DISPON_BIT 0x01
```

続く➡

注8-10　表示をONした直後は初期化されていないメモリ内容を表示するので、いわゆる「砂嵐」の画面になる。デバッグ最中は、砂嵐が表示されただけでも一安心する。画面が真っ暗だったり、ちらついて安定しなかったりと最初は散々だからである。

```c
#define CLRVB_BIT   0x02

#define XSIZE 640
#define YSIZE 480
#define VRAM ((volatile unsigned short *) 0x02000000)

/* VBLANK待ち */
void wait_vblank(void) {
    IOWR_ALTERA_AVALON_PIO_SET_BITS(CLRV_DON, CLRVB_BIT);
    IOWR_ALTERA_AVALON_PIO_CLEAR_BITS(CLRV_DON, CLRVB_BIT);
    while (IORD_ALTERA_AVALON_PIO_DATA(VBLANK)==0);
}

/* 原点（xpos, ypos）、大きさ（width, height）、色（color）を指定して箱を書く */
void drawbox( int xpos, int ypos, int width, int height, int col ) {
    int x, y;

    for ( x=xpos; x<xpos+width; x++ ) {
        VRAM[ ypos*XSIZE + x ] = col;
        VRAM[ (ypos+height-1)*XSIZE + x ] = col;
    }
    for ( y=ypos; y<ypos+height; y++ ) {
        VRAM[ y*XSIZE + xpos ] = col;
        VRAM[ y*XSIZE + xpos + width -1 ] = col;
    }
}

int main()
{
    int i;

    /* 表示ON */
    wait_vblank();
    IOWR_ALTERA_AVALON_PIO_DATA(DISPADDR, 0x02000000);
    IOWR_ALTERA_AVALON_PIO_SET_BITS(CLRV_DON, DISPON_BIT);

    /* 画面クリア */
    for ( i=0; i<XSIZE*YSIZE; i++) {     /* この行にブレークポイントを置く */
        VRAM[i] = 0;
    }
    alt_dcache_flush_all();

    /* 枠線をいくつか引いてみる */
    drawbox(  0,   0, 640, 480, 0x0fff); /* この行にブレークポイントを置く */
    drawbox( 10,  10, 200, 100, 0x0f00); // R
    drawbox( 40,  30, 150, 300, 0x00f0); // G
    drawbox(100, 150, 400, 300, 0x000f); // B
    alt_dcache_flush_all();
```

続く⇒

第8章　外部メモリを用いたグラフィック表示回路

```
    /* 縞模様を書く */
    for ( i=0; i<XSIZE*YSIZE; i++) {       /*  この行にブレークポイントを置く  */
        VRAM[i] = i;
    }
    alt_dcache_flush_all();

    return 0;
}
```

COLUMNCOLUMNCOLUMNCOLUMNCOLUMNCOLUMN

コラム E　画像ファイルの表示

　グラフィック表示できる回路を作成したのですから、写真などの画像ファイルを表示してみたくなります。そこで、比較的簡単な方法で実現してみます。

　画像ファイルを表示するためには、SDRAM に画像データを転送する必要があります。いくつか方法は考えられますが[注E-1]、FPGA ボードに依存しない方法としては、画像データをプログラムの一部として埋め込んでしまう方法があります。

　配列の初期値設定のような形式に画像データを変換できれば、プログラムのダウンロード時に、画像データを SDRAM 上に転送することが可能です。画像編集フリーソフトウェアの「GIMP」[注E-2]には、C 言語のヘッダファイルの形式で画像データを変換する機能がありますので、これを使うことにします。

　以下および図 E-1 にその手順を示します。

① GIMP で画像をヘッダファイルに変換

　GIMP で画像を読み込み、640 × 480 ドットにリサイズし、[ファイル] → [名前を付けてエクスポート ...] を実行します（図 E-2（a））。出力するファイルのフォーマットは「C ソースコードヘッダー（*.h）」を選択して保存します（図 E-2（b））。リスト E-1 に示すように、画像は英数字および記号の文字列に変換されます。

② Nios II EDS で、プログラムとともにヘッダファイルを SDRAM にダウンロード

　変換されたヘッダファイルの最初には、復元するための関数マクロ「HEADER_PIXEL」が定義されています。これを用いて画像データを復元するとともに、RGB 各 4 ビットに変換して VRAM に書き込むプログラムを作成します（リスト E-2）。Nios II EDS でビルド後、これらをダウンロードします。

③ Nios II 上で、ヘッダファイルの内容をフォーマット変換して VRAM に転送

　Nios II で先ほどのプログラムを実行すれば、画像ファイルをグラフィック表示回路で表示できます。

注 E-1　DE0-CV と DE10-Lite には「Control Panel」というユーティリティが提供されている。これには SDRAM の内容をパソコンから読み書きする機能もある。しかし 32 ビットアプリケーションらしく、筆者の環境では不安定でまともに動作しなかった。また Nios II EDS にはメモリ内容の Import/Export 機能もあるが、1 画面相当の大容量データでは満足に機能しない。

注 E-2　https://www.gimp.org もしくは窓の杜などからダウンロードできる。

8-2 グラフィック表示回路の作成

COLUMNCOLUMNCOLUMNCOLUMNCOLUMNCOLUMN

▼ 図 E-1　画像ファイルの表示手順

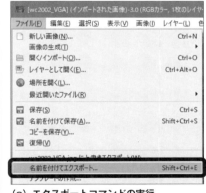

▼ 図 E-2　GIMP によるヘッダファイルへの変換

(a) エクスポートコマンドの実行　　　　(b) [C ソースコードヘッダー] を選択

　表 E-1 の名称で Nios II EDS のプロジェクトを作成し、実行してみてください。既存の BSP プロジェクトを参照すれば、リンカスクリプトの修正は不要です。ヘッダファイルのサイズが大きいのでダウンロード時間に数 10 秒かかりますが、プログラムの実行は即座です。
　実行した結果を写真 E-1 に示します。RGB が各 4 ビットしかないので若干画質が落ちますが、ここまで表示できれば良しとします。

305

第8章 外部メモリを用いたグラフィック表示回路

COLUMNCOLUMNCOLUMNCOLUMNCOLUMNCOLUMN

▼ 表 E-1 画像ファイルの表示の Nios II EDS プロジェクト

ツール	項目	名称
-	作業フォルダ	display
Nios II EDS	ワークスペース	software
	BSP プロジェクト	disp_test_bsp
	アプリケーションプロジェクト	pictdisp
	テンプレート	Hello World
	テストプログラム	pictdisp.c

▼ 写真 E-1 画像表示例

▼ リスト E-1 画像を変換したヘッダファイル抜粋（picture.h）

```
/*  GIMP header image file format (RGB): C:\Users\koba\IntelFPGA\
picture.h  */

static unsigned int width = 640;
static unsigned int height = 480;

/*  Call this macro repeatedly.  After each use, the pixel data can be
extracted  */

#define HEADER_PIXEL(data,pixel) {\
pixel[0] = (((data[0] - 33) << 2) | ((data[1] - 33) >> 4)); \
pixel[1] = ((((data[1] - 33) & 0xF) << 4) | ((data[2] - 33) >> 2)); \
pixel[2] = ((((data[2] - 33) & 0x3) << 6) | ((data[3] - 33))); \
data += 4; \
}
static char *header_data =
    "DJ>IDJ>ICZ.EC*\"BE*:IDZ6HEJBKE:>JD:*JE*6MDJ.LDJ.LDZ2LE*6MF:>PE*6M"
    "DJ2IE:BOEZJYFJ_#H+30H;77G[7;H+;<GK78G+31F[')F*^`F:VYF:VUFZRTFZVR"
```

```
    "FZVRFZVRFZRTFJNSEZJQEZJQF*NRF*NREJJRF*RTEJJRDZ>OE:BPF*NSH+.[FJVU"
    "FJVUFZZVG*RXG*RXFJJVFJJVFZNWG:VYG:VYFZNWG*VVH+&ZHK¥"ZH:^YH:ZWGZVV"
       ～  以下省略  ～
```

▼ リスト E-2 画像表示プログラム（picture.c）

```c
#include "system.h"
#include "sys/alt_cache.h"
#include "altera_avalon_pio_regs.h"
#include "picture.h"

#define DISPADDR PIO_0_BASE
#define CLRV_DON PIO_1_BASE
#define VBLANK   PIO_2_BASE
#define DISPON_BIT 0x01
#define CLRVB_BIT  0x02
#define VRAM ((volatile unsigned short *) 0x02000000)

/* VBLANK待ち */
void wait_vblank(void) {
    IOWR_ALTERA_AVALON_PIO_SET_BITS(CLRV_DON, CLRVB_BIT);
    IOWR_ALTERA_AVALON_PIO_CLEAR_BITS(CLRV_DON, CLRVB_BIT);
    while (IORD_ALTERA_AVALON_PIO_DATA(VBLANK)==0);
}

int main()
{
    char *data = header_data;
    unsigned char pic[3];
    int i;

    /* ヘッダファイルからVRAMに読み込み */
    for ( i=0; i<width*height; i++ ) {
        HEADER_PIXEL(data, pic);
        VRAM[i] = ((pic[0] & 0xf0) << 4) | (pic[1] & 0xf0) | (pic[2] >> 4);
    }
    alt_dcache_flush_all();

    /* 表示をON */
    wait_vblank();
    IOWR_ALTERA_AVALON_PIO_DATA(DISPADDR, 0x02000000);
    IOWR_ALTERA_AVALON_PIO_SET_BITS(CLRV_DON, DISPON_BIT);

  return 0;
}
```

第8章 外部メモリを用いたグラフィック表示回路

8-3 第8章のまとめ

8-3-1 まとめ

　この章では SDRAM と Avalon-MM のマスターにより、グラフィック表示を実現できました。階調表示に若干の物足りなさはありますが、32M バイトの領域には VGA の解像度だと 54 枚も画像を保存できます。さらにこのメモリは、Nios II からもアクセスできます。時間はかかりますが、プログラムで生成した画像を表示することも可能です。

　メモリ空間とグラフィック表示が手に入ると、実現できる幅が広がったことを実感できたと思います。最後の章になる次章では、カメラモジュールを接続して、画像の取り込みを行います。そして最終的には動画の記録も実現してみます。

8-3-2 課題

　コラム E を参考に、複数枚の写真画像を表示するフォトフレームを作成してください。ダウンロード時間がかかりますので、とりあえず 3〜4 枚の画像を繰り返し表示する程度で十分かと思います。以下の方法でやってみるとよいでしょう。

- 表示する画像を 4 枚程度用意する
- それぞれ 640 × 480 ドット、およびヘッダファイルに変換する
- VRAM 領域に連続的に配置し、1 枚あたり 3 秒程度の間隔で切り替えて表示する

第9章
CMOSカメラの接続と応用

　いよいよ本書も最終章になりました。仕上げのテーマはCMOSカメラの接続です。撮影した画像を、前章で作成したグラフィック表示回路で表示してみます。カメラが付くことで、FPGA上のシステムもより高度になります。

　さらに大容量の外部メモリを活用して、動画の録画も行ってみます。7セグメントLEDを点灯させていたFPGAで、ここまでできるのですから感慨深いでしょう。

第9章　CMOSカメラの接続と応用

9-1　カメラモジュールの概要と接続

ここでは接続するCMOSカメラモジュールの仕様について説明します。接続には、多少の工作が必要ですので、その注意点も合わせて紹介します。

9-1-1　CMOSカメラモジュールの概略

最近では、FPGAボードやマイコンボードに直結できるCMOSカメラモジュールが安価で手に入るようになりました。本書で用いているのは、日昇テクノロジー社の「OV7725カメラモジュール」というCMOSカメラモジュールです（**写真9-1 (a)**）。

▼ **写真9-1　カメラモジュールとFPGAボードの接続**

(a) **カメラモジュールと接続基板**

このモジュールに搭載しているのは「OV7725」というOmniVision Technologies社製のイメージセンサです。このチップはイメージセンサ本体と画像処理や外部とのインターフェース回路が1チップ化されたものです。仕様を**表9-1**に示します。本書では、

- 解像度はVGA
- RGB444フォーマット
- 25MHzクロック供給
- フレームレートは約30fps（frame per second）

の設定で用います。

▼ 表9-1 カメラモジュールの仕様

品名	OV7725 カメラモジュール
イメージセンサ	OV7725（OmniVision Technologies 社）
解像度	最大 640 × 480 ドット（VGA）
動作電圧	3.3V
消費電力	120mW（60fps、VGA、YUV フォーマット）
出力フォーマット（8 ビット）	YUV/YCbCr 4:2:2
	RGB565/555/444
	GRB 4:2:2
	Raw RGB
カメラ制御	SCCB（Serial Camera Control Bus、I²C 互換）
外部クロック入力	10 〜 48MHz
最大転送速度	60fps VGA
接続コネクタ	2.54mm ピッチ、2 × 10 ピンヘッダ

　本書で扱っている各 FPGA ボードには GPIO という汎用の外部端子が用意されています。**写真 9-1（b）** に示したように手配線した接続基板を用意して GPIO コネクタに接続します[注9-1]。

(b) DE0-CV に実装

　カメラモジュールの端子に、**表 9-2** のように全部で 20 ピンあります。電源とグランドを除いた信号は 18 本です。これらのうち、17 番ピン以降の、

注 9-1　DE0-CV と DE1-SoC には GPIO コネクタが 2 個あるが、内側の GPIO_0 を使うことにする。外側は他の用途、たとえば Terasic 社から発売されている液晶モジュールの接続に利用できる。なお端子の割り当てを変更すれば外側に接続することも可能。さらにカメラ自体を外向きに実装すれば、基板の映り込みも防げる。

第9章 CMOSカメラの接続と応用

- RESET、PWDN ……カメラモジュール全体の制御
- D1、D0 ……画像データの下位2ビット

は使用せず未接続のままとします。RESETやPWDNは内部でプルアップやプルダウンされているので問題ありません。残りの信号は、

- HREF、VSYNC、PCLK、XCLK、D9～D2……画像データおよび転送に関する信号
- SCL、SDA ……カメラ動作の設定

の2系統に分かれ、制御回路も2つのブロックに分けて作成します。

▼ 表9-2 カメラモジュールの端子

端子番号	信号名	I/O	内容
1	VCC	-	電源（基板上では3V3）
2	GND	-	グランド
3	SCL	I	SCCBクロック（基板上ではSIOC）
4	SDA	I/O	SCCBデータ（基板上ではSIOD）
5	VSYNC	O	垂直同期
6	HREF	O	出力イネーブル
7	PCLK	O	画像クロック出力
8	XCLK	I	クロック入力
9～16	D9～D2	O	画像データ出力
17	RESET	I	リセット
18	PWDN	I	低消費電力モード
19～20	D1～D0	O	画像データ出力

注 「I/O」はカメラモジュールから見た方向を示す

9-1-2 OV7725の画像系タイミング

最初に画像データの転送タイミングについて説明します。FPGAボード側からは、XCLK端子にクロックを供給します。ここでは100MHzのシステムクロックを4分周して25Mzを与えることにします。クロックを供給するだけで、OV7725から勝手に画像データを送ってきます。スタート信号などもありません。

水平方向のタイミングチャートを図9-1（a）に示します。PCLKは画像クロックです。これに同期してD9～D2に画像データを出力します[注9-2]。PCLKの立ち下がりでデータが変化しますので、FPGA側では、PCLKの立ち上がりでデータを取り込めばよいことにな

注9-2 D1～D0はRaw RGBモードのみ出力する。YUVやRGB565など他のモードでもD9～D2のみ使う。

カメラモジュールの概要と接続　**9-1**

> **OV7670 搭載のカメラモジュールを使う場合**
>
> 　VGA 解像度のカメラモジュールでは、OV7670 を用いたものが有名です。本書姉妹編の「Xilinx 編」でも用いました。しかし本書執筆時点で在庫僅少や在庫切れを起こしており（たまたまだった）、供給が安定していそうな OV7725 を採用しました。
> 　読者のみなさんの中には、OV7670 をお持ちの方もおられるでしょう。幸いにして、いくつかのカメラモジュールは OV7725 とピンコンパチブルなので、回路のごく一部（後述の注 9-8 に記載）と初期化データを変更すれば、本書の大半の回路やテストプログラムを流用可能です。
> 　代表的な OV7670 カメラモジュールと特徴について、以下に紹介します。
>
> ●日昇テクノロジー社「OV7670 カメラモジュール（SCCB インタフェース）」
> ・750 円＋税
> ・OV7725 カメラモジュールと同様に、センサはピンヘッダに対し 90 度傾いて実装
> ・18 ピンヘッダ（OV7725 カメラモジュールの 18 番ピンまでとコンパチブル）
> ・2017 年 9 月頃より旧製品（1,875 円＋税）から本機種に切り替わった
>
> ● aitendo「カメラモジュール（OV7670）M7670D18B」
> ・1,980 円＋税
> ・センサはピンヘッダに対し 90 度傾いて実装
> ・18 ピンヘッダ（OV7725 カメラモジュールの 18 番ピンまでとコンパチブル）
> ・時々在庫切れする
>
> ●秋月電子通商「CMOS カラーカメラモジュール ST-HL-08-V1」
> ・980 円（税込み）
> ・デジタルコア部、アナログ部、I/O 部のための電源回路を別途作成する必要あり
> ・24 ピン DIP 基板に実装されている
> ・ピント合わせのレンズなし
>
> 　本書の OV7725（日昇テクノロジー社、1,800 円＋税）は、その宣伝文句のとおり OV7670 に比べ低照度環境でも感度が高くノイズも少ないようです。またフレームレートが 60fps まで可能という特徴もあります。
> 　なお上記の価格や在庫状況は 2017 年 12 月時点のものです。また販売店の WEB サイトの URL は巻末の参考文献のページにまとめて記載しています。

ります。HREF はデータのイネーブル信号です。これが 1 のときにデータを取り込みます。
　PCLK は XCLK を元にカメラモジュールで作成し、設定により逓倍や分周もできます。本書の設計例では 4 逓倍および 4 分周して使いますので、PCLK は XCLK と同じ周波数になります。
　本書で使用した画像フォーマットは RGB444 です。これは RGB 各色を 4 ビットとし、1 画素を 12 ビットで表現するフォーマットです。このモードのとき、OV7725 は D9 〜 D2 の 8 ビットに画像を出力しますので、**図 9-1（b）**のように、PCLK の 2 クロックで 1

画素分を転送します注9-3。

したがって1ラインは1280データおよび1568PCLK（= 62.7 μs）となり、グラフィック表示回路の約倍の時間になります。つまり画像の取り込みは、表示に対して半分の速度になります。

▼図9-1　OV7725の水平タイミング

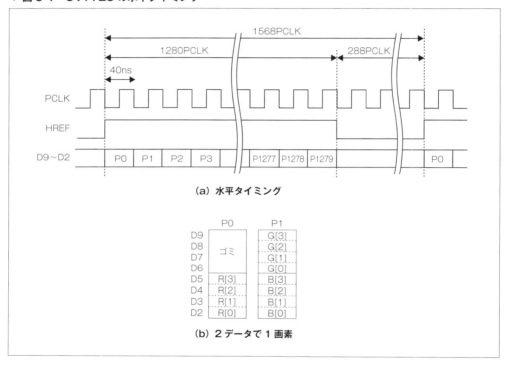

次に垂直方向のタイミングについて説明します（図9-2）。表示回路と同様にVSYNC信号があり、CPUで検出して画像取り込みのON/OFF制御に使っています。HREFの周期を1LINEとすると、

- VSYNCの幅：4LINE
- 有効画像　　：480LINE
- 垂直周期　　：510LINE

注9-3　ちなみにOV7670では、RGB444時はxB、GRの順に送出する。一般に出回っているPreliminary版データシートの情報と異なるので要注意である。

となります。よって垂直周波数は、1 ÷ (510 × 1568 × 40ns) = 31.3Hz となります。

▼図9-2　OV7725の垂直タイミング

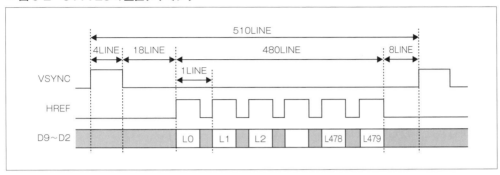

9-1-3　SCCB仕様と主要レジスタ

OV7725には、さまざまな設定ができる内部レジスタがあります。その数はなんと100個以上です。そのレジスタを選択して任意の値を設定できるようにするのが、SCCB（Serial Camera Control Bus）と呼ばれるインターフェースです。組み込みマイコンでよく利用されるI^2C）のサブセットです。SCLとSDAの2本の信号線を使ってデータ転送を行います。なお細かいタイミングについては、SCCBコントローラを設計する9-3節で詳しく解説し、ここでは概略を説明します。

SCCBにおけるデータ転送の基本を図9-3に示します。これは3-Phase Write Transmissionという転送手順を示したものです。1回の転送で以下の3バイトを送出します。

- 1バイト目：機種番号（ID Address）注9-4
- 2バイト目：レジスタアドレス（sub-address）
- 3バイト目：書き込みデータ（write data）

▼図9-3　SCCB送信概略

注9-4　ここで示したレジスタ名は筆者の意訳であり、かっこ内にSCCB規格での正式名称を示した。

SCCBの接続では、制御の主体となるマスターと、制御される側のスレーブに分かれます。SCLとSDAでバスを構成し、1台のマスターに対して多数のスレーブを接続できます。このため設定対象のスレーブを選択するのが「機種番号」です。そして、

- OV7725へ書き込み：機種番号＝ 0x42
- OV7725の読み出し：機種番号＝ 0x43

のように読み書きで番号が異なります。本書の設計例では書き込みしか使いませんので、常に0x42となります。なおSDA信号は読み出しにも使うので双方向信号です。

「機種番号」に続き、「レジスタアドレス」で指定したレジスタに対し「書き込みデータ」を書き込みます。これらの間にある「z」は、スレーブ側からの応答待ちです。この1ビットの送出期間は、SDA出力をハイインピーダンスにします。

OV7725の主要レジスタを**表 9-3**に示します。主に送出画像フォーマットに関したものです。電源ON時の初期設定値では、送出フォーマットがYUVになっていますので本書の回路では正しい色になりません。そこでRGB444フォーマットにするため、**表 9-3**に示した複数のレジスタを設定し直します[注9-5]。さらに**写真 9-1（b）**の実装をすると上下が逆さまになりますので、上下反転と左右反転も行います。

9-1-4　カメラモジュールの接続

最初に説明したように、カメラモジュールとFPGAボードの接続には工作が必要です。カメラモジュールの信号は20ピンのピンヘッダに接続しています（**表 9-2**）。これをFPGAボードのGPIOコネクタに接続します。**写真 9-1（a）**に示したような接続基板を作成すると、脱着が容易ですのでおすすめです。接続基板の部品表を**表 9-4**に示します。

> **配線長が長いと誤動作する**
>
> 　接続基板上の配線は極力短くしてください。そもそも基板をあまり大きくしないことも肝要です。周波数が25MHz程度でも、いい加減に扱うと誤動作します。とりあえず接続すれば動くというものではありません。
> 　カメラモジュール側はピンヘッダ（オス）、FPGAボード側はボックスヘッダ（オス）ですので、両メスのバラのケーブルで接続できそうです。以前に複数のFPGAボードで試したところ、10cm程度のケーブルにも関わらず誤動作したものがありました。逆にケーブルをひねったり曲げたりしても動作したものもありました。
> 　いずれにしても安定性を欠く実装は厳禁で、配線を短くするのは鉄則と考えてください。

注9-5　本書でのレジスタ表および設定値は、Preliminary版のデータシートをもとにしているので、必ずしも記載のとおりの設定になるとは限らない。カット＆トライやネットの情報で適切な値を見いだすしかない。

9-1 カメラモジュールの概要と接続

▼ 表9-3 OV7725の主要レジスタ

アドレス	レジスタ名	初期値	設定値	ビット	内容
0x0C	COM3	0x10	0xD0	7	上下反転
				6	左右反転
				5	B/R 出力順反転（RGB モード時）
				4	Y/UV 出力順反転（YUV モード時）
				3	MSB/LSB 反転
				2	パワーダウン時のクロック出力を Hi-Z
				1	パワーダウン時のデータ出力を Hi-Z
				0	カラーバー表示
0x0D	COM4	0x41	0x41	7-6	PLL "00" : Bypass、"01" : ×4、 "10" : ×6、　"11" : ×8
				5-4	AEC
				3-0	予約
0x11	CLKRC	0x80	0x01	7	予約
				6	外部クロックの直接使用
				5-0	クロック分周値‥(bit[5:0]+1) ×2
0x12	COM7	0x00	0x0E	7	全レジスタの初期化
				6	解像度 "0" : VGA、"1" : QVGA
				5	BT.656 プロトコル
				4	Sensor RAW
				3-2	RGB 出力フォーマット "00" : GBR4:2:2、"01" : RGB565、 "10" : RGB555、"11" : RGB444
				1-0	出力フォーマット "00" : YUV、"01" : Processed Bayer RAW "10" : RGB、"11" : Bayer RAW

▼ 表9-4 接続基板の部品表

部品	規格
ピンソケット	2×10、ストレート
	2×20、L 型
ユニバーサル基板	5cm × 5cm 程度

　GPIO の割り当てと基板配置を図9-4 に示します。上部にカメラモジュールのピンソケットを縦長に接続し[注9-6]、下部に GPIO 用のピンソケットを配置します。片面のユニバーサル基板を適度な大きさに切ってコネクタ類を半田付けし、さらにコネクタ間をリード線

注9-6　カメラモジュールのセンサが、ピンソケットに対し垂直に実装されているので、このような配置になった。両ピンソケットを平行に配置するとスッキリと収まるのだが、FPGA ボードごと 90 度回転させなければ正しい画像にならない。残念ながら撮影画像を 90 度回転させるような設定はない。

で半田付けします．図9-4は，その半田面（配線面）の配置図です．信号名が同じものを接続すればOKです．

なお，網掛けで示した17番ピン以降は未接続のままとします．これにより先に示したOV7670カメラモジュールとピンコンパチブルになりますので，1番ピン側によせて挿入すればOKです．

▼ 図9-4　接続基板の配置図

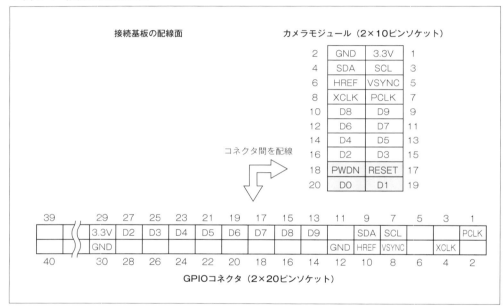

クロック入力に適した端子とは

　Intel FPGAには，クロック入力に適したグローバルクロック端子（GCLK）やリージョナルクロック端子（RCLK）があります．この端子を使うと，クロック専用配線を経由してFPGA内の各FFのクロック端子に接続されます．クロック専用配線を使うと，誤動作の原因となるスキューがきわめて少なく，回路の信頼性が向上します．
　クロック端子の数は限られていますが，GPIOの1番ピンをはじめとする数端子に割り当てられています．そこでカメラモジュールのクロック出力PCLKは，GPIOの1番ピンに接続しました．
　一般の端子にクロック入力することも可能ですが，その場合クロック専用配線を利用できませんので，誤動作のリスクが伴います．通常の設計ではやらない方が無難です．

9-2 キャプチャ回路

カメラモジュールに接続する回路は、画像データ系とカメラ制御系に分けられます。まず最初に画像データを扱うキャプチャ回路を作成します。第8章と同様にAvalon-MMのマスターを作成しますが、ここでは書き込み制御を行います。

9-2-1 キャプチャ回路システムの概略

キャプチャ回路システムの全体を図9-5に示します。これはAvalonバスを主体に描いたものです。図8-9に対して、以下の2つのブロックが追加されています。

▼図9-5 キャプチャ回路システムのAvalonバス構成

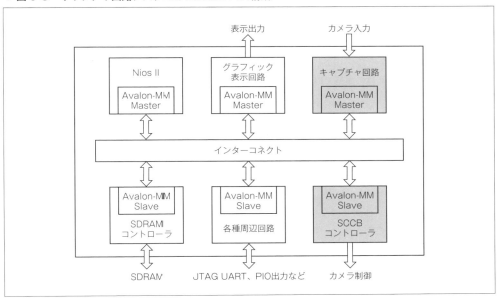

第9章　CMOSカメラの接続と応用

■ キャプチャ回路
- Avalon-MM のマスター
- カメラからの画像データを指定したメモリに書き込む

■ SCCB コントローラ
- Avalon-MM のスレーブ
- カメラモジュールの内部レジスタに任意のデータを書き込む

これらの2つは独立したブロックとして作成していますが、一つにまとめることも可能です。その場合、Avalon-MM のマスターとスレーブの2系統のポートを持つことになります。

9-2-2　キャプチャ回路の詳細

次節で SCCB コントローラを作成しますので、ここではキャプチャ回路の本体について説明します。図9-6に概略ブロック図を示します。第8章の図8-12のグラフィック表示回路とは信号の流れが逆になり、カメラモジュールからの画像データは FIFO および Avalon バスを経由して VRAM に書き込まれます。

各ブロックの概略は以下のとおりです。

▼ 図9-6　キャプチャ回路の概略ブロック図

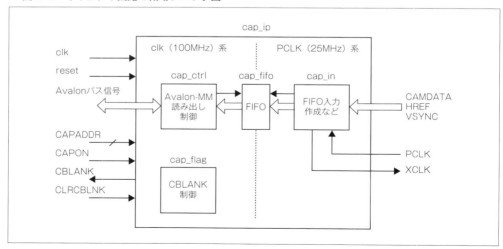

9-2 キャプチャ回路

■ cap_in
カメラモジュールからのクロック PCLK で動作し、VSYNC や HREF の同期信号をもとに画像データを取り込みます。RGB 各 4 ビットのデータを作成して FIFO に書き込みます。

■ cap_fifo
16 ビット入力、16 ビット出力、1024 段の FIFO です。IP Catalog で作成します。

■ cap_ctrl
Avalon-MM マスターの書き込み制御だけを行います。FIFO を読み出し、バースト長 16 のバースト転送を行います。

■ cap_flag
カメラモジュールの VSYNC 信号をもとに、画像入力や VRAM アクセスのない期間を示す CBLANK 信号を作成します。グラフィック表示回路の disp_flag とほぼ同じです。

■ cap_ip
上記の 4 ブロックを接続している階層です。

　書き込みの先頭アドレス CAPADDR の設定や CBLANK の読み込みは、グラフィック表示回路と同様に PIO で行うことにします[注9-7]。**表 9-5** にレジスタ表を示します。設定内容もグラフィック表示回路とほぼ同じです。
　FIFO への書き込みタイミングを**図 9-7** に示します。カメラモジュールからの画像データを直接 FIFO に書いているわけではなく、2 データから表示用の 1 画素を作っているので、多少の工夫があります。まずカメラモジュールからのデータ CAMDATA を、dat0 と dat1 の 2 段の FF に取り込みます。これらから 12 ビットの表示用データ FIFOIN を作成します[注9-8]。

注 9-7　CAPADDR などの設定レジスタは、PIO を使わず Avalon-MM のスレーブで作成することも可能。Avalon-MM スレーブの SCCB コントローラと一つにすれば、よりきれいにまとめられる。

注 9-8　OV7670 では転送順が xB、GR となっているので、「cap_in.v」の最後の方で以下のように順番を入れ替える。
　assign FIFOIN = {dat0[3:0], dat0[7:4], dat1[3:0]};

第9章　CMOSカメラの接続と応用

▼ 表9-5　キャプチャ回路のレジスタ表
(a) レジスタ配置

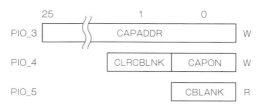

(b) 各ビットの動作内容

各ビット	動作内容
CAPADDR	・キャプチャ開始アドレス（画面左上のメモリアドレスを指定） ・設定可能なのは2の倍数のみ
CAPON	・1でキャプチャON ・OFFの時はVRAMのアクセスをしない
CBLANK	・垂直ブランキング ・カメラのVSYNCを検出したら1を保持する ・キャプチャON/OFFやキャプチャアドレスの切り替え可能期間を示す
CLRCBLNK	・1でCBLANKのクリア ・CBLANKを検出したら、次の検出のためにクリアする

　FIFOの書き込み信号FIFOWRは、PCLKの2クロックに1回だけ1にします。これを作成するために、カメラモジュールの信号HREFをPCLKの立ち上がりで取り込んだHREF_dlyを用いています。カメラモジュールからは、1ラインあたり1280個のデータが送られてきますが、この回路で半分の640個にまとめられます。

▼ 図9-7　FIFO書き込みのタイミングチャート

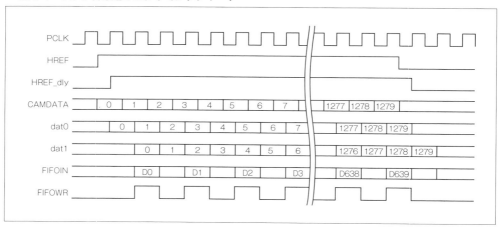

9-2 キャプチャ回路

　VRAMへの書き込みは、**図**8-10（b）のAvalon-MMマスターのタイミングにしたがって行います。FIFOの読み出し制御とともにステートマシンを用いて実現します。**図**9-8に状態遷移図を**図**9-9にタイミングチャートを示します。点線で囲った信号はAvalonマスターの信号であり、網掛けはスレーブからの信号です。

▼ 図9-8　書き込み制御のステートマシン
(a) 状態遷移図

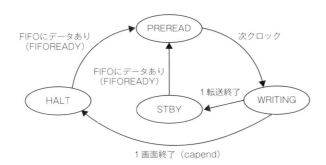

(b) 各状態での処理内容

状態名	処理内容
HALT	・FIFOにデータがたまるのを待つ ・アドレスカウンタのリセット
PREREAD	・FIFOの先読み ・バーストカウンタのリセット
WRITING	・VRAM出力をFIFOに書く ・1転送終了したら遷移する
STBY	・FIFOにデータがたまるのを待つ ・アドレスカウンタの更新

▼ 図9-9 キャプチャ回路のメモリ書き込みタイミング

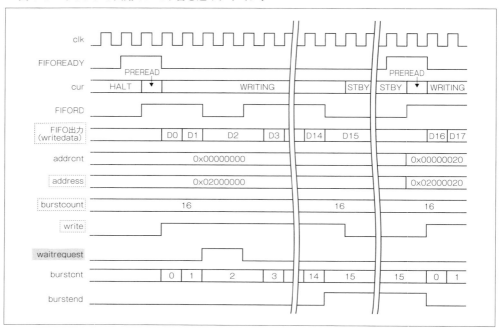

　VRAMへの書き込みは、ある程度データがたまってから行います。バースト長を16としましたので、FIFOに16データ以上たまったらFIFOREADY信号が1になり、HALTステートからPREREADステートに遷移します。PREREADステートではFIFOの読み出しを開始し、WRITINGステートでAvalonバスへの書き込みを行います。WRITINGステート期間は、write信号が1になり、さらにFIFOの読み出しも行います。VRAMへの書き込みはwrite=1かつwaitrequest=0で行われます。このときburstcntで転送量をカウントし、1回のバースト転送終了を判断します。

　バースト転送が終了し、1画面終了していなければSTBYステートに遷移します。このステートではFIFOにデータがたまるのを待ち、FIFOREADYが1になったらPREREADに遷移してバースト転送を開始します。この時、addressを作成するaddrcntを更新し、バースト転送の最初の書き込みで認識される先頭アドレスを用意しておきます。なおバースト長burstcountは16に固定したままです。

　以上から作成した回路記述を**リスト9-1～リスト9-4**に示します。グラフィック表示回路と同様に、クロックが2系統あるので注意が必要です。基本的にはFIFOを境界としてクロック系が分かれていますが、以下のように、クロックの異なる信号を互いに参照する

部分があります。

- PCLK系のVSYNCを参照して、clk系のSETCBLNKを作成（cap_falg.v）
- clk系のCAPONを参照して、PCLK系のcaptureonを作成（cap_in.v）

　これらは、それぞれのクロックに対する同期化を行ってから使用しています[注9-9]。回路としてはわずかですが、不具合が発生した場合は原因のわかりにくい症状になります。

　最初に述べたように、キャプチャ回路システムには次節で説明するSCCBコントローラが必要です。カメラモジュールを初期化しないと色や出力フォーマットが回路に適合しないので、まともな画像になりません。

▼ リスト9-1 キャプチャ回路IPの最上位階層（cap_ip.v）
```
module cap_ip (
    // Avalon MM Master
    input           clk, reset,
    input           avm_waitrequest,
    output  [25:0]  avm_address,
    output          avm_write,
    output  [15:0]  avm_writedata,
    output  [4:0]   avm_burstcount,

    /* カメラ入力 */
    input           coe_PCLK,
    input           coe_VSYNC,
    input           coe_HREF,
    input   [7:0]   coe_CAMDATA,
    output          coe_XCLK,

    /* GPIOに接続 */
    input   [25:0]  coe_CAPADDR,
    input           coe_CAPON,
    input           coe_CLRCBLNK,
    output          coe_CBLANK
    );

/* 固定信号 */
assign avm_burstcount = 5'd16;   /* バースト長：16 */

/* ブロック間接続信号 */
wire            FIFORD;
wire            FIFOWR;
```
続く➡

注9-9　具体的にはFF2段で受けてから使用しているに過ぎないが、メタステーブルの回避を行うなど重要な役目をしている。

```verilog
    wire    [11:0]  FIFOIN;
    wire            FIFORST;
    wire            SETCBLNK;
    wire    [9:0]   rdcnt;

    /* バースト長以上 FIFO に格納 */
    wire    FIFOREADY = (rdcnt>=10'd16) & coe_CAPON;

    cap_ctrl cap_ctrl (
        .CLK        (clk),
        .RST        (reset),
        .waitrequest(avm_waitrequest),
        .address    (avm_address),
        .write      (avm_write),
        .FIFORD     (FIFORD),
        .CAPADDR    (coe_CAPADDR),
        .FIFOREADY  (FIFOREADY),
        .SETCBLNK   (SETCBLNK)
    );

    cap_fifo cap_fifo(
        .aclr       (FIFORST),
        .data       ({4'h0, FIFOIN}),
        .rdclk      (clk),
        .rdreq      (FIFORD),
        .wrclk      (coe_PCLK),
        .wrreq      (FIFOWR),
        .q          (avm_writedata),
        .rdusedw    (rdcnt)
    );

    cap_in cap_in (
        .CLK        (clk),
        .RST        (reset),
        .CAPON      (coe_CAPON),
        .FIFOWR     (FIFOWR),
        .FIFOIN     (FIFOIN),
        .PCLK       (coe_PCLK),
        .HREF       (coe_HREF),
        .XCLK       (coe_XCLK),
        .CAMDATA    (coe_CAMDATA)
    );

    cap_flag cap_flag (
        .CLK        (clk),
        .PCLK       (coe_PCLK),
        .RST        (reset),
        .VSYNC      (coe_VSYNC),
        .CLRCBLNK   (coe_CLRCBLNK),
```

続く➡

```
        .SETCBLNK   (SETCBLNK),
        .FIFORST    (FIFORST),
        .CBLANK     (coe_CBLANK)
);

endmodule
```

▼ リスト9-2 カメラ信号入力部（cap_in.v）

```verilog
module cap_in
    (
    input           CLK,
    input           RST,
    input           CAPON,
    output  reg     FIFOWR,
    output  [11:0]  FIFOIN,
    /* カメラ */
    input           PCLK,
    input           HREF,
    output          XCLK,
    input   [7:0]   CAMDATA
    );

/* CLK（100MHz）を4分周してXCLK（25MHz）を生成 */
reg [1:0] cnt4;

always @( posedge CLK ) begin
    if ( RST )
        cnt4 <= 2'b00;
    else
        cnt4 <= cnt4 + 2'b01;
end

assign XCLK = cnt4[1];

/* CAPONをPCLKで同期化 */
reg [1:0] capon_ff;

always @( posedge PCLK ) begin
    if ( RST )
        capon_ff <= 2'b00;
    else
        capon_ff <= {capon_ff[0], CAPON};
end

wire captureon = capon_ff[1];

/* FIFO書き込み信号 */
reg HREF_dly;
```

続く➡

第9章　CMOSカメラの接続と応用

```verilog
always @( posedge PCLK ) begin
    if ( RST )
        HREF_dly <= 1'b0;
    else
        HREF_dly <= HREF;
end

always @( posedge PCLK ) begin
    if ( RST )
        FIFOWR <= 1'b0;
    else if ( HREF_dly & captureon )
        FIFOWR <= ~FIFOWR;
    else
        FIFOWR <= 1'b0;
end

/* カメラデータ取り込み */
reg [7:0] dat0, dat1;

always @( posedge PCLK ) begin
    if ( RST ) begin
        dat1 <= 8'h00;
        dat0 <= 8'h00;
    end
    else if ( HREF ) begin
        dat1 <= dat0;
        dat0 <= CAMDATA;
    end
end

assign FIFOIN = {dat1[3:0], dat0[7:4], dat0[3:0]};

endmodule
```

▼ リスト9-3 Avalon-MM マスター書き込み制御（cap_ctrl.v）

```verilog
module cap_ctrl
  (
    input            CLK,
    input            RST,
    input            waitrequest,
    output [25:0]    address,
    output           write,
    output           FIFORD,
    input  [25:0]    CAPADDR,
    input            FIFOREADY,
    input            SETCBLNK
);
```

続く➡

9-2 キャプチャ回路

```verilog
reg [25:0]  addrcnt;
wire        capend;

/* ステートマシン (宣言部) */
localparam HALT = 2'b00, PREREAD = 2'b01,
           WRITING = 2'b10, STBY = 2'b11;
reg [1:0]   cur, nxt;

/* バースト長 */
localparam BURSTSIZE  = 5'd16;
localparam BURSTBYTES = EURSTSIZE*2;

// Write Address
assign address = addrcnt + CAPADDR;
assign write   = (cur == WRITING);

/* アドレスカウンタ */
always @( posedge CLK ) begin
    if ( RST )
        addrcnt <= 26'b0;
    else if ( cur==HALT )
        addrcnt <= 26'b0;
    else if ( (cur==STBY) && FIFOREADY )
        addrcnt <= addrcnt + BURSTBYTES;
end

/* キャプチャ終了 */
localparam VGA_MAX = 26'd640 * 26'd480 * 26'd2;
assign capend = (addrcnt == VGA_MAX-BURSTBYTES);

/* バーストカウンタ */
reg [3:0] burstcnt;
wire burstend = (burstcnt==BURSTSIZE-4'd1);

always @( posedge CLK ) begin
    if ( RST )
        burstcnt <= 4'h0;
    else if ( cur==PREREAD )
        burstcnt <= 4'h0;
    else if ( (cur==WRITING) && ~waitrequest )
        burstcnt <= burstcnt+ 4'h1;
end

/* FIFO 読み出し信号 */
assign FIFORD = (cur==PREREAD) ||
                ((cur==WRITING) && ~waitrequest && ~burstend);

/* 読み出しステートマシン */
```

続く➡

第9章　CMOSカメラの接続と応用

```verilog
always @( posedge CLK ) begin
    if ( RST | SETCBLNK )
        cur <= HALT;
    else
        cur <= nxt;
end

always @* begin
    case ( cur )
        HALT:       if ( FIFOREADY )
                        nxt = PREREAD;
                    else
                        nxt = HALT;
        PREREAD:    nxt = WRITING;
        WRITING:    if ( burstend && ~waitrequest ) begin
                        if ( capend )
                            nxt = HALT;
                        else
                            nxt = STBY;
                    end
                    else
                        nxt = WRITING;
        STBY:       if ( FIFOREADY )
                        nxt = PREREAD;
                    else
                        nxt = STBY;
        default:    nxt = HALT;
    endcase
end

endmodule
```

▼ リスト9-4 CBLANK作成（cap_flag.v）

```verilog
module cap_flag
  (
    input       CLK,
    input       PCLK,
    input       RST,
    input       VSYNC,
    input       CLRCBLNK,
    output      SETCBLNK,
    output      FIFORST,
    output  reg CBLANK
    );

/* VSYNCをPCLKで受ける */
reg iVSYNC;
```

続く➡

```verilog
always @( posedge PCLK ) begin
    if ( RST )
        iVSYNC <= 1'b0;
    else
        iVSYNC <= VSYNC;
end

/* CBLANKセット信号・・・VSYNCをCLKで同期化 */
reg [2:0]   cblank_ff;

always @( posedge CLK ) begin
    if ( RST )
        cblank_ff <= 3'b000;
    else begin
        cblank_ff[0] <= iVSYNC;
        cblank_ff[1] <= cblank_ff[0];
        cblank_ff[2] <= cblank_ff[1];
    end
end

assign SETCBLNK = (cblank_ff[2:1] == 2'b01);
assign FIFORST  = cblank_ff[2];

/* CBLANKフラグ */
always @( posedge CLK ) begin
    if ( RST )
        CBLANK <= 1'b0;
    else if ( CLRCBLNK )
        CBLANK <= 1'b0;
    else if ( SETCBLNK )
        CBLANK <= 1'b1;
end

endmodule
```

第9章　CMOSカメラの接続と応用

9-3 SCCBコントローラの作成とシステムの構築

ここではカメラモジュールの制御を行うSCCB（Serial Camera Control Bus）コントローラを作成します。そして前節のキャプチャ回路と合わせてシステムを完成し、画像を取り込んで表示してみます。

9-3-1　SCCBの詳細タイミング

　SCCBのデータ転送に関しては、9-1節で概略を説明しましたので、ここでは詳細を説明します。SCCBの規格ではデバイス側と送受信が可能になっていますが、すでに説明したように本回路では送信のみ作成しました。

　SCCBコントローラに送信データのレジスタを持ち、Nios IIからこのレジスタに書き込むと送信を開始します（図9-10 (a)）。SCCBのクロックSCLおよびデータSDAは、動作していないときは1にしておきます。送信は、SCLが1の状態でSDAを0にすることで開始の合図となります。結果的にこれがスタートビットとなります。その後、送信データをMSB側からSDAに出力し、同時にSCLにクロックを与えます。1クロックの周期は10μsとしました注9-10。

　8ビット転送ごとに1ビットのハイインピーダンス（Hi-Z）期間を設けます。これはデバイス側が応答を返す期間で、正しくデータを受け取れば0を返します。本回路ではこの機能は使わず、単に出力をハイインピーダンスにするだけとしました。

　ハイインピーダンスに続いて間を開けることなく次の8ビット（レジスタアドレス）を送出します。続いて1ビットの間ハイインピーダンスを出力し、最後のデータ（書き込みデータ）を送出します。送信の最後では（図9-10 (b)）、全データ送出後SCLを1に戻した状態で、SDAを0から1にします。これがストップビットとなり送信の終了になります。

　SCCBの規格では、SCLが1の期間にSDAが変化すると以下のように判断されます。

注9-10　OV7725のデータシートによると、クロック周波数は最大400kHz（周期は2.5μs）となっている。SCCBの規格書には周期10μs（TYP）とあったので、本書ではこれにしたがった。

▼ 図 9-10 SCCB 送信タイミング

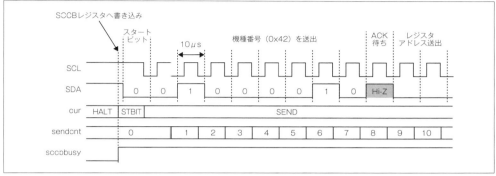

(a) 送信開始時のタイミング

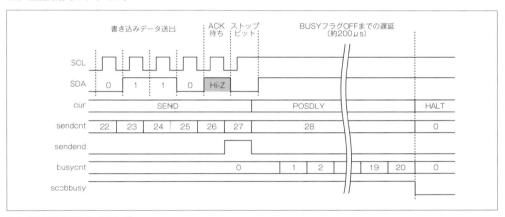

(b) 送信終了時のタイミング

- 1→0：送信開始
- 0→1：送信終了

したがって通常の送信データを用意するときには、SCL が 0 の期間に SDA を変化させる必要があります。本回路では、SCL が 0 になっている期間の中心あたりで SDA を変化させるように設計しました。

送信中は、誤って次のデータを書き込まないように BUSY 信号 sccbbusy を 1 にします。機種番号、レジスタアドレス、書き込みデータの 3 ワードを送出し 1 回の送信が終了した後、約 200μs 待って[注9-11]sccbbusy を 0 にしています。

注 9-11　本書の SCCB コントローラは、本書姉妹編の「Xilinx 編」で用いた OV7670 用の回路を流用した。OV7670 では、送信終了後にデータシート記載値以上の時間間隔を空けないと次のデータを受け付けない症状があり、カット＆トライで見つけ出したのがこの値。OV7725 では 10μs 程度でも問題なかったが、互換性を持たせるためそのままとした。

9-3-2 SCCB コントローラの構成

SCCB コントローラのレジスタを表9-6に示します。REGADDR と REGDATA に値を書き込むと、データの送出が始まります。送出中は BUSY ビットが1になりますので、データの書き込みは BUSY ビットが0のときに行います。

▼ 表 9-6　SCCB コントローラのレジスタ

アドレス	R/W	レジスタ名 15 ... 8	7 ... 0
0	W	REGADDR	REGDATA
1	R	0	BUSY

SCCB コントローラの主要部分は、図9-11に示した30ビットの2つのシフトレジスタです。dsft は、SDA 端子から出力するデータのシフトレジスタです。スタートビットや機種番号の 0x42、さらにレジスタアドレスなど SDA 端子から出力されるデータ全部まとめて保持しています。1ビットずつ左シフトしながら MSB の dsft[29] を SDA に出力します。

▼ 図 9-11　データ送出用シフトレジスタ

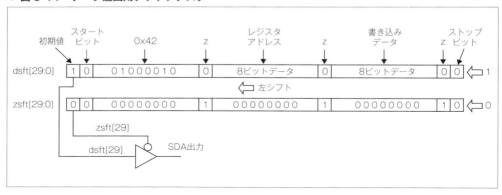

一方 zsft は、SDA 出力をハイインピーダンスにする位置を示す定数を保持します。dsft と同じタイミングでシフトし、MSB の zsft[29] が1なら SDA 端子をハイインピーダンスにします。

REGADDR と REGDATA に値が書き込まれると、dsft と zsft に値が設定されます。直接シフトレジスタに値を書きますので、REGADDR と REGDATA のレジスタは、書き込み専用で読み出しには対応していません。

これらのシフトレジスタを制御するのが図9-12に示した SCCB 制御のステートマシンです。HALT ステートで待機中に書き込みがあると、regwrite 信号が1になり状態遷

移が始まります。STBIT ステートではスタートビットを送出し、SEND ステートでは機種番号の 0x42 やレジスタアドレスなどを送出します。ストップビットもこのステートで送出します。送出のビット数をカウントし、規定回数に達したら sendend が 1 になり POSDLY ステートに遷移します。このステートでは、sccbbusy 信号を 0 にするまでの遅延を作っています。専用のカウンタ busycnt をカウントアップし、BUSYCNTMAX に達したら sccbbusy を 0 にして終了します。

▼ 図 9-12　SCCB 制御の状態遷移図

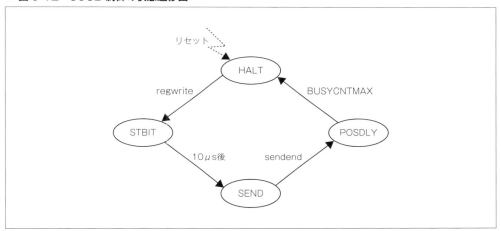

次に、詳細タイミングを説明します（**図 9-13**）。状態遷移は、転送レートと同じ 10 μ s で行われます。state_en 信号でこれを行っています。これから 2.5 μ s 遅れた sft_en 信号で、シフトレジスタをシフトします。state_en からほんのわずかに遅れた信号 sclset0 と、この信号から 5 μ s 遅れた信号 sclset1 により、SCL 出力を作成します。なお、SCL は SEND ステートの時だけ変化させ、それ以外のステートでは 1 に固定しておきます。以上により、

- SDA の変化点は、SCL が 0 になっている期間の中間地点
- SCL の周期 10 μ s

を実現しています。

第9章　CMOSカメラの接続と応用

▼ 図9-13　送信開始時詳細タイミング

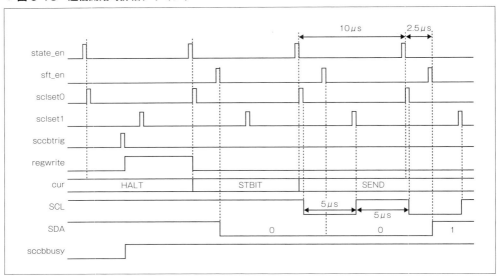

　以上の設計仕様から作成した回路記述を、**リスト9-5**に示します。sccbbusy 遅延用のカウンタ busycnt は 8 ビット幅にしてありますので、遅延量を決めるパラメータ BUSYCNTMAX は、最大 255（約 2,550 μs）まで設定できます。

▼ リスト9-5　SCCB コントローラ（sccb.v）

```
module sccb (
    /* Avalon-MM Slave */
    input           clk, reset,
    input           address,
    input           write, read,
    input   [15:0]  writedata,
    output  [15:0]  readdata,

    /* SCCB */
    output  reg     SCL,
    output          SDA
);

/* レジスタ書き込み信号 */
wire sccbtrig = (write && address==1'b0);

/* BUSYフラグ読み出し */
reg     sccbbusy;
assign readdata = (address==1'b1 && read==1'b1) ? {15'b0, sccbbusy}: 16'b0;
```

続く➡

```verilog
/* ステートマシン(宣言部) */
localparam HALT=2'h0, STBIT=2'h1, SEND=2'h2, POSDLY=2'h3;
reg [1:0]   cur, nxt;

/* 各種イネーブル信号作成用カウンタ(100kHz) */
localparam CNTMAX=10'd1000;
reg [9:0]   cnt10;

always @( posedge clk ) begin
    if ( reset )
        cnt10 <= 10'h0;
    else if ( cnt10==CNTMAX-1 )
        cnt10 <= 10'h0;
    else
        cnt10 <= cnt10 + 10'h1;
end

/* 各種イネーブル信号 */
wire state_en = (cnt10==CNTMAX-1);
wire sclset0  = (cnt10==2);
wire sclset1  = (cnt10==CNTMAX/2+2);
wire sft_en   = (cnt10==CNTMAX/4-1) && (cur!=HALT);

/* データシフトレジスタ */
reg [29:0] dsft;

always @( posedge clk ) begin
    if ( reset )
        dsft <= 30'h3fff_ffff;
    else if ( sccbtrig )
        dsft <= { 2'b10, 8'h42, 1'b0, writedata[15:8], 1'b0,
                                      writedata[7:0],  1'b0, 1'b0};
    else if ( sft_en )
        dsft <= {dsft[28:0], 1'b1};
end

/* Hi-Zシフトレジスタ */
localparam [29:0] HIZPOS=30'b00_000000001_000000001_000000001_0;
reg [29:0] zsft;

always @( posedge clk ) begin
    if ( reset )
        zsft <= 30'b0;
    else if ( sccbtrig )
        zsft <= HIZPOS;
    else if ( sft_en )
        zsft <= {zsft[28:0], 1'b0};
end
```

続く➡

```verilog
/* SDA 出力作成 */
assign SDA = (zsft[29]==1'b1) ? 1'bz: dsft[29];

/* SCL 出力作成 */
always @( posedge clk ) begin
    if ( reset )
        SCL <= 1'b1;
    else if ( cur==SEND ) begin
        if ( sclset0 )
            SCL <= 1'b0;
        else if ( sclset1 )
            SCL <= 1'b1;
    end
    else
        SCL <= 1'b1;
end

/* データ送出カウンタ */
reg [4:0] sendcnt;

always @( posedge clk ) begin
    if ( reset )
        sendcnt <= 5'h00;
    else if ( cur==HALT )
        sendcnt <= 5'h00;
    else if ( cur==SEND && state_en )
        sendcnt <= sendcnt + 5'h01;
end

wire sendend = (sendcnt==5'd27);

/* sccbbusy 遅延用カウンタ    */
/* 1 カウントあたり 10μs 遅延 */
reg [7:0] busycnt;
localparam BUSYCNTMAX = 20;

always @( posedge clk ) begin
    if ( reset )
        busycnt <= 8'h00;
    else if ( cur==HALT )
            busycnt <= 8'h00;
    else if ( state_en && cur==POSDLY )
        if ( busycnt==BUSYCNTMAX )
            busycnt <= 8'h00;
        else
            busycnt <= busycnt + 8'h01;
end

/* sccbbusy 信号 */
always @( posedge clk ) begin
```

続く➡

```verilog
        if ( reset )
            sccbbusy <= 1'b0;
        else if ( sccbtrig )
            sccbbusy <= 1'b1;
        else if ( state_en && cur==POSDLY && busycnt==BUSYCNTMAX )
            sccbbusy <= 1'b0;
end

/* 状態遷移の開始信号                    */
/* sccbtrigを次のstate_enまで伸ばして作成 */
/* sccbtrigとstate_enが同時でも伸びる     */
reg     regwrite;

always @( posedge clk ) begin
    if ( reset )
        regwrite <= 1'b0;
    else if ( sccbtrig )
        regwrite <= 1'b1;
    else if ( state_en )
        regwrite <= 1'b0;
end

/* ステートマシン */
always @( posedge clk ) begin
    if ( reset )
        cur <= HALT;
    else if ( state_en )
        cur <= nxt;
end

always @* begin
    case ( cur )
        HALT:   if ( regwrite )
                    nxt = STBIT;
                else
                    nxt = HALT;
        STBIT: nxt = SEND;
        SEND:   if ( sendend )
                    nxt = POSDLY;
                else
                    nxt = SEND;
        POSDLY: if ( busycnt==BUSYCNTMAX )
                    nxt = HALT;
                else
                    nxt = POSDLY;
        default:nxt = HALT;
    endcase
end

endmodule
```

9-3-3 システムの構築とテストプログラムの作成

以上で、キャプチャ回路システムの回路記述一式がそろいました。表 9-7 の名称でプロジェクトを作成しシステムを構築します。

▼表 9-7　キャプチャ回路システムのプロジェクト

ツール	項目	名称
-	作業フォルダ	capture
Quartus Prime	プロジェクト名	capture
	最上位階層名	capture
IP Catalog	FIFO 保存フォルダ	FIFO
Qsys	Qsys 階層名	capture_qsys
Component Editor（キャプチャ回路）	コンポーネント名	cap_ip
	回路記述保存フォルダ	CAP_HDL
	回路記述	cap_ip.v　cap_ctrl.v cap_in.v　cap_flag.v
Component Editor（SCCB コントローラ）	コンポーネント名	sccb
	回路記述保存フォルダ	SCCB_HDL
	回路記述	sccb.v

大まかな手順は以下のとおりです。

- 作業フォルダを作成したらグラフィック表示回路から以下をコピー
  - 回路記述のフォルダ「DISP_HDL」
  - コンポーネント・エディタの生成ファイル「disp_ip_hw.tcl」
  - FIFO のフォルダ「FIFO」
  - Qsys ファイル「display_qsys.qsys」をコピーし「capture_qsys.qsys」にリネーム[注9-12]
- Quartus Prime のプロジェクトを作成
- グラフィック表示回路の FIFO の QIP ファイルをプロジェクトに追加
- キャプチャ回路の FIFO を IP Catalog から作成し追加（グラフィック表示回路と大半が同じなので異なる部分だけ以下に記載）
  - FIFO の名称（参考：図 8-16(b)）
    - FIFO/cap_fifo.v
  - フラグ類の設定（参考：図 8-16(e)）
    - 読み出し側（Read-side）の usedw[] を ON

注 9-12　6-3 節の囲み記事でも説明したように、「~ .qsys」ファイルの再利用は保証された手法ではないので、うまくいかなかったら新規に作成していただきたい。

- リセット有効、書き込み側クロック wrclk で同期化
- Qsys を開き以下を実施
  - グラフィック表示回路のコンポーネント「disp_ip」の登録を確認
  - PIO を 3 個追加
    - 仕様はグラフィック表示回路と同一
    - 名称はそれぞれ PIO_3、PIO_4、PIO_5 となる
  - コンポーネント・エディタでキャプチャ回路と SCCB コントローラを登録
  - キャプチャ回路と SCCB コントローラを追加
  - クロック、リセット、バスなど配線
- 最上位階層の作成
- 最上位階層、QIP ファイル、制約ファイルをプロジェクトに追加
- ピンアサイン
- コンパイル

回路記述とコンポーネント記述ファイルで回路の IP 化

　コンポーネント・エディタの生成ファイル「~_hw.tcl」には、コンポーネント・エディタで設定した情報がすべて含まれます。参照している回路記述ファイルも相対パスで記録されています。このファイルを「コンポーネント記述ファイル」と呼びます。

　したがって回路記述とコンポーネント記述ファイルをセットで保存しておけば、IP として再利用が可能です。キャプチャ回路システム構築にあたって、

・回路記述のフォルダ「DISP_HDL」
・コンポーネント記述ファイル『disp_ip_hw.tcl』

をセットでコピーしたことで、Qsys の IP Catalog に表示され、他の IP と同様にシステムに追加することが可能になりました。

　今回システムに追加したキャプチャ回路と SCCB コントローラも、それぞれコンポーネント記述ファイルが生成されますので、回路記述とセットにすれば IP として再利用可能になります。

　キャプチャ回路のテストプログラム「cap_test.c」を**リスト 9-6** に示します。処理内容は以下のとおりです。

- OV7725 の初期化
  - SCCB 回路経由で数 10 項目の初期化データを書き込む
- 表示開始位置を 0x02000000 番地に設定して、グラフィック表示回路を ON
- キャプチャ開始位置を 0xC2000000 番地に設定して、キャプチャ回路を ON

第 9 章 CMOS カメラの接続と応用

つまり同じ領域に対して画像の取り込みと表示を行っています。Avalon-MM の 2 つマスターが動作し、インターコネクトが調停を行っています。

OV7725 の初期化は、

- ov7725_init()：初期化関数
- sccb_write() ：SCCB 経由でのレジスタ書き込み

で行っています。初期化データは、**リスト 9-7** のヘッダファイルで定義してあります[注9-13]。数 10 項目の初期化データの羅列です。各項目の上位バイトがレジスタアドレス、下位バイトが書き込みデータです。0xFF 番地のレジスタアドレスは存在しないので、データ 0xffff をストッパーにして、この値が来るまで書き込みます。

このデータは、公開されている一般的な初期化データに対し、主に**表 9-3** の項目をシステムに合わせて修正したものです。

表 9-8 の名称で Nios II EDS のプロジェクトを作成して動作を確認してみてください。SDRAM をプログラムメモリと VRAM で兼用しているので、リンカスクリプトの修正（参考：**図 8-20**）も忘れずに行ってください。

▼ 表 9-8　キャプチャ回路の Nios II EDS プロジェクト

ツール	項目	名称
Nios II EDS	ワークスペース	software
	BSP プロジェクト	cap_test_bsp
	アプリケーションプロジェクト	cap_test
	テンプレート	Hello World
	テストプログラム	cap_test.c ov7725.h

実際にキャプチャした画像を**写真 9-2** に示します。紙面ではわかりにくいですが、RGB 各 4 ビットの画像は、偽輪郭が出るなど限界はあります。しかし、ここまでできたのですからよしとしましょう。

注 9-13　OV7670 用の初期化データも、公開している本書設計データの中に含めておいた。

▼ 写真 9-2 キャプチャ画像の例

▼ リスト 9-6 キャプチャ回路のテスト（cap_test.c）
```c
#include "system.h"
#include "altera_avalon_pio_regs.h"

#include "ov7725.h"

#define DISPADDR PIO_0_BASE
#define CLRV_DON PIO_1_BASE
#define VBLANK   PIO_2_BASE

#define CAPADDR  PIO_3_BASE
#define CLRC_CON PIO_4_BASE
#define CBLANK   PIO_5_BASE

#define ON_BIT  0x01
#define CLR_BIT 0x02

#define SCCBREG   SCCB_0_BASE
#define SCCBSTAT (SCCB_0_BASE + 0x02)
#define SCCBBUSY 1

/* VBLANK待ち */
void wait_vblank(void) {
    IOWR_ALTERA_AVALON_PIO_SET_BITS(CLRV_DON, CLR_BIT);
    IOWR_ALTERA_AVALON_PIO_CLEAR_BITS(CLRV_DON, CLR_BIT);
    while (IORD_ALTERA_AVALON_PIO_DATA(VBLANK)==0);
}

/* CBLANK待ち */
void wait_cblank(void) {
```

続く➡

```c
        IOWR_ALTERA_AVALON_PIO_SET_BITS(CLRC_CON, CLR_BIT);
        IOWR_ALTERA_AVALON_PIO_CLEAR_BITS(CLRC_CON, CLR_BIT);
        while (IORD_ALTERA_AVALON_PIO_DATA(CBLANK)==0);
}

/* SCCB経由でカメラの設定レジスタに書き込み */
void sccb_write( int data )
{
    while ((IORD_16DIRECT(SCCBSTAT, 0) & SCCBBUSY) != 0);
    IOWR_16DIRECT(SCCBREG, 0, data);
}

/* センサーチップOV7725の初期化 */
void ov7725_init( void )
{
    int i=0;
    int data=init_data[0];

    while ( data!=0xffff ) {
        sccb_write( data );
        data = init_data[++i];
    }
    while ((IORD_ALTERA_AVALON_PIO_DATA(SCCBSTAT) & SCCBBUSY) != 0);
}

int main()
{
    ov7725_init();

    /* 表示ON */
    wait_vblank();
    IOWR_ALTERA_AVALON_PIO_DATA(DISPADDR, 0x02000000);
    IOWR_ALTERA_AVALON_PIO_SET_BITS(CLRV_DON, ON_BIT);

    /* キャプチャON */
    wait_cblank();
    IOWR_ALTERA_AVALON_PIO_DATA(CAPADDR, 0x02000000);
    IOWR_ALTERA_AVALON_PIO_SET_BITS(CLRC_CON, ON_BIT);

    return 0;
}
```

▼ リスト9-7 OV7725の初期化データ抜粋（ov7725.h）

```c
unsigned short init_data[] = {
    0x1280,
    0x3d03,
    0x1500,
    0x1723,
```

続く➡

```
    0x18a0,
~   中略   ~

    0x1101,
    0x120e,
    0x0cd0,

~   中略   ~

    0x8bd7,
    0x8ce8,
    0x8d20,
    0xffff
};
```

9-4 動画録画機能の実現

いよいよ本書で扱う最後のテーマとなりました。前節で完成させたキャプチャ回路システムを用いて、動画の記録・再生を行います。静止画から動画となると、難易度が上がったように見えますが、実はそれほど難しくありません。ハードウェアの修正は一切なく、ソフトウェアだけで実現できます。

9-4-1　動画記録と再生の仕組み

　ここで実現する動画はパラパラ漫画と同じ仕組みです。つまり、静止画を高速で切り替えただけです。前節では、同じメモリ領域に対して画像の取り込みと表示をしていました。メモリに書き込む位置を1コマごとに変えていけば大量の連続した静止画が得られます。再生時には、これを切り替えて表示すれば動画になります。

　まず最初に、画像メモリVRAMの領域を増やすことにします。今までは64MバイトあるSDRAMの半分をプログラム領域に割り当てていましたが、これを大幅に減らし1Mバイトにします。これによりVRAMが63Mバイトになります。動画記録再生のプログラムは数10Kバイトですので問題ありません。

　図9-14に、動画記録再生時のメモリ配置を示します。0x00100000番地以降がVRAMになります。1画面は640×480×2 = 614,400バイトで構成されますので、63MバイトのVRAM領域には107画面格納できます。1秒間に30枚（30fps）の取り込みと表示をした場合、3.5秒ほどの動画記録ができます。

　1画面の画像を取り込んだ後、CAPADDRに614,400（=0x96000）を加えていけば連続して画像を記録できます。同様に1画面の表示が終了した後にDISPADDRを切り替えれば、連続的に表示が変化し動画として再生されます。なお、1画面の取り込みは1/30秒、1画面の表示は1/60秒で行われるので、2回連続同じ画面を表示することで録画と再生の速度を同じにできます。これをしないと倍速再生になってしまいます。

▼ 図 9-14　動画記録再生時のメモリ配置

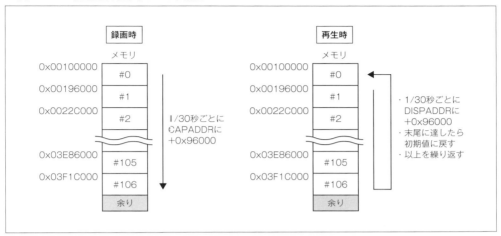

9-4-2　動画記録再生のプログラム

　以上をもとに作成した動画記録再生のプログラムを、**リスト 9-8** に示します。main 関数のみ掲載しましたが、マクロの定義部や main() の中で呼び出している関数は、**リスト 9-7** と同一です。

　カメラモジュールを初期化した後、表示とキャプチャを ON し録画を開始します。1 画面の取り込み終了を wait_cblank() で待ち、CAPADDR を更新します。107 画面取り込んだら、wait_vblank() を使って表示のタイミングで DISPADDR を切り替えます。このとき、wait_vblank() を 2 回呼び出すことで 1/30 秒を待ちます。この期間は、同じ画面を 2 回表示したことになります。

　このプログラムでは、実行開始と同時に録画を始め、その後再生を無限に繰り返します。録画開始のきっかけをつかみにくい場合は、録画開始の先頭行にブレークポイント置いて、準備ができたら実行を開始するとよいでしょう。

　表 9-9 に示した名称で Nios II EDS プロジェクトを作成し、BSP エディタでリンカスクリプトを修正してください（参考：**図 8-20**）。Size を 1048544 に設定し[注9-14]、プログラム領域が、0x00000020 - 0x000FFFFF となっていれば OK です。

注 9-14　16 進数で「0xFFFE0」と入力しても OK。

第9章 CMOSカメラの接続と応用

▼表9-9 動画記録再生のNios II EDSプロジェクト

ツール	項目	名称
Nios II EDS	ワークスペース	software
	BSPプロジェクト	cap_test_bsp
	アプリケーションプロジェクト	movie
	テンプレート	Hello World
	テストプログラム	movie.c ov7725.h

　プログラムを実行して動作を確認してみてください。動画録画再生が驚くほど簡単に実現できました。録画時間は3.5秒と短いものの、静止画とは違った面白さがあると思います。

　画像の圧縮など一切していないので、録画時間を飛躍的に伸ばすことはできませんが、録画と再生の速度を、15fps程度に落とせば、現在の倍の7秒ほどの録画も可能です。動きが若干ぎこちない感じはしますが、倍の時間楽しめます。具体的には、録画と再生のループの中で、画面終了待ちの関数 wait_cblank() と wait_vblank() の呼び出し回数を増やすことで、録画と再生の速度を落せます。簡単ですのでやってみてください。

▼リスト9-8 動画記録再生プログラム抜粋（movie.c）

```
#define PICBEGIN 0x00100000
#define PICSIZE  640*480*2
#define PICNUM   107

int main()
{
    int i;
    ov7725_init();

    /* 表示 ON */
    wait_vblank();
    IOWR_ALTERA_AVALON_PIO_DATA(DISPADDR, PICBEGIN);
    IOWR_ALTERA_AVALON_PIO_SET_BITS(CLRV_DON, ON_BIT);

    /* キャプチャ ON */
    wait_cblank();
    IOWR_ALTERA_AVALON_PIO_DATA(CAPADDR, PICBEGIN);
    IOWR_ALTERA_AVALON_PIO_SET_BITS(CLRC_CON, ON_BIT);

    /* 動画記録 */
    for ( i=0; i<PICNUM; i++ ) {    /* この行にブレークポイントを置く */
        wait_cblank();
        IOWR_ALTERA_AVALON_PIO_DATA(CAPADDR, PICBEGIN+PICSIZE*i);
    }

    /* キャプチャ OFF */
```

続く➡

```
    wait_cblank();
    IOWR_ALTERA_AVALON_PIO_CLEAR_BITS(CLRC_CON, ON_BIT);

    /* 動画再生（無限に繰り返す） */
    while (1) {
        for ( i=0; i<PICNUM; i++ ) {
            wait_vblank();
            wait_vblank();
            IOWR_ALTERA_AVALON_PIO_DATA(DISPADDR, PICBEGIN+PICSIZE*i);
        }
    }

    return 0;
}
```

9-5 第9章のまとめ

9-5-1 まとめ

　カメラモジュールを接続することで、グラフィック表示回路を含めたシステムとして完成できました。CPUを含めたシステムなので規模は大きいようですが、FPGA内のリソースの使用量は、ALMが12%、ブロックメモリが3%です（DE0-CVの場合）。つまり、まだまだ余裕があり、さらなる回路の追加も可能です。改めてFPGAの可能性に驚かれたかと思います。

　本書もこれで終わりです。最後までのおつきあいご苦労様でした。個々の回路やプログラムはそれほど難しいものではなかったでしょう。しかしこれらを組み合わせて1つのシステムとして仕上げるためには、回路やプログラムだけでなく開発ソフトウェアの細かい機能やAvalonバスまで理解する必要があり大変だったと思います。

　ここまで到達できたみなさんなら、さらなる発展も可能でしょう。格安になったFPGAボードを使い倒してすばらしいシステムを構築してください。完成したらブログなどでぜひとも公開していただきたいと思います。

9-5-2 課題

　ここでまで実施してこられたみなさんなら、あえて課題を与えなくても、なにか作ってみたいものが出てきたことでしょう。「自由課題」としますので、思いつくまま作ってみてください。

コラム F　制約ファイルの読み方書き方

　FPGA の設計では、回路記述の他に制約ファイル（～ .sdc）の作成も必要です。よりよい論理合成や配置・配線結果を得るためには、主にタイミングに関する指定が必要です。
　Quartus Prime には多数の制約が用意されていますが、ここでは本書の例を試したり拡張するのに困らない程度の、代表的な制約について内容と使用法について説明します。

■制約ファイルの基本
　制約ファイルは Tcl の文法体系に基づいて構築されています。Tcl の基本的な文法で制約ファイルに関するものを以下に示します。

- 基本構文：＜コマンド＞＜引数＞＜引数＞…
- 大文字小文字を区別する
- 改行かセミコロンまでをコマンドラインとする
- コマンドが複数行にわたる場合は行末に￥を付加する
- 変数の宣言と代入：set ＜変数名＞＜値＞
- 先頭に $ を付加した文字列は変数と見なし、設定した値に変換する（変数置換）
- [ ]：かっこ内をコマンドラインとして実行し、その結果を返す（コマンド置換）
- { }：複数の項目をまとめ一つの引数にでき、内部でコマンドおよび変数置換しない
- " "：複数の項目をまとめ一つの引数にでき、内部でコマンドおよび変数置換する
- # 以降改行までがコメント
- ワイルドカードとして＊（任意数の文字列）、？（任意の 1 文字）が使える
- 制約を与える対象は「ターゲット」であり、主要なものに以下がある
    - clock ：クロック
    - cell 　：LUT、レジスタ、メモリブロック、I/O など
    - pin 　：cell の入力および出力
    - net 　：pin 間の配線
    - port 　：最上位階層の入力および出力
- 上記に対応して、引数からピンやネットなどの属性を抽出する以下のコマンドがある
    get_clocks、get_cells、get_pins、get_nets、get_ports

■キャプチャ回路の制約ファイル解説
　使用しているクロックが 1 系統なら、与える制約は非常に単純で説明の必要もないくらいでした。しかし VGA 文字表示回路や PLL を用いた回路のように複数のクロックを用いたシステムでは、制約を正しく与えないとタイミング違反や未制約を生じます。
　そこで本書例題の中でクロックが最も多いキャプチャ回路を例に、個々の制約について説明します。最初にクロックを整理しておきます。以下のように 5 系統のクロックを用いています。

- CLK　　　：外部から与えている 50MHz のクロック
- PCLK　　：カメラモジュールからの 25MHz クロック
- SYSCLK ：PLL で発生させた Qsys 階層の 100MHz クロック
- SDCLK 　：PLL で発生させた SDRAM 用の 100MHz クロック
- PCK 　　 ：SYSCLK を 4 分周した表示回路用の 25MHz クロック

COLUMN

制約ファイル「capture.sdc」[注F-1] の中では、これらのクロック定義やクロックを基準にした遅延量などの設定を行っています。順に説明します。

```
create_clock -name CLK  -period 20.000 [get_ports {CLK}]
create_clock -name PCLK -period 40.000 [get_ports {GPIO_0[0]}]
```

入力ポート CLK に対して周期 20ns のクロック CLK を、GPIO_0[0] に対して周期 40ns のクロック PCLK をそれぞれ定義しています。

```
derive_pll_clocks
```

PLL で生成したクロックを自動的に制約してくれます。PLL を使っているなら、必須と言ってよいコマンドです。これにより制約されたクロックの名称には、PLL の出力ピン名が用いられます。

```
derive_clock_uncertainty
```

クロックスキューを自動で制約してタイミンク解析に反映するコマンドです。特別な理由がなければ、付加しておいた方がよいでしょう。

```
set PLL0_SYSCLK ¥
  {u0|pll_0|altera_pll_i|general[0].gpll~PLL_OUTPUT_COUNTER|divclk}
set PLL1_SDCLK ¥
  {u0|pll_0|altera_pll_i|general[1].gpll~PLL_OUTPUT_COUNTER|divclk}
```

PLL の出力ピンは制約ファイル内での使用頻度が高いので変数に割り当てました[注F-2]。各階層のインスタンス名を最上位から縦棒 "|" で区切り、ピンに到達するまでが名称となります。このピンの見つけ方は後述します。

```
create_generated_clock -name PCK ¥
    -source [get_pins $PLL0_SYSCLK] ¥
    -divide_by 4 [get_nets {u0|disp_ip_0|syncgen|cnt[1]}]
```

分周されたクロック PCK を定義しています。ソースは SYSCLK を生成している PLL 出力を指定し、分周比は 4 を与えています。ターゲットは syncgen ブロックの cnt[1] です。このネットの見つけ方も後述します。

```
create_generated_clock -name SDCLK ¥
    -source [get_pins $PLL1_SDCLK] ¥
    [get_ports {DRAM_CLK}]
```

ソースは SDCLK を生成している PLL 出力で、分周比は未指定なので 1 です。DRAM_CLK ポートをターゲットとしたことで、次の set_output_delay の対象から DRAM_CLK を外しても未制約に

注F-1 本文には掲載していないので、公開している本書設計データを参照してもらいたい。
注F-2 DE10-Lite 搭載の MAX 10 では使用できる PLL が別のタイプになるので、出力ピンの名称も異なる。

第 9 章のまとめ　9-5

ならずにすんでいます。

```
set_input_delay  -clock [get_clocks $PLL0_SYSCLK] 1 ¥
  [remove_from_collection [all_inputs] {GPIO_0*}]
set_input_delay  -clock {PCLK}   1 [get_ports {GPIO_0*}]
set_output_delay -clock [get_clocks $PLL0_SYSCLK] 1 ¥
  [remove_from_collection [all_outputs] {DRAM_CLK VGA*}]
set_output_delay -clock {PCK}    1 [get_ports {VGA*}]
```

以下の入出力ポートに、それぞれのクロックに対する入力および出力の想定遅延を付加しています。

・SDRAM 入出力信号（DRAM_DQ など）…SYSCLK
・カメラ入力（GPIO_0[10] など）…PCLK
・VGA 出力（VGA_R など）…PCK

　入出力の制約を厳密にやるためには、接続している回路や基板上の遅延を考慮する必要があります。ここでは漏れがなければ良しとしたので、値も含め大ざっぱな制約になりました。

```
set_clock_groups -asynchronous ¥
  -group [get_clocks $PLL0_SYSCLK] ¥
  -group [get_clocks {PCK}] ¥
  -group [get_clocks {PCLK}]
```

キャプチャ回路で使用している 5 系統のクロックのうち、

・CLK は PLL 入力専用
・SDCLK は SDRAM の CLK 端子にのみ使用

となっており実質 3 系統です。このコマンドにより、これら 3 系統のクロック間でのデータの受け渡しを非同期転送と見なし、タイミング解析の対象から外しています。
　同期化回路[注F-3]のような非同期間転送では、セットアップやホールドタイムを満たす必要はありません。この制約を付けないと、条件を満たすよう回路を調整しようとしたり不必要なタイミング解析により疑似違反を生じるなど、コンパイル時にムダな処理を行う懸念があります。

■ピンやネットの見つけ方
　PLL 出力ピンは、以下のようにすると簡単に見つけられます。前述の制約の中で「derive_pll_clocks」まで与え、とりあえずコンパイルします。サマリー画面から「TimeQuest Timing Analyzer」を展開し「Clocks」を選択すると、Clocks ペインに定義されたクロックがリストされます（**図 F-1**）。5 番と 6 番のクロックが、名称や周波数および位相関係から、それぞれ SYSCLK、SDCLK だとわかります。この文字列はクリックして選択するとコピーできますので、そのままエディタなどにペーストできます。

注 F-3　たとえば「cap_in.v」で CAPON を PCLK で同期化している回路や、「cap_flag.v」で VSYNC を CLK で同期化している回路。

第9章　CMOSカメラの接続と応用

COLUMN

▼図F-1　PLLによるクロック

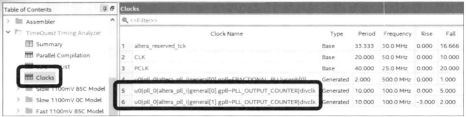

次にネットを探す方法を紹介します。あらかじめ以下の準備をしておきます。

・一度はコンパイルしておく
・[Tools] → [TimeQuest Timing Analyzer] を実行
・[Netlist] → [Create Timing Netlist...] を実行し「OK」をクリック
・「TimeQuest Timing Analyzer」は立ち上げたままにしておく

　次にQuautus Primeで制約ファイルを開きます（図F-2（a））。開いたファイルの上で、マウス右ボタンから「Insert Constraint」を選ぶと、代表的な制約コマンドがメニューに現れます（図F-2（b））。ここでは「Create Generated Clock...」を実行してみます。図F-2（c）に示すように、このコマンドに対する引数類がGUIで設定できるようになっています。
　分周クロックPCKの定義を想定して、ターゲットととなるsyncgen階層のカウンタcntを探してみます。「Targets」のフィールド脇の「...」をクリックします（図F-2（c））。図F-2（d）のName Finderで、

・Collection：get_nets
・Filter：*syncgen*

と入力し「List」をクリックするとsyncgen階層の信号が表示されますのでカウンタcntの上位ビットcnt[1]を選択し「>」「OK」とクリックすれば、図F-2（c）の画面に反映されます。そのまま「Insert」で制約ファイルにコマンドが追加されます。ちなみにこのままだとソースが入力されていないので制約としては未完成です。手入力するか、同様に検索して入力します。

▼図F-2　ネットの検索

（a）制約ファイルを開く

第 9 章のまとめ　9-5

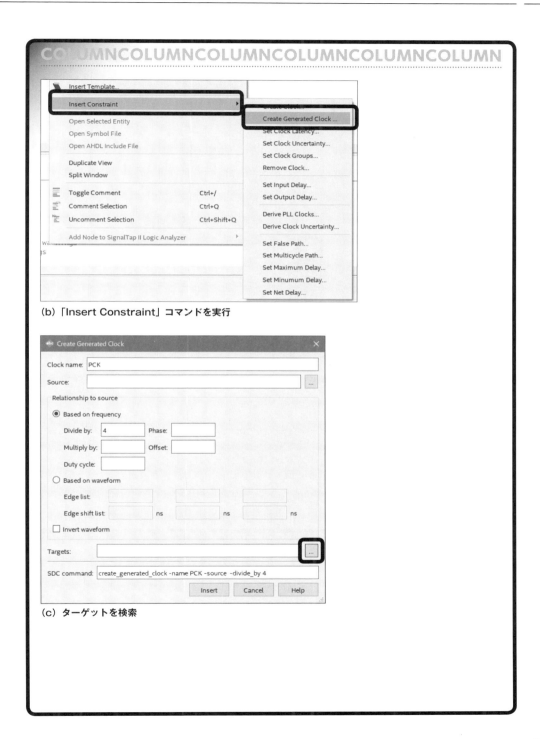

(b)「Insert Constraint」コマンドを実行

(c) ターゲットを検索

第 9 章　CMOS カメラの接続と応用

(d) syncgen 階層のネットを検索

■制約ファイルの確認方法

　制約ファイルを修正した後、Quartus Prime から［Processing］→［Start］→［Start TimeQuest Timing Analyzer］を実行するとタイミング解析だけ実施できます。再度コンパイルするより短時間で確認できます。表示されたメッセージを見れば制約ファイルの不具合もある程度検出できます。

　なお先ほど起動した「TimeQuest Timing Analyzer」は、タイミング解析に特化したツールです。タイミング違反の詳細経路を調べたり、セットアップやホールドタイムの制約状況を波形で確認することもできます。本格的な制約の付加には有用です。

Appendix I
開発環境の構築

　ここでは本書で用いている開発ソフトウェア「Quartus Prime Lite Edition」のダウンロードとインストール方法について説明します。さらにFPGAボードと接続するためのドライバも必要ですので、あわせて説明します。
　なお、ここで紹介しているWebサイトの画面は、本書執筆時点のものです。みなさんが実施する時点で内容が異なる場合もありますので、表示される画面や文面で判断して操作してください。

App. I　開発環境の構築

I-1　開発ソフトウェアの ダウンロードとインストール

I-1-1　Quartus Prime のダウンロード

　開発ソフトウェア「Quartus Prime」は、Intel FPGA の Web サイト（https://www.altera.co.jp/）からダウンロードできます。最初にトップページの上部の「サポート」をクリックしてサポートページ（図 I-1（a））に移ります。これ以降の操作を、手順を追って説明します。

①ダウンロードページに移行（図 I-1（a））

　「ダウンロード」をクリックします。

▼図 I-1　開発ソフトウェアのダウンロード

(a) Intel FPGA サポートページ

開発ソフトウェアのダウンロードとインストール　**I-1**

②エディションの選択（図 I-1 (b)）

「プロ」「スタンダード」「ライト」の3つのエディションの中から無償の「ライト」を選択します。

(b) エディションの選択

③ダウンロード項目の選択（図 I-1 (c)）

ページの上部でバージョンや OS など選択し、下部でダウンロード内容を選択します。以下のように設定します。

●基本項目[注I-1]

・エディション：Lite

注I-1　巻頭でも記載したが、本書は Windows 版の Quartus Prime Lite Edition 17.0 で実施している。バージョンや OS が異なる場合、開発ソフトウェアの挙動など本文と異なることが想定できる。特に理由がなければ、指定したバージョン、OS で実施してもらいたい。

App. I 開発環境の構築

- バージョン：17.0
- オペレーティン・グシステム：Windows
- ダウンロード方法：Akamai DLM3 ダウンロード・マネージャー

●ダウンロード項目
- Quartus Prime（includes Nios II EDS）
- Cyclone V device support（DE0-CV、DE1-SoC 利用の場合）
- MAX 10 FPGA device support（DE10-Lite 利用の場合）

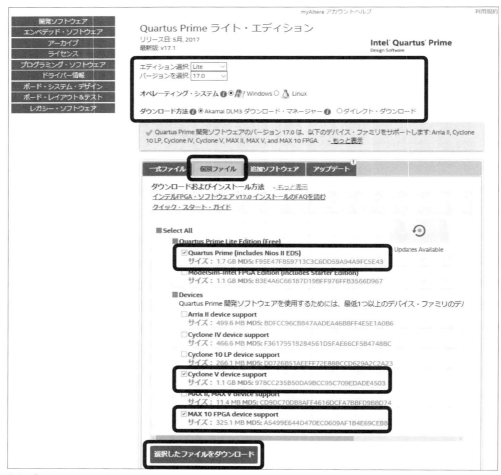

(c) ダウンロード項目を選択

開発ソフトウェアのダウンロードとインストール　**I-1**

④ myAltera アカウントでログイン（図 I-1（d））

　事前に登録した myAltera のアカウントでログインします。初めてダウンロードする場合は、ユーザ登録を行ってアカウントを作成します。登録の際には所属の会社か学校名、所在地、氏名などの記入が必要です。

（d）ログインするとダウンロード開始

⑤ダウンロード

　ログインするとダウンロードが始まります。Quartus Prime のインストーラと、各デバイスのファイルが指定場所に保存されます。

361

I-1-2　Quartus Primeのインストール

ダウンロードしたQuartus Primeのインストーラをダブルクリックして、インストールを開始します。手順を追って説明します。なおインストールは管理者権限で行ってください。

①インストーラの起動画面（図I-2（a））

そのまま「Next」をクリックします。

▼図I-2　開発ソフトウェアのインストール

(a) インストーラの起動画面

②ライセンス条項に同意（図I-2（b））

ライセンスに対する同意を求めています。「I accept the agreement」を選択して「Next」をクリックします。

③インストール先の確認（図I-2（c））

インストール先は「Program Files」の下ではなく、Cドライブ直下の「intelFPFA_lite」フォルダになっています。特に変更する必要はないので「Next」をクリックします。

開発ソフトウェアのダウンロードとインストール **I-1**

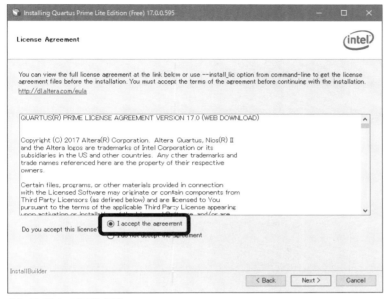

(b) ライセンス条項に同意

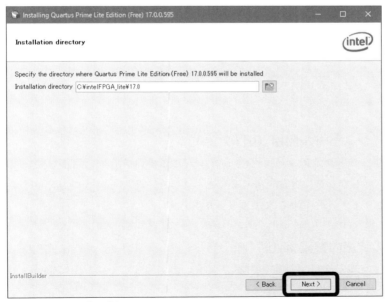

(c) インストール先の確認

④インストール内容の確認（図 I-2（d））

ダウンロード時に選択した項目と同じ内容が表示されますので最終確認します。もし不要なものがあればチェックを外しておきます。なお、ソフトウェア開発環境の Nios II EDS も同時にインストールされます。

(d) インストール内容の確認

⑤容量を確認してインストール開始（図 I-2（e））

インストールに必要なディスク容量が表示されます。ここでは 8707MB と表示されています。最近の開発ソフトウェアは容量を多く必要とします[注I-2]。「Next」をクリックするとインストールが始まります。終了するまでじっくり待ちます。

⑥インストール後の実施内容確認（図 I-2（f））

インストールが終了すると次に実行する内容を表示します。ここでは USB Blaster II のドライバとショートカットの作成だけ行うことにします。

注 I-2　FPGA 開発においては生成されたファイル類も開発ソフトウェアのバージョンに依存することが多い。このため開発ソフトウェアは複数バージョンを残しておくのが当たり前になっており、HDD や SSD を意外なほど消費する。

開発ソフトウェアのダウンロードとインストール **I-1**

(e) 容量を確認してインストール開始

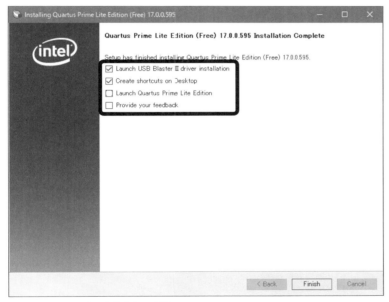

(f) インストール後の実施内容の確認

⑦ USB-Blaster II ドライバのインストール（図 I-3）

　続いて USB-Blaster II ドライバのインストールが始まります。特に選択項目はないので、表示されたダイアログ（図 I-3 (a) ～ (c)）にしたがって進めていきます。

　本書で扱っている FPGA ボードの中で、DE1-SoC だけが USB-Blaster II に対応しています。それ以外は、初代の USB-Blaster にのみ対応しており、自動ではインストールされないので手動で行います。次節で説明します。

App. I 開発環境の構築

▼ 図I-3 USB-Blaster II ドライバのインストール

(a) ドライバのインストール

(b) インストール開始

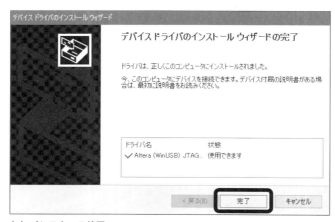

(c) インストール終了

I-2 USB-Blaster ドライバのインストール

USB-Blaster のドライバは以下の手順で行います。必ず管理者権限で行ってください。なおドライバのインストールは1回だけ実行すればOKです。再起動しても残っています。

① FPGA ボードをパソコンに接続して電源を入れる

「USB-Blaster のドライバが見つからない」というダイアログが表示されたら閉じておきます。

②デバイスマネージャーを開く（図 I-4（a））

デバイスマネージャーを開きます[注I-3]。「ほかのデバイス」に警告マークのついたUSB-Blaster が表示されていますので、これを選んでマウス右クリックし、「ドライバーソフトウェアの更新（P）…」を選択します。

▼図 I-4 USB-Blaster ドライバのインストール

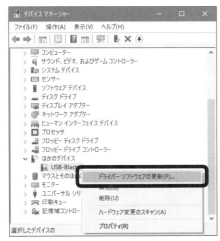

(a) デバイスマネージャー

注I-3 Windows 7：「コントロールパネル」から「デバイスマネージャー」を選択。
Windows 10：スタートメニューでマウス右クリックし「デバイスマネージャー」を選択。またはスタートメニューから「設定」「デバイス」「Bluetooth とその他のデバイス」を開き、下の方の「デバイスマネージャー」をクリック。

③ドライバを手動で検索(図 I-4(b))

下段の「コンピューターを参照してドライバーソフトウェアを検索します(R)」を選びます。

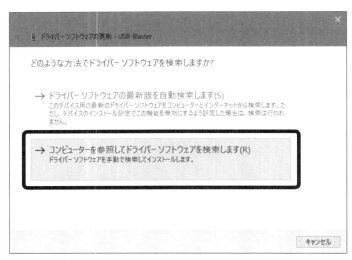

(b) ドライバを手動で検索

④ドライバの検索場所を指定(図 I-4(c))

ドライバは Quartus Prime をインストールした場所にありますので、「c:¥intelFPGA_lite¥17.0¥quartus¥drivers¥usb-blaster」を参照ボタンから選び[注I-4]、「次へ」をクリックします。

⑤インストール終了(図 I-4(d))

ドライバがインストールされ、これで準備ができました。

注I-4 「usb-blaster-ii」というフォルダもあると思うが、こちらは USB-Blaster II 用なのでお間違えなきよう。

USB-Blaster ドライバのインストール　I-2

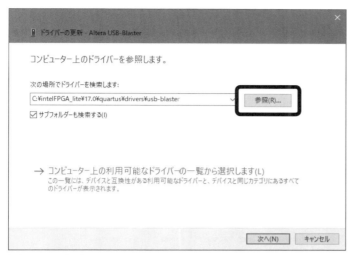

(c) ドライバの検索場所を指定

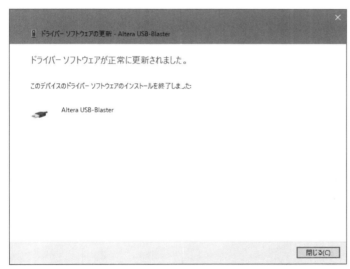

(d) インストール終了

App. I 開発環境の構築

FPGAボード関連情報のダウンロード

　Terasic社の以前のFPGAボードには、デモ回路や各種資料のPDFファイルを含んだCD-ROMが添付されていました。最近のFPGAボードでは添付されなくなりましたが、Webサイトからダウンロードできるようになっています。
　Terasic社のWebサイト（http://www.terasic.com.tw/）から各FPGAボードのページを開くと「Resources」のタブがあり、ここからCD-ROMのデータをダウンロードできます（**図I-5**）。
　この中には、ボード全体の回路図やピンアサイン情報、さらには工場出荷時のROMデータなども含まれています。FPGAボードを使いこなすには必要な情報ですので、ダウンロードしていつでも参照できるようにしておくとよいでしょう。
　なお無償でダウンロードできますが、Terasic社へのメンバー登録が必要です。

▼ 図I-5　FPGAボード関連情報のダウンロード

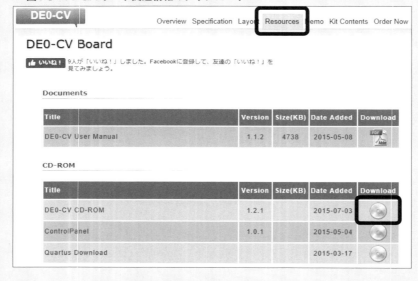

Appendix II
各FPGAボード利用上の注意点

　本書は、Tearasic 社の DE0-CV、DE10-Lite、DE1-SoC の 3 種類のボードに対応しています。本文での解説は DE0-CV で行っていますが、他の 2 ボードでも各例題を試せます。ただしボード構成の若干の違いから、回路やシステム構築にわずかな違いがあります。ここではその違いや注意点について説明します。

　また出版社の本書サポートページで公開している設計データについても補足しておきます。

App. II 各FPGAボード利用上の注意点

II-1 DE10-Lite

DE10-Lite は低価格が特徴のボードだけあって、他の 2 ボードに比べ入出力がやや少なめです。電源スイッチもありません。また搭載している FPGA も異なり、本書の例を試す場合いくつか注意する点があります。

II-1-1　3個目のプッシュスイッチの代わりにスライドスイッチを割り当て

　第3章の例題では時刻合わせのためにプッシュスイッチを3個使用していますが、DE10-Lite には2個しか実装されていません。そこで図 II-1 に示すように、スライドスイッチ SW[0] を、プッシュスイッチの KEY[2] として割り当てることにします。ピンアサイン・ファイル（〜 .qsf）を変更することで対応し、回路記述は本文掲載のままです。

　なお、第3章の例題（これを使用している第4章も含む）以外ではプッシュスイッチを使用していませんので、実装通りプッシュスイッチは2個として割り当てています。

II-1-2　PS/2 コネクタを Arduino 端子に接続

　残念ながら DE10-Lite には PS/2 コネクタがありません。そこで PS/2 のコネクタ（6ピンのミニ DIN メス）を調達し[注II-1]、Arduino 端子に接続して動作させます。

　信号2端子、電源が 3.3V と GND の2端子の合計4端子が必要であり、これを Arduino のコネクタに接続します。図 II-1 のように Arduino のコネクタはいくつかに分かれています。このうち JP3 と JP7 に対し表 II-1 に示すように接続してください。PS/2 コネクタとは直結してかまいません。

　なお、JP7 には 5V の電源も供給されていますが、これを使う場合は図 7-1 で示したレベル変換回路が必要です。直結した場合、5V 動作の PS/2 デバイス出力が、3.3V で動作している FPGA の入力許容範囲を超える危険があります[注II-2]。

注II-1　秋葉原などで容易に入手できる。秋月電子通商や aitendo では DIP への変換基板も用意されているので、ブレッドボードで試作する場合に便利。

注II-2　近年入手できる PS/2 マウスやキーボードは USB 兼用のものが多く、大半が 3.3V で動作する。古いマウスなど 5V でしか動作しないものは、レベル変換回路が必要。変換回路の詳細は、DE0-CV などの回路図が参考になる。

II-1　DE10-Lite

▼ 図II-1　DE10-Lite の部品配置

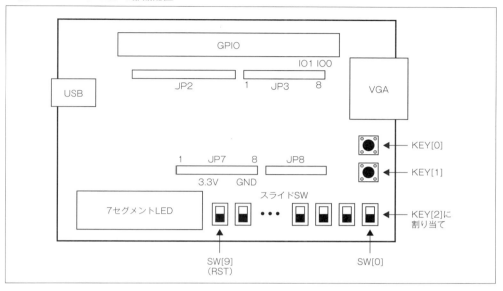

▼ 表II-1　PS/2 端子の接続

コネクタ	端子番号	信号
JP3	7	IO1（PS2DAT）
	8	IO0（PS2CLK）
JP7	4	3.3V
	7	GND

II-1-3　内蔵メモリを使う際の設定

　FPGA 内蔵のメモリを使っている回路の場合、初期化に関する設定が不足しているとコンパイル時にエラーになります。たとえば Nios II システムでオンチップメモリを使用している場合、コンパイル終盤のアセンブラの工程で、**図II-2（a）** のようにメモリの初期化に関するエラーが発生します[注II-3]。

　以下のように設定すれば解決します。

- Quartus Prime のメニューから［Assignment］→［Device..］を実行
- 「Device」タブで「Device and Pin Options...」をクリック（**図II-2（b）**）

注II-3　これは MAX 10 固有の問題と思われるので、開発ソフトウェア側のデバイスに対応した初期設定が誤っているのかもしれない。つまり将来のバージョンでは修正されているかもしれない。そう期待する。

App. II 各FPGAボード利用上の注意点

- 「Configuration mode」を「Single Uncompressed Image with Memory Initialization（512Kbits UFM）」に設定（図II-2（c））

▼ 図II-2　内蔵メモリに関するエラーと対策

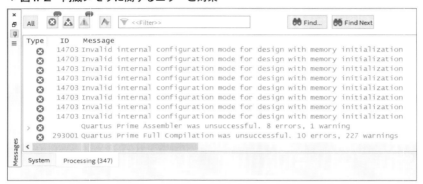

（a）コンパイル時のエラーメッセージ

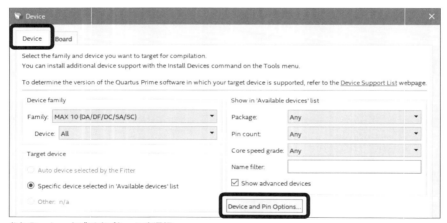

（b）Deviceタブでオプションを選択

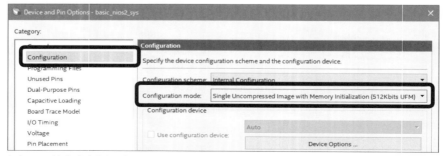

（c）メモリ初期化を含むよう設定

II-1-4 PLL が異なる

MAX 10 では使用できる PLL が Cyclone V と異なります。第 8 章では「Altera PLL」を選択しましたが（図 8-5）、MAX 10 ではこれは使えず「Avalon ALTPLL」を使います。

設定内容は同じですが、画面が異なりますので図 II-3（a）～（d）を参考に設定してください。

▼図 II-3　PLL の設定

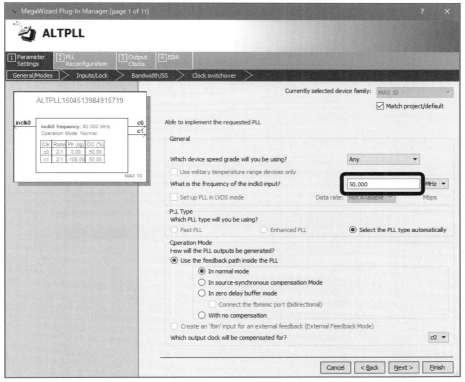

(a) 入力クロック周波数の設定

App. II　各 FPGA ボード利用上の注意点

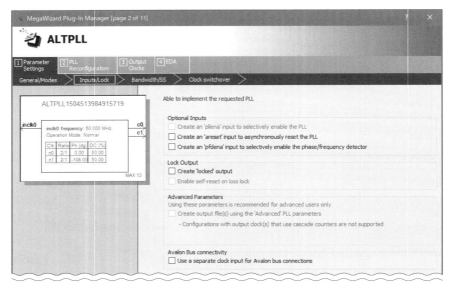

(b) 使用しない入出力をすべて OFF

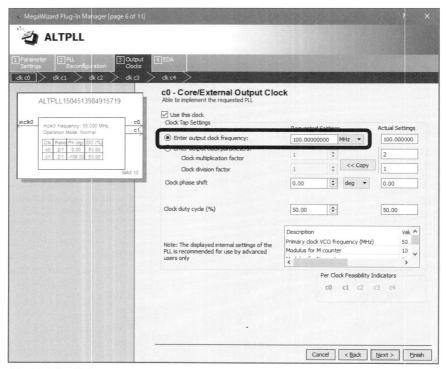

(c) C0 出力の設定

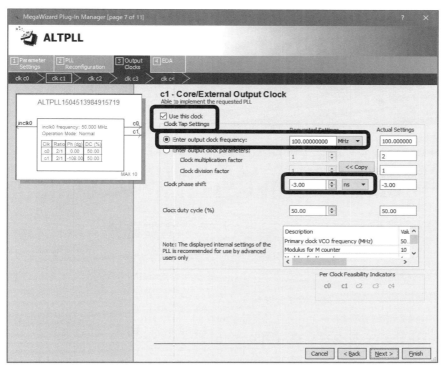

(d) C1 出力の設定

> ### DE10-Lite にしかないものある
>
> DE10-Lite にはプッシュスイッチは少なく PS/2 コネクタがありません。さらに電源スイッチもなく、ちょっと不便です。しかし以下のように DE10-Lite にだけあって、他の 2 ボードにはないものあります。
>
> #### ・7セグメント LED の DP（Dot Point、右下の点）を点灯可能
> 他の 2 ボードは DP が FPGA に接続されておらず点灯できませんでしたが、DE10-Lite では可能です。時計表示での時分秒の区切りに使ったり、秒単位で点滅させたりと応用範囲が広がります。
>
> #### ・Arduino 端子がある
> 数多く市販されている Arduino のシールドを接続して、Nios II で制御できます。また Arduino シールド互換のユニバーサル基板を用いて、いろいろ自作することも可能です。電子工作派には可能性が一気に広がります。
>
> #### ・内蔵 Flash メモリがある
> DE10-Lite に搭載している MAX 10 は、Flash メモリを内蔵しているのが最大の特徴です。Appendix III では、回路や Nios II のプログラムを内蔵 Flash メモリに格納する例も紹介しています。

App. II 各FPGAボード利用上の注意点

II-2 DE1-SoC

DE1-SoC は DE0-CV とおなじ Cyclone V を搭載しており、FPGA 側に接続している入出力はほぼ同じです。したがって本書の例題はほぼそのまま利用できますが、VGA 出力に関しては信号の追加が必要です。

II-2-1 コンフィグレーションでは一手間必要

コンフィグレーション時に Programmer で何も設定せずに「Start」をクリックすると、「Failed」になってしまいます。JTAG チェーンに存在すべき HPS（ARM コア側）が検出できていないためです。以下の手順で対策できます。

①「Auto Detect」をクリック（図 II-4（a））

▼図 II-4　DE1-SoC でのコンフィグレーション

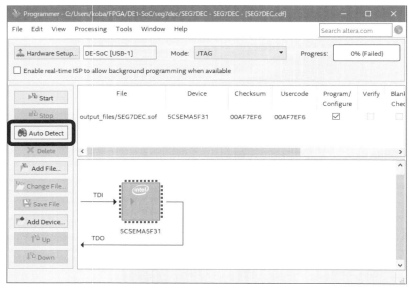

(a)「Auto Detect」をクリック

②デバイス「5CSEMA5」を選択（図 II-4（b））

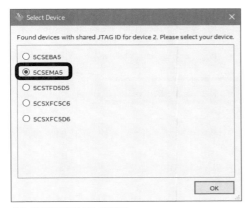

(b)「5CSEMA5」を選択

③デバイスリスト更新の確認で「Yes」をクリック（図 II-4（c））

これにより Programmer 内に正しい JTAG チェーンを表示します。

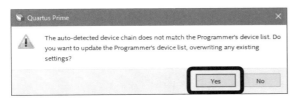

(c) デバイスリストを更新してよいか確認

④コンフィグレーションするファイルを選択（図 II-4（d））

デバイスリスト更新の影響でコンフィグレーションするファイルが未指定になります。デバイス「5CSEMA5」を選択して「Change File...」をクリックし、コンフィグレーションするファイル、ここでは「output_files¥SEG7DEC.sof」を選択します。

App. II 各FPGAボード利用上の注意点

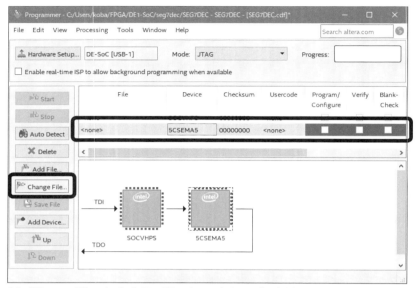

(d)「Chenge File...」でコンフィグレーションするファイルを選択

⑤コンフィギュレーション開始(図 II-4 (e))

「Program/Configure」にチェックを入れ「Start」をクリックすれば、コンフィグレーションを開始します[注II-4]。

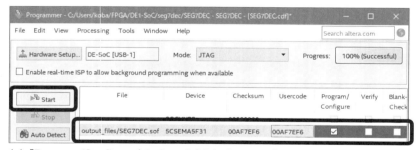

(e)「Program/Configure」にチェックを入れてコンフィグレーション開始

注 II-4　ここで紹介したのは一番確実な方法だが、もう少し手順の少ない方法もある。図II-4 (a) で「Add Device」から「Soc Series V」「SOCVHPS」を追加し、このシンボルをドラッグして左側に配置させれば(参考：図II-4 (d))、そのまま「Start」でコンフィグレーションできる。

⑥次回に備えて設定を保存（図 II-4（f））

Programmer のウィンドウを閉じたときに表示されるダイアログで、「Yes」をクリックして「〜.cdf」を更新しておけば、ここでの設定が保存できます。次回からは「Start」ボタンだけで即座にコンフィグレーションできます。なお cdf ファイルの名称は、プロジェクト名と一致させる必要があります。Nios II/f 使用時には「time_limited」が自動付加されるので修正が必要です。

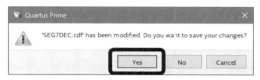

(f)「〜.cdf」の更新でここでの設定が保存できる

II-2-2　画像用の D/A コンバータを搭載

DE0-CV や DE10-Lite では、抵抗により RGB 各 4 ビットの D/A コンバータを形成していましたが、DE1-SoC には画像用の D/A コンバータ「AVD7123」が搭載されています。これにより DE1-SoC では、RGB 各 8 ビットのフルカラー表示が可能になります。

FPGA と D/A コンバータは図 II-5 のように接続しています。新たに以下の 3 つの信号が必要になります。

▼ 図 II-5　DE1-SoC の VGA 出力

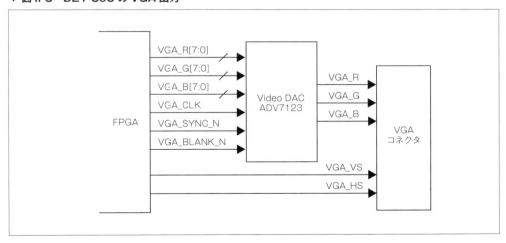

- VGA_CLK

  画像クロックの PCK と同一です。
- VGA_SYNC_N

  VGA_G 信号に同期信号を重畳する「Sync on Green」を使う場合のコンポジットシンク信号です。本書の回路では使わないので 0 に固定します。
- VGA_BLANK_N

  VGA_R ～ VGA_B 出力がブランキング期間の時に 0 となる信号です。各表示回路において VGA_R ～ VGA_B 出力作成時に使用した表示イネーブル信号がこれに近いので、作成は容易です。

以上のように、D/A コンバータへの対応は簡単です。なお、本書の回路例は RGB 出力が各 4 ビットですので、VGA_R ～ VGA_B 出力の下位 4 ビットは、Nios II システム最上位階層で 0 に固定しています。

せっかく RGB が各 8 ビットあるのですから、各例題をフルカラー化したいところです。以下に対応策の概要を示します。

■ VGA 文字表示回路（第 7 章 7-2 節）

VRAM はもともと 32 ビットと贅沢に作ってあったので、そのまま利用できます。上位 24 ビットを RGB の各色に割り当て、下位 8 ビットに文字コードを割り当てます。今まで「捨てていた」部分を使うだけなので、修正箇所はわずかです[注II-5]。

■ グラフィック表示回路（第 8 章 8-2 節）

1 画素を 32 ビットとして、その下位 24 ビットに RGB を割り当てます。上位 8 ビットは未割り当てとします。データのビット幅が増えたので、以下の修正が必要です。

- Avalon-MM バスの readdata を 32 ビットにする
- FIFO の入出力を 24 ビットにする
- Avalon-MM マスター制御でのアドレスの進みを、64 バイト（4 バイト× 16 バースト）単位にする
- VGA_R ～ VGA_B の各出力を 8 ビットにして、関連する信号のビット幅もこれに合わせる

注II-5　その代わり、Nios II の制御プログラムは若干工夫が必要。文字コードを変えずに色だけ変更させたい場合（リスト 7-9「vgaif_test.c」の 3 番目の処理）、そのままでは正しく動作しない。なぜ動かないのか対策はどうすべきかなど、いい例題なので各自で考えて欲しい。

■キャプチャ回路（第9章）

　グラフィック表示回路がフルカラー化できたので、キャプチャ回路も対応させたいところです。しかしそれほど簡単ではありません。

　カメラモジュールには YUV 出力のモードがあり、それぞれ 8 ビットの階調が得られます。YUV から RGB に変換すればフルカラー表示が可能です。

　しかしカメラモジュールの出力は YUV422 形式であり、Y0、U0、Y1、V1、・・・のように色成分だけ水平方向の解像度を落としています。RGB に変換する際には、色成分の U と V をそれぞれ 2 回使うことで補います。つまり Y0、U0、Y1、V1 の 4 データから RGB の 2 画素（6 データ）に変換します。

　このため現状とはタイミングも大きく異なり、YUV から RGB への変換回路も必要です。さらに制御プログラム側でのカメラモジュールの初期化データも変更が必要です。ハードウェア、ソフトウェア双方の修正が必要で少々難しくなりますが、ぜひともチャレンジしてもらいたいテーマです。

II-2-3　ARM コアを内蔵した SoC FPGA チップを搭載

　DE1-SoC の導入目的は、ARM コアを内蔵した SoC FPGA の使いこなしだと思います。SoC FPGA に搭載された ARM コアは強力です。動作周波数も高いので、Nios II に比べ 10 倍以上の能力があるでしょう。

　そこで本書で紹介した自作周辺回路を ARM コアで制御できるよう移植してみるとよいでしょう。決して簡単ではないかもしれませんが、SoC FPGA を使いこなすためのテーマとしては十分だと思います。Nios II で作成したシステムといろいろ比較してみると効果的です。ぜひやってみてください。

App. II 各 FPGA ボード利用上の注意点

II-3 設計データの利用方法

出版社の本書サポートページでは、本書で紹介している例題回路や課題回路の設計データを公開しています。ここでは利用の際の注意点を補足しておきます。

II-3-1 設計データの内容

　Quartus Prime や Nios II EDS は非常に多くのファイルを生成しますので、これらをすべて公開するには量が多すぎます。そこで本書の内容を実施するのに必要なものに限定して公開しています。

　回路記述や制約ファイルをもとに、本書の内容にしたがってプロジェクトを一から作成していただくことを想定していますが、いくつかの工程を省けるよう以下のファイルも含めてあります。

- sof ファイル　　　　　　…Quartus Prime Programmer で直接コンフィグレーションできる
- qsys ファイル　　　　　…Qsys での手順を省略できる
- ~_hw.tcl ファイル　　　…コンポーネント・エディタでの IP 登録手順を省略できる
- sopcinfo ファイル　　　…Nios II EDS でプロジェクトを作成できる
- IP Catalog 生成ファイル…ROM/RAM/FIFO などの作成手順を省略できる

II-3-2 設計データ利用上の注意点

■ Quartus Prime のバージョン

　本データはバージョン 17.0 で作成し動作を確認したものです。前述の生成ファイル類は、バージョン依存性が高いと思いますので、17.0 以外での実施は避けた方が無難です。なお回路記述や C 言語のソースコード、さらに制約ファイルについてはバージョン依存部分はほとんどないと思われます。

■実施するフォルダの位置

解凍したファイルを展開する場所はどこでも OK です。絶対パスで参照しているファイルはありません。

第 5 章以降のデータは Qsys 階層ができあがった状態で提供していますので、そのまま開くと Qsys ですることがなくなってしまいます。最初のうちは別途新規フォルダを作成して実施した方が参考になります。

第 4 章以前のデータでは、特に省ける手順はないので、本データのフォルダで実施してもかまいません。

■プロジェクト名称の表を参照して実施

本文内の該当ページに記載されているプロジェクト名称を示した表（表 2-4、表 9-7、表 9-8 など）は、よりどころになるので参照しながら実施してください。

II-3-3 Quartus Prime を立ち上げずに動作を確認する方法

■ Nios II を使わない回路（第 4 章まで）

- Windows のスタートメニューから［Intel FPGA 17.0.xxx Lite Edition］
  →［Programmer（Quartus Prime 17.0）］を実行
- 「Add Files」をクリックして「output_files」フォルダ内の sof ファイルを選択
- 「Start」によりコンフィグレーション

■ Nios II を使う回路（第 5 章以降）

- Nios II EDS を起動し、プロジェクト名称の表を参照してワークススペースを作成
- sopcinfo ファイルを用いてアプリケーションおよび BSP プロジェクトを作成
- C_PROGRAM フォルダ内の C ソースファイルをアプリケーションプロジェクトに追加
- プロジェクトをビルド
- ［Nios II］→［Quartus Prime Programmer］コマンドで Programmer を起動
- output_files フォルダ内の sof ファイルを選択してコンフィグレーション
- デバッグ設定を作成して実行

II-3-4　Quartus Primeでプロジェクトを作成して動作を確認する方法

■ Nios II を使わない回路（第 4 章まで）

本文記載通りです。特に省ける手順はありません。

■ Nios II を使う回路（第 5 章以降）

- プロジェクト名称の表にしたがって Quartus Prime でプロジェクトを作成
- Qsys を起動して qsys ファイルを読み込むとすでに Qsys 階層ができあがっている
- 「Generate HDL」を実行して Qsys を終了
- Qsys や ROM/RAM/FIFO などの QIP ファイルをプロジェクトに追加
- 最上位階層、制約ファイルをプロジェクトに追加
- ピンアサイン
- コンパイル
- これ以降の Nios II EDS での操作は本文記載通り

Appendix III
回路データおよびプログラムのROM化

　せっかく完成した回路やプログラムも、電源を切ってしまうと機能が失われていまいます。パソコンからもう一度コンフィグレーションしなければなりません。
　しかし本書で扱うFPGAボードは、コンフィグレーション用のFlash ROMを搭載しています（DE10-LiteのMAX 10はチップに内蔵）。このROMには回路だけでなくNios II用のプログラムも書き込めます。これを使えば、パソコンなしで電源ONと同時に動作することが可能です。ここではROM用のデータ作成と書き込み方法について説明します。

App. III 回路データおよびプログラムの ROM 化

III-1 各 FPGA ボードごとの ROM 化方法

ROM 化の手順は FPGA ボードごとに異なりますので、分けて説明します。なお例題として第 3 章の時刻合わせ機能付き時計「CLOCK24」を ROM 化します。Quartus Prime でプロジェクトを開いてから、以下を実行してください。

III-1-1 DE0-CV

DE0-CV には、シリアルデータで FPGA をコンフィグレーションする「EPCS64」が搭載されています。ROM 化するファイルを準備し、それを書き込むという二つの工程で行います。

■ ROM ファイルの作成

プロジェクト直下の「output_files」フォルダには、コンフィグレーション用の「〜.sof」ファイルが生成されていますが、ROM 用の「〜.pof」ファイルはデフォルトでは生成されません。以下の手順で生成します。

① [Assignments] → [Device...] コマンドの実行（図 III-1 (a)）

▼ 図 III-1　DE0-CV：ROM ファイルの作成

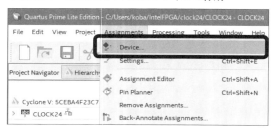

(a) Device コマンドの実行

②**オプションの選択**（図 III-1 (b)）

Device タブ内の「Device and Pin Options...」をクリックします。

各 FPGA ボードごとの ROM 化方法　**III-1**

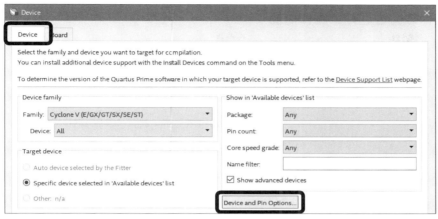

(b) Device タブでオプションを選択

③コンフィグレーション方法とデバイスを選択（図 III-1（c））

左側の「Category」の中から「Configuration」を選びます。右側の2項目を以下のように設定します。

- Configuration scheme ：Active Serial × 1（can use Configuration device）
- Configuration device ：EPCS64

以上の設定の後、再度コンパイルすると ROM ファイル（CLOCK24.pof）が生成されます[注III-1]。

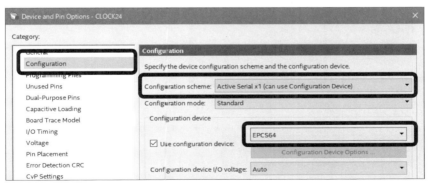

(c) コンフィグレーション方法とデバイスを選択

注 III-1　「Active Serial」を選択してコンパイルすると INIT_DONE に関する Critical Warning が出るが無視してよい。Critical Warning のメッセージには「INIT_DONE 端子を有効化する」という対応方法が添えられているが、DE0-CV では INIT_DONE 端子を GPIO 端子として用いているので、この方法では対応できない。

App. III　回路データおよびプログラムの ROM 化

■ ROM への書き込みと動作確認

最初に、

- 電源を OFF
- 7 セグメント LED の左端にある「RUN ←→ PROG」スイッチを「PROG」にする
- 電源を ON

を行います。次に Quartus Prime の Programmer を立ち上げて、以下の手順で書き込みます。

①コンフィグレーションモードの変更（図 III-2（a））

「Mode」をプルダウンして「Active Serial Programming」を選択します。

②警告ウインドウがでたら「Yes」を選択（図 III-2（b））

このとき、警告ウインドウが出ることがあります。これは、Programmer のウィドウ内に、Active Serial Programming に対応しないデバイスのデータがリストされているが消去してよいかと言う意味です。「CLOCK24.sof」がこれに相当しますので、「Yes」をクリックしてリストから消します。

▼ 図 III-2　DE0-CV：ROM への書き込み

(a) コンフィグレーションモードの変更

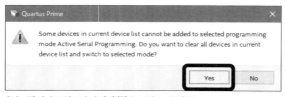

(b) デバイスリストから削除してよいか確認

③ pof ファイルを追加（図 III-2（c））

ウィンドウ内が空になりましたので、「Add File...」ボタンから ROM 用のファイル「CLOCK24.pof」を追加します。

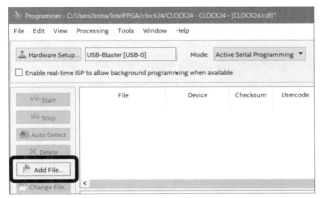

(c) pof ファイルを追加

④チェックを入れて書き込み（図 III-2（d））

pof ファイル名の右にある「Program/Configure」にチェックを入れ、「Start」をクリックすると ROM への書き込みが始まります。「Progress」が 100% に達すれば終了ですが、進みは遅いです。

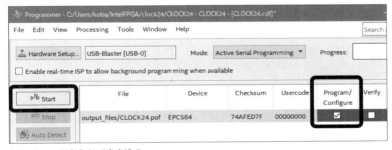

(d) チェックを入れて書き込み

書き込みが終了したら、先ほど同じように、

- 電源を OFF
- FPGA ボード上の「RUN ←→ PROG」スイッチを「RUN」にする

- 電源を ON

すると、24時間時計が動き出します。なお「RUN ←→ PROG」スイッチの切り替えは必ず電源 OFF で行ってください。

III-1-2 DE10-Lite

DE10-Lite に搭載されている FPGA の「MAX 10」は、コンフィグレーション用の Flash ROM を内蔵しています。この ROM への書き込みはとても簡単です。

Quartus Prime の Programmer を立ち上げた後、以下の手順で行います。

① pof ファイルに変更（図 III-3（a））

Programmer を立ち上げた直後は、JTAG コンフィグレーション用の「〜.sof」ファイルになっています。ファイルを選択し「Change File...」をクリックして、すでに生成されている ROM 用のファイル「output_files¥CLOCK24.pof」に変更します。

② CFM0 にチェックを入れて書き込み（図 III-3（b））

コンフィグレーション用の ROM である CFM0 にチェックを入れ、「Start」をクリックすれば書き込みが始まります。「Progress」が 100% に達すれば終了です。書き込み終了とともに、24時間時計が動き出します。

▼図 III-3　DE10-Lite：ROM への書き込み

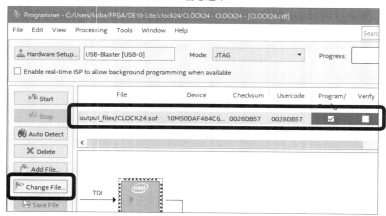

（a）pof ファイルに変更

各FPGAボードごとのROM化方法　**III-1**

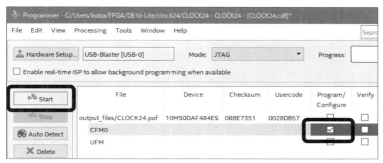

(b) CFM0にチェックを入れて書き込み

III-1-3 DE1-SoC

DE1-SoCに搭載しているコンフィグレーション用のROMは、「EPCQ256」という×4ビットタイプの高性能ROMです。ROM化するファイルをsofファイルから変換し、それを書き込むという二つの工程で行います。

■ ROMファイルの作成

プロジェクト直下の「output_files」フォルダに生成されている「～.sof」ファイルから、ROM書き込み用の「～.jic」ファイルに変換します。以下の手順で実施します。

①ファイル変換コマンドの実行（図III-4 (a)）

Quartus Primeで［File］→［Convert Programming Files...］を実行します。

▼ 図III-4　DE1-SoC：ROMファイルの作成

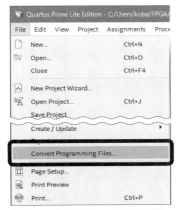

(a) ファイル変換のコマンドを実行

App. III 回路データおよびプログラムの ROM 化

②出力ファイルの設定後、sof ファイルを追加（図 III-4（b））

出力ファイルに関する設定を以下のように設定します。

- Programming file type: JTAG Indirect Configuration File（.jic）
- Configuration device: EPCQ256
- Mode: Active Serial × 4
- File name: output_files/output_file.jic（ここではデフォルトとした）

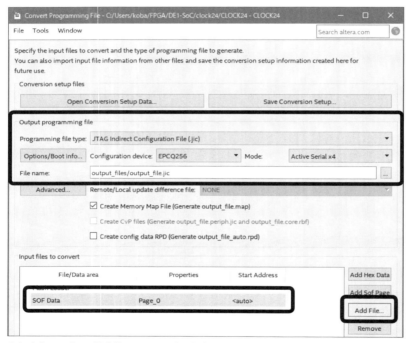

(b) 出力ファイルの設定後、sof ファイルを追加

その後、「SOF Data」を選択して「Add File...」をクリックし、変換対象の「CLOCK24.sof」を追加します。

③デバイスを追加（図 III-4（c）（d））

「Flash Loader」を選択し「Add Device...」をクリックします。デバイスリストの中から「Cyclone V」「5CSEMA5」を選択します。

各FPGAボードごとのROM化方法　**III-1**

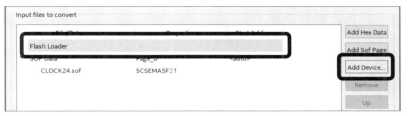

(c) デバイスの追加

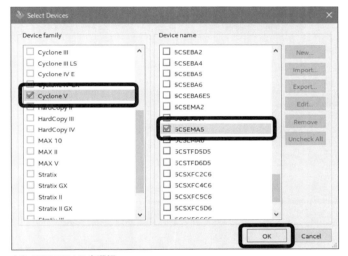

(d) 5CSEMA5 を選択

④ファイルの生成（図 III-4（e））

「Generate」をクリックすると、「output_files」フォルダに「CLOCK24.jic」が生成されます。

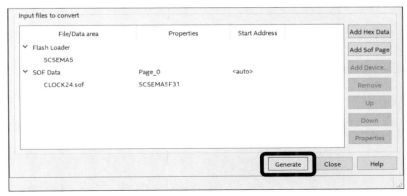

(e) Generate で「～.jic」ファイルを生成

App. III 回路データおよびプログラムの ROM 化

■ ROM への書き込みと動作確認

Quartus Prime で Programmer を立ち上げます。正しい JTAG チェーンなっていなければ（「Start」ボタンでコンフィグレーションできる状態になっていなければ）、Appendix II-2 を参照して設定し直しておきます。

コンフィギュレーションする対象を jic ファイルに変更します。「CLOCK24.sof」を選択して「Change File...」をクリックし、「CLOCK24.jic」を選択します（図 III-5（a））。

「Program/Configure」にチェックを入れ、[Start] をクリックすれば書き込みが始まります（図 III-5（b））。「Progress」が 100% に達すれば終了です。終了後、電源を入れ直せば 24 時間時計が動き出します。

▼ 図 III-5　DE1-SoC：ROM への書き込み

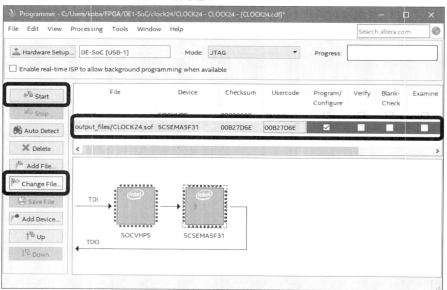

(a) jic ファイルに変更

各 FPGA ボードごとの ROM 化方法　**III-1**

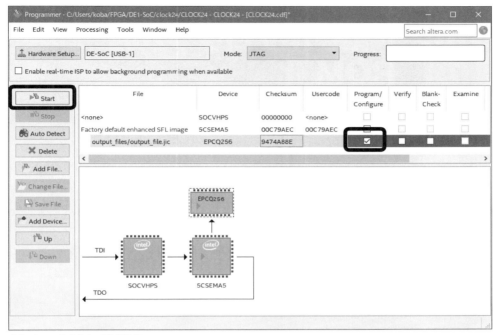

(b) チェックを入れて書き込み

オリジナル ROM データの保存場所

　購入したばかりの各 FPGA ボードの ROM には、デモ用の回路が書き込まれています。これらのデータは、Terasic 社で公開している CD-ROM データの中に保存されていますので、いつでも初期状態に戻せます。その保存場所は以下のとおりです。

- DE0-CV
  Demonstrations¥DE0_CV_Default¥DE0_CV_Default.pof
- DE10-Lite
  Demonstrations¥Default¥DE10_LITE_Default.pof
- DE1-SoC
  Demonstrations¥FPGA¥DE1_SoC_Default¥demo_batch¥DE1_SoC_Default.jic

App. III　回路データおよびプログラムの ROM 化

III-2 Nios II プログラムの ROM 化

　FPGA コンフィグレーション用の ROM には、回路情報だけでなく Nios II のプログラムも格納できます。プログラムを格納するオンチップメモリの初期値としてデータを持つことで、プログラムを ROM 化できます。

　ここでは、オンチップメモリの初期値を含んだコンフィギュレーション用のデータ（sof ファイル）の作成方法を説明します。作成後、前節の手順で FPGA に書き込めば Nios II システムが動作します。データの作成方法は、各 FPGA ボードとも共通で差異はありません。

　なお Quartus Prime Lite Edition を利用している場合、Nios II プロセッサは II/e である必要があります。II/f ではパソコンと接続した状態でないと動作できませんので、ROM 化のメリットがありません。あらかじめ Nios II/e に変更し、動作確認してから実施してください。

　ここでは第 6 章 6-2 節の自作 PIO を用いた「nios2mypio」を例に実施します。

■ Nios II EDS でオンチップメモリの初期値ファイルを作成（図 III-6）

　Nios II EDS で nios2mypio のワークススペースを開きます。ROM 化するアプリケーションプロジェクト（ここでは nios2mypio）を選択し、マウス右ボタンから［Make Targets］→［Build...］を実行します（図 III-6 (a)）。「mem_init_generate」を選択して「Build」をクリックします（図 III-6 (b)）。

　アプリケーションプロジェクトを展開すると「mem_init」フォルダ内に「meminit.qip」ファイルが生成されています（図 III-6 (c)）。Nios II EDS での作業は以上です。

III-2 Nios II プログラムの ROM 化

▼ 図 III-6 Nios II EDS で初期値ファイルを作成

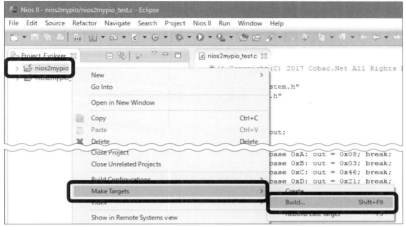

(a) Make Target コマンドの実行

(b) mem_init_generate を選択

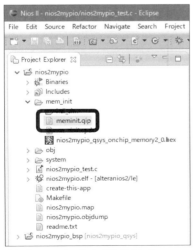

(c) 「meminit.qip」が生成された

App. III　回路データおよびプログラムの ROM 化

■ プロジェクトに「meminit.qip」を追加しコンパイル（図 III-7）

Quartus Prime でプロジェクトに「meminit.qip」を追加します。後はコンパイルするだけですが、その前に以下に注意してください。

- Nios II を II/e にすることを忘れずに（図 III-8）
- DE0-CV では pof ファイルを生成するための設定（前節参照）を実施

以上により、Nios II プログラムを含んだ sof や pof ファイルが生成できました。sof ファイル[注III-2]でコンフィギュレーションすると、即座に Nios II システムが動作します。ROM に書き込む前の最終確認として実施しておくとよいでしょう。

▼ 図 III-7　プロジェクトに meminit.qip を追加

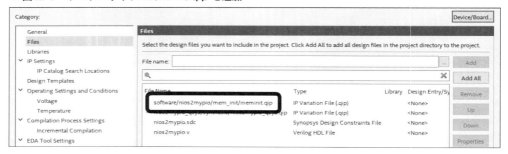

▼ 図 III-8　Nios II/e に設定することも忘れずに

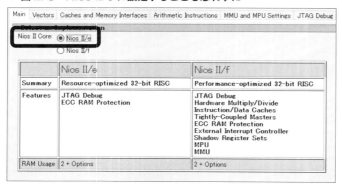

注 III-2　Nios II/f では「nios2mypio_time_limited.sof」のように制限付きを示すファイルが生成される。一方 Nios II/e では「nios2mypio.sof」となるので、扱うファイルに注意されたい。

参考文献・Webサイト

●第1章　FPGAボードの資料、ボードの入手先
- ［資料］Terasic社；DE0-CV User Manual、2015年
- ［資料］Terasic社；DE10-Lite User Manual、2017年
- ［資料］Terasic社；DE1-SoC User Manual、2015年
- ［サイト］Terasic社、http://www.terasic.com.tw/
- ［サイト］Digi-Key、http://www.digikey.jp/
- ［サイト］千石電商、http://www.sengoku.co.jp/
- ［サイト］マルツ、http://www.marutsu.co.jp/

●第2章　Quartus Prime資料
- ［資料］Intel社；Quartus Prime Standard Edition Handbook Volume 1～3、2017年

●第4章　SignalTap II
- ［資料］Altera社；13. SignalTap II エンベデッド・ロジック・アナライザを使用したデザインのデバック、2007年
- ［資料］アルティマ社；Quartus II - SignalTap IIクイック・ガイド、2009年

●第5章　Nios II、Qsys、周辺回路
- ［資料］Intel社；Nios II Gen2 Processor Reference Guide、2016年
- ［資料］Intel社；Embedded Design Handbook、2017年
- ［資料］Intel社；Embedded Peripherals IP User Guide、2017年

●第6章　Avalonバス、HAL API
- ［資料］Intel社；Avalon Interface Specifications、2017年
- ［同人誌］備州長船/乾ないな；THE AVALON M@STER、FPGA技術 Vol.5、2009年
- ［資料］Intel社；Nios II Gen2 Software Developer's Handbook、2017年

●第7章　PS/2仕様、マウス制御、VGA仕様
- ［書籍］宮崎仁；トランジスタ技術Special No.72 パソコン周辺インターフェースのすべてIII、CQ出版社、2004年
- ［雑誌］山武一郎；PS/2キーボード/マウス制御プログラムの作成事例、Interface 2005年12月号別冊付録「PC周辺機器オリジナル設計ガイド2」
- ［サイト］Keyboard and Auxiliary Device Controller、PS/2 Reference Manuals、http://www.mcamafia.de/pdf/pdfref.htm
- ［サイト］マイコン⇔PS/2マウス・インターフェース、Veilogician.net、http://verilogician.net/otherAPL/PS2mouse/PS2mouse.html
- ［書籍］宮崎仁；トランジスタ技術Special No.63 パソコン周辺インターフェースのすべて、CQ出版社、2003年

●第8章　Avalon-MMマスター、FIFO
- ［資料］Intel社；Avalon Interface Specifications、2017年
- ［同人誌］備州長船/Rayz；THE AVALON M@STER 2、FPGA技術 Vol.6、2010年
- ［資料］Intel社；SCFIFO and DCFIFO IP Cores User Guide、2017年

●第9章　CMOSカメラモジュール、入手先
- ［資料］OmniVision Technologies社；OV7725 Color CMOS VGA (640x480) CAMERACHIP Sensor with OmniPixel2 Technology、2007年
- ［資料］OmniVision Technologies社；OmniVision Serial Camera Control Bus (SCCB) Functional Specification (2.2)、2007年
- ［雑誌］エンヤ　ヒロカズ；小型カメラ・モジュールのしくみと操作法、トランジスタ技術 2012年3月号
- ［サイト］日昇テクノロジー、http://www.csun.co.jp/
- ［サイト］aitendo、http://www.aitendo.com/

●コラムF　制約ファイル
- ［資料］Altera社；Quartus II TimeQuest タイミング・アナライザ・クックブック、2011年
- ［資料］アルティマ社；Quartus II はじめてガイド TimeQuestによるタイミング制約の方法、2016年
- ［資料］アルティマ社；Quartus II はじめてガイド TimeQuestによるタイミング解析の方法、2015年

●Appendix II　DE1-SoCでのコンフィグレーション方法
- ［資料］Terasic社；DE1-SoC User Manual、2015年

●Appendix III　Nios IIプログラムのROM化方法
- ［資料］アルティマ社；Nios II - オンチップ・メモリからのブート手順、2014年

●HDLおよび論理回路
- ［書籍］小林優；改訂入門Verilog HDL記述、CQ出版社、2004年
- ［書籍］小林優；特集HDL設計超入門、ディジタル・デザイン・テクノロジ No.2、CQ出版社、2009年

●FPGA全般
- ［書籍］天野英晴編；FPGAの原理と構成、オーム社、2016年
- ［雑誌］FPGAマガジン、CQ出版社、2011年～
- ［サイト］FPGAの部屋、http://marsee101.blog19.fc2.com/

索引

記号・数字

.bss	273
.cdf	381
.entry	273
.exceptions	273
.heap	273
.jic	393
.pof	56, **388**
.qip	**151**, 398
.qpf	56
.qsf	56
.qsys	**148**, 192
.rpt	56
.sdc	65, **351**
.sof	**56**, 161, 203
.sopcinfo	**156**, 205
.summary	56
.tcl	186, 341
10進カウンタ	63
12時間／24時間表示切り替え	102
1時間計	74
24時間時計	89
2の補数	225
3-Phase Write Transmission	315
60進カウンタ	74
7セグメントLED	41
7セグメントデコーダ	40

A

ADJUST	85
ALM	**19**, 69
alt_alarm.h	199
alt_alarm_start()	199
alt_alarm 型	199
alt_dcache_flush_all()	273
alt_ic_isr_register()	196
alt_irq.h	196
alt_printf()	199
alt_ticks_per_second()	199
Altera	22
Altera PLL	270
altera_avalon_pio_regs.h	153
altera_avalon_timer_regs.h	194
Arduino	372
Associated Reset	183
Avalon ALTPLL	270, **375**
Avalon-MM	172
Avalon-MM マスター	278
Avalon-ST	172
Avalon バス	172
avm	294
avs	294

B

BASE	187
BSP エディタ	200, 273
BSP プロジェクト	156
Build All	167
ByteBlaster II	29

C

CAS	264
CBLANK	321
CGROM	234
Close Project	66
CMOS カメラモジュール	310
coe	294
COL アドレス	264
Compilation Report	69
Component Editor	179
Conduit	181
CPLD	13
CPU	128
Cyclone V	51, 378

D

D/A コンバータ	381
DATA	187
data_master	144
DE0-CV	**25**, 388
DE10-Lite	**26**, 372, 392
DE1-SoC	**26**, 378, 393
Debug Configurations	162
Don't Care	122
DRAM	264

E

EPCQ256	393
EPCS64	388
Exception vector memory	146

F

Failed	378
FF	12
FIFO	280, 285, **294**, 320
FPGA	13
FPGA ボード	23
FSM	87

G

Gen2	131
Generate BSP	**167**, 205
GIMP	304
GPIO コネクタ	311, **316**

H

HAL	155, **199**
Hardware Setup	60
HDL	15
Hi-Z	208, 332

I

I/O マップド	172
I^2C	315
ID Address	315
ID 読み出し	229
Import Assignments	52
Include subentities	114
instruction_master	144
Intel	22
Intellectual Property	171
Interface	183
Interface Type Prefix	294
Interval Timer	189
io.h	187
IOE	16
IORD_8DIRECT()	187
IORD_ALTERA_AVALON_PIO_DATA()	153

索引

IOWR_16DIRECT() 258
IOWR_32DIRECT() 258
IOWR_8DIRECT() 187
IOWR_ALTERA_AVALON_PIO_
　CLEAR_BITS() 302
IOWR_ALTERA_AVALON_PIO_
　DATA() 153
IOWR_ALTERA_AVALON_PIO_
　SET_BITS() 302
IOWR_ALTERA_AVALON_
　TIMER_CONTROL() 194
IOWR_ALTERA_AVALON_
　TIMER_PERIODL() 194
IP 17
IP Catalog 138, 179, 245
IP 化 34
IRQ の接続 146

J
JTAG 29
JTAG UART 136
JTAG チェーン 378, 396

L
LE 16
localparam 98
LSB 212
LUT 16

M
MAX 10 .... 375, 392
meminit.qip 398
mif 形式 250
MMU 139
MODE 85
MSB 212
myAltera 361

N
New Project Wizard 45
Nios II 130
Nios II EDS 133, 155
Nios II/e 130, 393
Nios II/f 130
No Hardware 60
Node Finder 113

O
OFFSET 187
On Chip Memory 139
Optimization Level 159
output_files 55
OV7670 313
OV7725 310

P
PCK 236
PCLK 312
Perspective 162
PIO 135, **141**
Platform Designer 133
PLL 20, **268**, 375
post-fitting 114
pre-synthesis 114
Programmer 60
PS/2 24
PS/2 インターフェース 208
PS/2 コネクタ 372

Q
QIP ファイル **151**, 249, 340
Qsys 133, **137**
Qsys 階層 148
Qsys ファイルの流用 192
Quartus Prime 36

R
RAS 264
Refresh Connections 162
Refresh System 186
Reset vector memory 146
Resume 164
RGB444 310
ROM 化 388
ROM ファイル 388
ROW アドレス 264
Run Analysis 121

S
Sample depth 119
SCCB 315, **332**
SCCB コントローラ 320, **332**
SCL 332
SDA 332

SDRAM 264
SDRAM コントローラ 266
SELECT 85
Serial Camera Control Bus 315
Signal Type 183
SignalTap II 110
SoC FPGA 383
Start Compilation 55
Step Over 165
sub-address 315
System ID **136**, 204
system.h 154

T
Target Connection 162
Tcl 351
Terminate 166
tick 199
time_limited.sof **161**, 400

U
UART 136
Unsigned Decimal 121
USB-Blaster 30
USB-Blaster II 32
USB-Blaster II ドライバ 365
USB-Blaster ドライバ 367
USB-PS/2 変換アダプタ 210

V
VBLANK 283
Verilog HDL 15
VGA 24
VGA インターフェース 231
VHDL 15
VRAM 234

W
write data 315

X
Xilinx 22

Y
YUV **316**, 383
Y ケーブル 220

索引

ア行

アサート	279
圧電スピーカー	103
アドレスデコーダ	170
アドレスの進み	185
アドレスバス	170
アドレス割り当て	147
アプリケーションプロジェクト	156
位相差	268
移動量	225
イネーブル信号	63, 75, 212
色情報	234
インクリメンタル・コンパイル	38
インクルードファイル	255
インスタンス名	352
インストール	362
ウエイト	173, **185**
ウォーキング	273
オープンドレイン	208
オシロスコープ	106
オンチップメモリ	**139**, 273

カ行

外部クロック	108
回路規模	69
書き込み	173
書き込みデータ	315
画素	282
画像フォーマット	313
カメラモジュール	310
画面構成	162
関数マクロ	304
観測信号の追加	113
キーコード	221
機種番号	316, 334
基数	121
キャッシュ	**139**, 273
キャッシュバイパス	131, **260**
キャプチャ回路	319
グローバルクロック	318
クロックスキュー	352
クロック定義	352
クロックの接続	144
ゲート回路	12

サ行

現在の状態	87
コード変換回路	92
コールバック関数	199
コマンド置換	351
コントロールバス	170
コンパイル	36, **55**
コンパイルエラー	56
コンフィグレーション	19, 28, **61**
コンフィグレーションモード	390
コンポーネント記述ファイル	341
コンポーネント名	**179**, 219
最上位階層	44, 56, 150, 256
再生	346
最適化	160
サンプリング	108
サンプリングクロック	118, 223
時刻合わせ機能	85
自作 PIO	176
自作周辺回路の修正	186
実行制御	164
シフトレジスタ	212, 237, 334
時報機能	103
シミュレーション	38
周波数	270
周辺回路	132
受信データ	211
出力レジスタ	248
シュミットトリガ	76
状態遷移	86
状態レジスタ	211
初期化データ	342
シングル転送	279
シングルポート	251
真理値表	42
垂直同期	232
スイッチ・ファブリック	172, **174**
水平同期	232
スキュー	318
スクロール	258
スクロールホイール	229
スタートビット	209, 332
スタンダード・エディション	37

タ行

ステート生成回路	**88**, 97
ステートマシン	87, 285
ステートレジスタ	**87**, 97
ステップ実行	165
ストップビット	209, 332
スレーブ	**172**, 278, 316, 321
制約ファイル	58, 65, **351**
設計データ	384
接続基板	316
セットアップタイム	353
セレクト＆セット	85
ゼロサプレス機能	102
走査信号	231
送信データ	211
双方向	208
ソースファイル	161
属性	181
ソフトマクロ	129
ターゲット	351
ダイナミックバス	190
タイミング解析	**66**, 353
タイムスタンプ	204
多チャンネル	106
チップセレクト	170
チャタリング	76
調歩同期通信	209
デアサート	279
逓倍	270
データバス	170
データファイル	250
デバイス	48, 208
デバイスファミリー	48
デバイスマネージャー	367
デバッグ	106
デバッグ機能	164
デバッグ設定	162
デモ回路	276, **370**
デュアルポート	**238**, 247
デューティ比	**94**, 270
電子ビーム	231
転送回数	279
テンプレート	**156**, 200

索引

動画 346
同期化 325
同期信号 232
同期設計 64, 212
同期リセット 82
トリガ 108, 121
トリガ値 117

ナ行

内部クロック 108, 224
ネイティブバス 190

ハ行

パーシャル・
　リコンフィグレーション 38
バースト長 279, 321
バースト転送 279
ハードウエア記述言語 15
ハードマクロ 129
ハイアクティブ 41
ハイインピーダンス 208, 316, 332
倍速再生 346
バイトアドレッシング 281
バイトイネーブル 235, 247
波形観測 106
ハザード 77
バス 170
バスの接続 144
バス幅 174
バックポーチ 233
パラパラ漫画 346
パリティ 209
パリティビット 212
バンクアドレス 264
ピクセルクロック 233, 235
ビット幅 247
非同期転送 353
非同期リセット 82
表示イネーブル信号 94
表示開始アドレス 283
標準ロジックIC 13
ビルド 134, 160
ピンアサイン 52
ピンアサイン・ファイル 52, 372
ピンヘッダ 316

ファイルパス 44
フォトフレーム 308
フラグ類 297
ブランキング 233
ブランキング期間 382
フリップフロップ 12
プリフィックス 294
プルアップ 208
フルカラー表示 381
ブレークコード 221
ブレークポイント 165, 347
プロ・エディション 37
プロジェクト 44
プロジェクト：capture 340
プロジェクト：CLOCK1 83
プロジェクト：CLOCK24 101
プロジェクト：display 294
プロジェクト：nios2mypio 178
プロジェクト：nios2pio 137
プロジェクト：ps2if 219
プロジェクト：sdram 266
プロジェクト：SEC10 66
プロジェクト：SEG7DEC 44
プロジェクト：timer 192
プロジェクト：vgaif 245
フロントポーチ 233
分周比 352
文法エラー 56
ベクタ 146, 299
ヘッダファイル 156, 304, 342
変数置換 351
ボーダ 233
ポーリング 194
ホールドタイム 353
ホスト 208

マ行

マーチング 273
マウス応答 225
マスター 172, 278, 316, 321
メイクコード 221
命名則 43
メインメモリ 273
メタステーブル 325

メモリサイズ 139
メモリ配置 273
メモリブロック 20, 249
メモリマップド 172
メモリマップドI/O 153
文字コード 234

ヤ行

有限状態機械 87
有効画像 314
優先順位 193
読み出し 173

ラ行

ライト・エディション 37
ラピッド・リコンパイル 38
リージョナルクロック 318
リセットの接続 143
リソース 69
リンカスクリプト 273, 301
レジスタアドレス 316, 334
レポート 69
ローアクティブ 41
録画 346
録画時間 348
ロジアナ 106
ロジックアナライザ 31, 106
論理合成 15
論理シミュレータ 39

ワ行

ワークスペース 155
ワードアドレッシング 281
ワード数 247
ワイルドカード 351
割り込みコントローラ 193, 196
割り込み処理関数 196
割り込み番号 196

■著者略歴

小林　優（こばやし　まさる）

　電子機器メーカーで15年ほど民生機器のLSI設計や画像関連の研究開発に関わった後、回路設計コンサルティング会社を共同で設立。10年ほどセミナーや教材の開発および講師業務に従事。その後再独立し、大学を含むセミナー講師、執筆などを主業務とするフリーエンジニアとして気ままに活動している。
　おもな著書は「改訂入門 Verilog HDL 記述」（CQ出版社）、「FPGAプログラミング大全～Xilinx編～」（秀和システム）、「FPGAボードで学ぶ組込みシステム開発入門［Altera編］および［Xilinx編］」（技術評論社）など。

- ■カバーデザイン／有限会社釣巻デザイン室　釣巻　敏康
- ■本文デザイン・DTP／有限会社スタジオ・キャロット
- ■本文イラスト／時川　真一
- ■編集担当／森川　翔太

【改訂2版】FPGAボードで学ぶ組込みシステム開発入門 [Intel FPGA編]

2011年10月25日　初　版　第1刷発行
2018年 2月 1日　第2版 第1刷発行
2024年 5月31日　第2版 第3刷発行

著者　　小林　優
発行者　片岡　巌
発行所　株式会社技術評論社
　　　　東京都新宿区市谷左内町 21-13
　　　　電話 03-3513-6150　販売促進部
　　　　　　 03-3513-6166　書籍編集部

印刷／製本　昭和情報プロセス株式会社

定価はカバーに印刷してあります

本書の一部または全部を著作権法の定める範囲を超え、無断で複写、複製、転載、テープ化、ファイルに落とすことを禁じます。

造本には細心の注意を払っておりますが、万一、乱丁（ページの乱れ）や落丁（ページの抜け）がございましたら、小社販売促進部までお送りください。送料小社負担にてお取り替えいたします。

© 2018　小林　優

ISBN-978-4-7741-9388-5　C3055
Printed in Japan

■お問い合わせについて

本書に関するご質問は記載内容についてのみとさせていただきます。本書の内容以外のご質問には一切応じられませんので、あらかじめご了承ください。なお、お電話でのご質問は受け付けておりませんので、書面またはFAX、小社Webサイトのお問い合わせフォームをご利用ください。

〒162-0846
東京都新宿区市谷左内町 21-13
株式会社技術評論社 書籍編集部
「FPGAボードで学ぶ組込みシステム開発入門 [Intel FPGA編]」係
FAX：03-3513-6183
URL：http://gihyo.jp/
（技術評論社Webサイト）